云南自然保护区与民族村寨发展

黄晓园 罗 辉 胡 晓 著

科学出版社

龙门传播出版社

北 京

图书在版编目（CIP）数据

云南自然保护区与民族村寨发展 / 黄晓园，罗辉，
胡晓著. —北京：五洲传播出版社，2024. 3
ISBN 978-7-5085-5169-2

I. ①云… II. ①黄… ②罗… ③胡… III. ①自然保
护区－可持续性发展－研究－云南②少数民族－村落－可
持续性发展－研究－云南IV. ①S759.992.74
②K927.45

中国版本图书馆 CIP 数据核字（2024）第 062022 号

云南自然保护区与民族村寨发展

作　　者：黄晓园　罗　辉　胡　晓
出 版 人：关　宏
责任编辑：苏　谦
助理编辑：阴溪萌
装帧设计：东方人华平面设计部
出　　版：科学出版社　五洲传播出版社

发　　行：五洲传播出版社
地　　址：北京市海淀区北三环中路 31 号生产力大楼 B 座 6 层
邮　　编：100088
电　　话：010-82005927，010-82007837
网　　址：www.cicc.org.cn　www.thatsbooks.com

印　　刷：北京市房山腾龙印刷厂
版　　次：2024 年 3 月第 1 版第 1 次印刷
开　　本：169 毫米×239 毫米
印　　张：14.5
字　　数：273 千字
定　　价：68.00 元

前　言

在云南，很多自然保护区周边分布着众多的少数民族村寨，他们世代居住此地，长期依赖当地丰富的自然资源，并形成了较为固定的生产生活方式和习俗。然而受自然保护区政策影响，"绿色贫困"依然存在，村民收入和生活水平普遍较低，生态保护与村寨发展问题突出。为此，本书以可持续发展观为指导，从理论与实际相结合的角度，深入开展云南自然保护区保护政策与民族村寨发展相关问题研究，并提出针对性政策建议。研究结果对促进云南自然保护区管理与民族村寨发展、实现人与自然和谐统一具有重要的意义。

本书全面回顾和分析了我国古代朴素自然保护思想、相关自然保护区政策以及民族村寨发展权益问题；系统地阐述了云南自然保护区建设现状、民族村寨分布情况及其"绿色贫困"；采用案例研究方法，比较分析了当前自然保护区保护政策影响下民族村寨与家庭的经济影响因素，村民对保护政策的认知意愿；基于复合生态理论，研究了自然保护区与民族村寨之间的关系以及复合系统内部失衡问题；利用 AHP-SWOT 方法进行模型定位分析，探索其可持续发展路径选择；并从经济发展模式、制度保障机制、生态文化构建及社会风貌建设方面提出了相应的政策建议。

本书具有以下特点：第一，主题鲜明。全书紧密围绕自然保护区保护与民族村寨发展这个主题和社会热点问题，进行全面、深入和系统的分析与研究。第二，理论联系实际。全书以课题组在自然保护区及周边村寨进行的大量实地调研、获取的翔实第一手资料为基础展开，数据资料具有原始性和代表性。第三，紧扣新时代要求。全书内容紧扣时代脉搏，对构建新时代自然保护区及周边地区的生态文明、乡村振兴、乡风文明及和谐社会具有指导意义。

文中所用素材，除来自笔者们长期的研究成果外，还来自云南省林业厅野生动植物保护与自然保护区管理处提供的资料，以及部分公开出版物（见书末参考文献），这里特向云南省林业厅及有关作者致谢。此外，还要特别感谢西南林业大学地理与生态旅游学院的鼎力支持，将该书列入云南省教育厅项目"生物质能源（51600627）"的出版计划，给予经费资助。西南林业大学硕士研究生邵静、陈雅琳、余鑫、王永成和韩旭同学协助完成了相关文献资料的收集和整理工作，在此一并表示感谢。

需要说明的是，由于本书成稿时间较早，随着我国全面建成小康社会、如期完成新时代脱贫攻坚目标任务，笔者引用的当时的政策文件、调查数据等已不适用于当今国情，而更新数据可能导致统计模型发生改变，影响论文结论，因此书中数据、案例较为老旧，不能完全反映最新的研究现状。此外，由于笔者自身水平有限，书中难免存在不足及疏漏之处，敬请读者批评指正。

黄晓园

2018 年 4 月

目　　录

第 1 章　自然保护区政策及民族村寨权益

1.1　自然保护区政策发展历程

1.1.1　古代朴素自然保护思想及立法

1. 古代朴素自然保护思想

我国自然保护的思想由来已久，在五千多年的历史文化长河中，先贤们崇尚自然、敬畏自然的思想就是自然保护的最好体现。相传黄帝时代就提出了保护自然资源的要求，《史记·五帝本纪》载黄帝有"劳勤心力耳目，节用水火材物"之语，强调"要有节度地使用水、火、木材及各种资源"[1]；《易经·文言》记载："先天而天弗违，后天而奉天时"[2]，示意人们要遵循自然界的变化规律，体现了远古时期的天人协调的思想，是我国古代自然保护思想萌芽的重要象征。

自然保护的思想在春秋诸子百家中逐渐形成思想体系，如"仁民爱物""道法自然""以时禁发""天人合一"等思想，都对人们的生态保护观念意识及行为产生了深远影响。

"仁民爱物"是儒家的核心思想，体现了对自然万物的保护。孔子曾言："伐一木，杀一兽，不以其时，非孝也"[3]，认为不合时宜的砍伐猎杀就是不孝，坚持"子钓而不纲，弋不射宿"[4]，用自己的行动践行生态道德伦理，将仁爱思想施之于水中之鱼和树上之鸟，最大程度保护动物资源。孟子明确提出了"亲亲而仁民，仁民而爱物"[5]的主张，即从亲爱自己的亲人出发，推向仁爱百姓，再推向爱惜万物。儒家的"仁"不但用来处理人与人之间关系的规范，也用来对待动物乃至万物的范畴。

道家思想家老子主张"人法地，地法天，天法道，道法自然"[6]，他认为人、地与自然相通，所以要顺应天地法则，对万物"利而不害"；庄子继承了老子这种自然观，认为"天地有大美而不言，四时有明法而不议，万物有成理而不说"[7]，强调道存在于自然万物之中，自然万物是道的显现，也是美的源泉。"道法自然"即道效法或遵循自然，也就是说万事万物顺着自己的本性变化，顺循大道而行，其运行法则都是遵守自然规律的。当前我国建立自然保护区也体现了"道法自然"

这一生态保护思想。

"以时禁发"是作为法家代表人物之一的管子极力推崇保护自然环境的原则，他主张用立法和严格执法的办法来保护自然资源："修火宪，敬山泽，林薮积草，夫财之所出，以时禁发焉。"又说："山林虽近，草木虽美，宫室必有度，禁发必有时。"[8]荀子继承和发扬了管仲的环保思想，他根据生物繁育生长的规律，提出了系统的自然资源保护理论和措施："草木荣华滋硕之时，则斧斤不入山林，不夭其生，不绝其长也；鼋鼍鱼鳖鳅鳝孕别之时，罔罟毒药不入泽，不夭其生，不绝其长也。"[9]"以时禁发"原则尊重自然界的客观规律，提出应合理利用自然，而且管子和荀子都把生态保护、合理开发资源作为影响国计民生的重要措施，这实际上和当今社会所提倡的资源可持续发展的思想是一脉相承的。

"天人合一"的思想最早是由思想家庄子阐述的。《庄子·齐物论》记载："天地与我并生，而万物与我为一。"[10]庄子从对大自然的思索出发，肯定了天地万物与人密不可分的统一性，即"天人合一"的思想。后被汉代儒家思想家董仲舒发展为"天人合一"的哲学思想体系，并由此构建了中华传统文化的主体。儒家"天人合一"认为天人一体，才能构成一个完整的体系；天人和谐共生，自然生态乃至整个人类才能得到和谐；从生态道德层面来讲，就是尊重客观规律，遵循自然规律。"天人合一"是我国传统生态伦理观的核心思想，强调人与自然是一个整体，相互依赖，相互促进，具有重要的生态伦理学价值。

古代先贤们的朴素生态思想体现了万物平等、仁爱万物，尊重自然、顺应自然，保护资源、有节利用，以及人与自然和谐共生的生态观，对我国历代自然保护政策的制定及实践具有非常重要的指导意义。

2. 古代自然保护政策回顾

随着生产力的不断发展，人们的环保意识也越发提高，中国古代法制建设也同趋成熟，有关生态保护的立法也越来越多。

（1）先秦时期生态保护立法

《周礼》是我国目前发现成文最早、保存最完整的综合性行政法典，其中有不少关于森林资源保护和利用的规章制度。《周礼·地官司徒·山虞》记载："掌山林之政令，物为之厉，而为之守禁。"[11]李根蟠认为"厉"是遮列的意思，即对山林中的各种资源（"物"）设立"蕃（藩）界"而"遮列"之，实际上就是建立山林资源保护区[12]。《周礼》对采伐时间、地点及采伐林木大小制定了严格的规定："仲冬，斩阳木；仲夏，斩阴木。凡服耜，斩季材，以时入之，令万民时斩材，有期日"；对例外的情形也有规定："凡邦工入山林而抡材，不禁，春秋之斩木不入禁"；对不种树者的惩罚："不树者，无椁"，即没有种树的人，死时不能使用外棺材；对偷盗树木的处罚也绝不手软——"凡窃木者有刑罚"[13]。春秋时对破坏森林者制定了极为严厉的惩罚措施，《管子·地数》记载："苟山之见荣者，谨封而为禁，有动封山者，罪死而不赦。有犯令者，左足入，左足断；右足入，右足断。然则其与犯之远矣。"[14]禁令似乎过严了，但也反映了古代统治者保护自然资源的决心之大。

先秦时期，关于环境保护法令的主要内容有两个方面，一是禁猎，保护野生动物；二是封山，保护林木。这体现了有节制地利用生态资源和可持续发展的保护思想。此外，对于违犯法令的处刑非常严厉，说明立法者对生态保护的高度重视。

（2）秦汉时期生态保护立法

《秦律》是秦朝的法律，其中有关保护森林资源的条文，可视为生态保护思想的实施与体现。其中一部分专讲生态保护，如《秦律十八种·田律》明文规定："春二月，毋敢伐材木山林及雍（壅）堤水。不夏月，毋敢夜草为灰，取生荔麛卵鷇，毋毒鱼鳖，置井罔（网），到七月而纵之。""百姓犬入禁苑中而不追兽及捕兽者，勿敢杀；其追兽及捕兽者，杀之。"[15]《田律》明令春天二月到七月期间，不准上山砍伐林木资源，严厉禁止在动物的生长繁殖季节进行捕捉或猎捕，以保护动植物资源；并将野生动物资源丰富的区域设为禁苑，加强保护。这些规定考虑到自然资源的保护与合理利用，具有极强的可操作性，能够保证法律的严格执行。

汉朝的生态保护律法与秦朝的法律规定比较相似，同样重视对林木、水草、动植物资源的保护。汉代诏书简《使者和中所督察诏书四时月令五十条》强调对各种生物资源的保护，禁止损害树木、鸟巢、孕兽以及幼兽等，保护的范围涉及禽兽、水生动物、昆虫乃至所有生物资源。同时，条文还在时间上作出了相应的规定，如"木不中伐""草木零落，然后入山林"[16]。西汉戴圣编著的《礼记·月令》记载："孟春之月……禁止伐木"；"仲春之月……毋焚山林"；"季春之月……毋伐桑柘"；"孟夏之月……毋伐大树"；"季夏之月……乃命虞人入山行木，毋有斩伐"。[17]可以看出，汉代环境保护律法虽然与《秦律》相似，但内容相比《田律》更具体，包括引导人们如何合理地保护和利用自然资源等。

（3）唐宋时期生态保护立法

唐朝在秦汉时期的生态保护法律基础上，不断完善生态保护的立法，并设立了掌管环境保护的专门机构——虞部，不仅明确规定其职权范围，还针对主管官员的违法行为规定了具体的处罚方式。如《唐律疏议·杂律》规定："诸侵巷街阡陌者，杖七十。若种植垦食者，笞五十。各令复故。虽种植，无所妨废者不坐。其穿垣出秽污者，杖六十；出水者，勿论。主司不禁与同罪。"同时也规定："诸占固山野陂湖之利者，杖六十"[18]。

到了宋朝，针对唐末的大规模农民起义对自然资源的破坏消耗情形，宋太祖发布诏令，奖励人们植树造林："申明周显德三年之令，课民种树，定民籍为五等，第一等种杂树百，每等减二十为差，桑枣半之……令、佐春秋巡视，书其数，秩满，第其课为殿最……野无旷土者，议赏。"除了奖励，还对自然资源的破坏行为制定严厉的惩罚措施，如宋太祖诏令："民伐桑枣为薪者罪之：剥桑三工以上，为首者死，从者流三千里；不满三工者减死配役，从者徒三年。"[19]毁坏桑、枣树罪至于死，充分说明了宋朝对毁坏林木者处罚手段之严厉，也体现了统治者对生态环境和资源保护的重视程度。

（4）元明清生态保护立法

元朝是蒙古族建立的王朝，蒙古族是游牧民族，因此特别注重对草原及草原动物资源的保护。在《喀尔喀七旗法典》中，防止荒火的内容有"失放草原荒火者，罚一五。发现者，吃一五。荒火致死人命，以人命案惩处"，《卫拉特法典》中有"因报复而放草原荒火者，以大法处理"；而对于灭掉荒火之人，从荒火中救人、救牲畜、救财物有功者给予奖励[20]。《元典章》中也记载有元朝诸帝都曾下令，划定禁猎区，限定狩猎期，规定禁杀动物种类；禁止捕杀野猪、鹿、獐、兔等动物，保护天鹅、鸭、鹘、鹤、鹏鸽、鹰、秃鸳等飞禽[21]。

明朝及以后时期，生产力发展，人口增长，对自然资源的总需求也日益增多，森林树木被大量砍伐，生态环境退化严重。为了保护山林生态，明朝官府多次发布条令，《大明会典》中有涉及森林资源保护的内容，对毁伐树木、烧毁山林行为都施以严厉制裁："凡……毁伐树林稼穑者，计赃，准窃盗论。""凡盗陵园内树木者，皆杖一百，徒三年。若盗他人坟茔内树木者，杖八十。""若于山陵兆域内失火……延烧林木者，杖一百，流二千里。"这些条律对禁止盗伐林木，防止山林火灾是大有裨益的[22]。

清朝皇帝亦有一些保护野生动物等自然资源的诏书与禁令。《清实录》记载了雍正皇帝曾下旨禁止象牙制品，"雍正十二年夏四月……从前广东曾进象牙席，朕甚不取……从此屏弃勿买，则禁其得再制"。雍正皇帝不仅要求广东禁止制造象牙制品，而且明令不得进口象牙制品，这道谕旨可以说是世界上第一个禁止象牙制品的禁令。此外，清朝还有兴建宫苑园林、划定名胜自然保护区的谕诏，"康熙四十年八月乙丑，上幸岳尔济山，谕大学士等，此山形势崇隆，允称名胜。嗣后此山禁止行围"。此谕划岳尔济山为风景名胜，禁止行围，对山上的自然景观、动植物起到了很好的保护作用[23]。

综观我国古代历朝生态保护立法，主要体现在对自然资源的保护，保护对象大致可归纳为三类，即林草植被、水土资源、禽兽等野生动物。所制定的法规是在特定的自然环境中总结出来的，来自于生产生活的实践，并不断经受生产生活实践的检验，也比较接近或符合自然规律，对我国现代生态保护政策具有重要的借鉴意义[24]。

3. 少数民族传统生态观

我国少数民族大多居住在祖国边远山区和草原上，他们在长期的生产生活实践中，形成了各种各样的尊重大自然的民俗文化，包括有关保护自然环境的乡规民约、习惯法，以及自然崇拜宗教习俗与禁忌等。

（1）少数民族生态保护乡规民约与习惯法

历史上，我国各少数民族主要通过制定乡规民约实现生态环境保护。彝族有关山林管理的习惯习俗较为丰富，先民们创造了一系列带有生态道德价值取向的乡规、民约、碑刻和法典，来保护公有林、神树（林）、水源林、风水林等。据彝文典籍《西南彝志》卷八"祖宗明训"记载："树木枯了匠人来培植，树很茂盛不用刀伤害。祖宗有明训，祖宗定下大法，笔之于书，传诸子孙，古如此，而今也如此。"[25]彝族《彝汉教育经典》也记载："山林中的野兽，虽然不积肥，却能供人食，可食勿滥捕，狩而应有限。山上长的树，箐中成的林，亦不可滥伐。有树才有水，无树水源枯。"[26]西双版纳傣族禁约规定："禁止射猎飞入村寨的鸟类，用枪去打停在别人谷堆上的鸟，罚银四两八钱四分；用枪去打停落在已割的稻谷上的鸟，罚银三两六钱三分；用枪去打停落在别人屋顶上的鸟，罚银三两六钱三分。"[27]西双版纳傣文典籍《土司对百姓的训条》规定："童山的树木不能砍，森林中间不能砍开树，盖房子在里面。""砍掉别寨的童树，需负担该寨的全部祭费，若该寨死了人，按每人价格 1500 元赔偿。"[28]云南白族长期保存着保护动物的习俗，白族刊刻了许多禁止砍伐山林的碑刻，如《护松碑》《保护公山碑记》《六禁碑》等。剑川为保护老君山订立了乡规民约"公山应禁条规"，并"勒石"为据。其中详定"现留公山地基田亩不得私占""禁岩场出水源头处砍伐活树""禁放火烧山""禁砍伐童树""禁砍挖树根""禁贩卖木料"等[29]。发现于鹤庆甸南金墩街的《六禁碑》，据传为民国年间苏姓县长所写，现收藏于县文化馆碑廊。其碑文为："鹤庆县县长苏示，禁宰耕牛，禁烹家犬，禁卖秋鳝，禁毒鱼虾，禁打春鸟，禁采树尖，上悬六禁，政府批定城乡立碑……"羌族习惯法规定森林由专人看护，禁猎季节切勿打猎，如若违反则罚款，情节严重的施以重罚。苗族传统"理词"中说：山林常青獐鹿多，江河长流鱼儿多；不准打别人河里的鱼圈、毁别人坡上的雀山[30]。

这些村规民约和习惯法，尽管有的是直接出于保护民族村寨的环境的目的，但更多的则是由于各个民族自身的宗教崇拜或其他历史原因形成的，这些村规民约及习惯法在少数民族地区无疑都对当地生态环境保护起到了巨大的作用。

（2）少数民族自然崇拜宗教习俗与禁忌

我国少数民族在同大自然共生共存共发展的过程中，形成了许多有益于保护动植物的自然崇拜宗教习俗与禁忌，有些习俗与禁忌因与宗教有关，如民族地区神山、神林及动植物图腾等，都具有极强的约束力。

1）神山的自然崇拜。许多少数民族一般都崇拜对本部落及其生存地区的社会生产与生活影响最大或危害最大的自然物，尤其是山。如云南迪庆藏区梅里雪山主峰卡瓦格博峰，便是云南迪庆藏民心中的第一神山，是山神的皈依之地，神圣不可侵犯，因此禁止在神山采挖药材、狩猎、砍柴，甚至是取土等；也禁止牧人的牲畜进入神山偷食神草，违者将受到严厉的处罚[31]。山神崇拜是彝族原生宗教中自然崇拜的重要组成部分，每年农历三月初三举行祭祀山神活动。彝族人认为山是山神居住的地方，不能轻易打扰，因而形成了对山的禁忌，禁止任何人对着神山吼叫，不许人们上山随便开采山石[32]。纳西族也有神山，他们认为神山中的大栗树有神灵居住，因此不得任意砍伐和践踏[33]。

2）神林的自然崇拜。云南的许多少数民族都有一种神林文化，在各个民族中，这种树林有不同的称谓，如"密枝林""祭龙林""神林""垄林""竜林""龙树林"等。云南彝族撒尼人对"密枝林"的自然崇拜，认为林中的一草一木都有神性和神力，是神圣不可侵犯的神林和圣地，村民放牧打柴从不进这片林地。基诺族的"寨神林"，严禁砍伐，因为它是祖先居住的地方，为祈求祖先的保佑，每年还要定期举行祭祀活动。在禁伐的林子里，有九不准的规定：一不准伐木作材，二不准修枝砍柴，三不准开荒种地，四不准狩猎打鸟，五不准积肥铲草，六不准拾菌摘果，七不准大小便，八不准唱歌吼叫，九不准谈情说爱。神林是羌族信仰习俗[34]。历史上，羌区各寨均有自己划定的"神树林"，神林禁止砍伐，也不能在其中放牧和割草，每年的祭欢庆山大典均须在"神树林"中举行。哈尼族村寨每年定期两次在"龙树林"中举行"祭龙"的活动，祈求村寨人丁发达、六畜兴旺、五谷丰登，因而绝对禁止砍伐林中树木，禁止在林中放牧[35]。

3）动植物图腾崇拜。我国的许多少数民族，在历史传说中，都把一些动物或植物看成是自己的图腾。图腾往往被认为是本民族的祖先或保护神。图腾物的强大兴旺，则象征着自己民族的强大兴旺，反之则预示本民族的衰亡，因此形成了图腾禁忌，本族人禁止接触、捕食、采摘和伤害。云南宁蒗彝族古籍《古侯》记载了人与草、树木、蛇、蛙、鹰、猴等动植物同源的说法，被认为是人与动植物有共同血缘关系的图腾[36]。大象和孔雀也是西双版纳傣族的图腾崇拜物之一，在傣族人中广泛流传着许多关于大象和孔雀的神话传说，傣族自认为是象的后裔，孔雀也是傣族民众心中的吉祥鸟，因此他们从不猎杀大象和孔雀，有的人家还将大象和孔雀驯养在村寨中。在万物有灵的观念支配下，一些树木、花草被赋予了某种灵性与神力，很多少数民族会把某种特定的植物作为本氏族的图腾，禁止人们破坏。如傣族的"五树六花"崇拜，"五树"是埋西里罕（菩提树）、埋波纳（铁力木）、埋兰（贝叶树）、埋龙（大青树）、吨麻（槟榔树）；"六花"是糯波（莲花）、糯埋亮（红花）、糯章（缅桂花）、糯短（刺桐花）、糯站比（鸡蛋花）、糯傣哼（未知学名）。此外，还有白族的滇朴、黄连木、合欢崇拜，壮族的榕树、竹、木棉崇拜，苗族的枫树崇拜，沧源佤族的榕树崇拜，彝族的葫芦、马缨花崇拜，基诺族的大青树崇拜等。

自然崇拜宗教习俗与禁忌等在主观上表达出少数民族对自然惩罚的敬畏以及善待自然的愿望，但在客观上实现了人与自然互惠互利、和睦相处，达到保护自然资源多样性与保持生态环境平衡的效果。

1.1.2　我国自然保护区的政策发展

1. 自然保护区政策萌芽阶段（1950—1965 年）

中华人民共和国成立前，国家内忧外患，战乱频繁，自然保护法制建设也基本上处于停滞状态。中华人民共和国成立后，在自然资源开发利用的同时，也采取了一些生态保护政策措施。早在 1950 年 2 月召开的第一次全国林业业务会议上，就确定"普遍护林，重点造林，合理采伐和合理利用"林业工作的方针和任务，并在 1950 年 5 月由中央政府政务院发布的《关于全国林业工作的指示》中，进一步明确了这一林业建设的方针，这是我国自然保护政策发展史上迈出的重要一步[37]。1954 年 3 月，林业部颁发了《育林基金管理办法》，实施护育林的保护政策，但由于当时正是新中国成立初期，百废待兴，人口快速增长、社会主义工农业生产规模日益扩大，对自然资源需求量急剧上升；而且我国自然保护政策还很缺乏，自然资源开发利用缺少科学管理和指导，全国各地出现了大规模的毁林开荒、草场不合理开垦和过度放牧、过度捕猎等活动，造成森林与动植物资源的不断减少，自然资源和生态环境受到大面积破坏。

正是在这样的背景下，在 1956 年的第一届全国人民代表大会第三次会议上，钱崇澍等学者提出了关于"请政府在全国各省（区）划定天然森林禁伐区，保护自然植被以供科学研究的需要"的提案[38]。当年 10 月，林业部发布的《关于天然森林禁伐区（自然保护区）划定草案》明确要求："在各地天然林和草原内划定禁伐区（自然保护区），以保存各地带自然动植物的原生状态"[39]；《狩猎管理办法（草案）》也明确提出："在保存着世界罕见的和有经济价值的动植物区域更应结合禁猎区的划分，划出禁猎禁伐区"[40]。1957 年 7 月，国务院审议通过的《水土保持暂行纲要》第六条、第七条明确规定："各地应该在合理规划山区生产的基础上，有计划地进行封山育林、育草，保护林木和野生树、草等护山护坡植物"；"25 度以上的陡坡，一般应该禁止开荒"[41]。1962 年 9 月，国务院颁布了《关于积极保护和合理利用野生动物资源的指示》；1963 年 5 月又颁布了《森林保护条例》，进一步加强了对自然保护区资源的保护和合理利用。

在这一阶段，国家林业管理部门及专家学者认识到了建立自然保护区的重要性，并开始尝试建立自然保护区，以加强对野生动植物资源的保护。我国于 1956年在广东省肇庆市建立了我国首个自然保护区，截至 1965 年，中国正式建立的自然保护区共有 19 处，面积为 648874 公顷。云南省也于 1958 年在动植物最丰富的云南省西双版纳建立了小勐养、大勐龙、勐仑和勐腊 4 个自然保护区，对热带雨林、季雨林生态系统以及珍稀动物野象、野牛、犀鸟等进行保护。但由于当时对自然保护区的认识尚处于萌芽状态，缺少相应的自然保护区分类、管理和法律保障措施，自然保护区各项管理工作较为混乱。特别是之后因历史原因，长期以来各自然保护区的规划设计、经费、管理及投资等未能落实，自然保护区的建设工作进展迟缓，自然保护区内的捕猎和砍伐活动相当严重，致使云南省已划定的自然保护区没能并行管理，如大勐龙、镇雄老林、南盘江丘北松林、元江瓦纳箐等的森林被全部伐光，失去保护价值。

2.　自然保护区政策发展阶段（1975—1991 年）

1975 年后，受国际对环境保护日益重视的影响，我国已经停滞的自然保护政策法规进入一个蓬勃发展的崭新阶段。国际上不断成熟完善的自然保护区管理理论方法，为我国制定自然保护区保护政策提供了很好的借鉴，政府部门也陆续颁布了一系列法令和政策。1975 年 12 月，农林部发布了《关于保护、发展和合理利用珍贵树种的通知》；1978 年成立了中华人民共和国人与生物圈国家委员会，我国有 26 个自然保护区加入了世界生物圈保护区。1979 年 1 月发布了《国务院关于保护森林制止乱砍滥伐的布告》；1979 年 2 月，第五届全国人民代表大会常务委员会第六次会议原则通过了《中华人民共和国森林法（试行）》，其中第三十条第三款对自然保护区森林保护作了明确规定："自然保护区的森林，严禁任何性质的采伐"[42]。1982 年 12 月，第五届全国人民代表大会第五次会议通过的《中华人民共和国宪法》第九条也提出："国家保障自然资源的合理利用，保护珍贵的动物和植物。禁止任何组织或个人用任何手段侵占或者破坏自然资源"[43]。

1984 年 9 月，第六届全国人民代表大会常务委员会第七次会议通过了《中华人民共和国森林法》（以下简称《森林法》），并于 1985 年 1 月 1 日起正式施行。《森林法》第四条将自然保护区的森林划分为"特种用途林"；第二十条规定对重要生态系统和珍贵动植物要建立自然保护区；第二十七条规定保护区内的森林，以及区外的珍贵树木和林区内具有价值的植物资源不得采伐和采集[44]。这是我国第一部针对"自然保护区"的国家法律。根据《森林法》和有关规定，1985 年 7 月经国务院批准，林业部公布实施了《森林和野生动物类型自然保护区管理办法》，对森林和野生动物类型自然保护区以条款的形式加以保护管理，这也是我国第一部针对自然保护区的专门性法规。此后，国务院于 1987 年 6 月发布了《关于坚决制止乱捕滥猎和倒卖、走私珍稀野生动物的紧急通知》，并于 1988 年 11 月，经七届全国人大常委会第四次会议修订通过的《中华人民共和国野生动物保护法》第二十条明确规定："在自然保护区、禁猎区和禁猎期内，禁止猎捕和其他妨碍野生动物生息繁衍的活动"[45]。《中华人民共和国野生动物保护法》是继《中华人民共和国森林法》之后，又一部涉及自然保护区，并以保护野生动物及其栖息地为目标的国家法律。1989 年 8 月，国家土地管理局和环境局又联合发布了《关于加强自然保护区土地管理工作的通知》，进一步加强对自然保护区土地资源的管理，防止自然保护区土地资源被非法侵占。

这一阶段，受国际对生态保护的重视的影响，面临森林大量破坏、野生动植物资源流失严重的严峻形势，我国不断加快有关自然保护区内动植物保护的立法，并快速新建了一大批自然保护区。截至1990年底，中国正式建立的自然保护区共471处，遍布全国各省区，地跨寒温带、温带、暖温带、亚热带及热带等所有自然地带，面积达2465万余公顷，占全国土地面积的2.57%。云南省正式建立的自然保护区共70处，面积达172万公顷，占全省土地面积的4.2%，基本上形成了云南的自然保护区网。尽管国家相关部门已通过一系列法律条款来加强对自然保护区自然资源的保护，但这些有关自然保护区保护的条款较简单，针对性和可操作性不强，存在缺少对违法违规问题的处理依据、执法力度不强等问题。尤其是还没有形成较为完善的自然保护区综合管理体系，缺少专门的自然保护区管理政策、法规、标准。

3. 自然保护区政策完善阶段（1992年—2018年）①

1992年6月，中国签署了《生物多样性公约》，该项公约履行义务之一是要求各国建立保护区保护生物多样性，同时促进该地区以有利于环境的方式发展[46]。我国为加强生物多样性保护，履行国际公约义务，也连续出台了一系列自然保护区保护政策措施。1993年7月，国家环境保护局和国家技术监督局联合发布了国家标准《自然保护区类型与级别划分原则》，将自然保护区分为3个类别9个类型，并明确各类型自然区的保护对象[47]。

为了加强自然保护区的建设和管理，1994年10月国务院颁布了《中华人民共和国自然保护区条例》（以下简称《条例》），并于1994年12月1日起正式施行。《条例》第二条对自然保护区进行了定义，即"自然保护区是指对有代表性的自然生态系统、珍稀濒危野生动植物物种的天然集中分布区、有特殊意义的自然遗迹等保护对象所在的陆地、陆地水体或者海域，依法划出一定面积予以特殊保

---

① 此处的"自然保护区政策完善阶段"仅截止到本书成稿时间（即2018年），但实际上，2018年至今，我国的自然保护区政策仍在不断完善。中共中央办公厅、国务院办公厅于2019年6月印发实施《关于建立以国家公园为主体的自然保护地体系的指导意见》，提出"建成中国特色的以国家公园为主体的自然保护地体系，推动各类自然保护地科学设置，建立自然生态系统保护的新体制新机制新模式，建设健康稳定高效的自然生态系统，为维护国家生态安全和实现经济社会可持续发展筑牢基石，为建设富强民主文明和谐美丽的社会主义现代化强国奠定生态根基"的总体目标。此外，国家林业和草原局高度重视自然保护地立法工作，并于2022年6月印发《国家公园管理暂行办法》、2023年10月印发《国家级自然公园管理办法（试行）》。积极推动"一法两条例"修订，《国家公园法（草案）》于2022年11月报送国务院审查；《自然保护区条例（修订草案）》于2023年3月报送国务院审查；《风景名胜区条例》完成起草，先后两轮征求省级林草主管部门和有关中央和国家机先后两轮征求省级林草主管部门和有关中央和国家机关意见。这些法规和管理文件，涵盖了不同类型的自然保护地，充分吸纳了生态文明建设及自然保护地体系建设的新要求，切实实现以法律为准绳协调保护地管理中出现的各种矛盾问题。

护和管理的区域。"[48]。《条例》作为我国第一个专门关于自然保护区的综合性法规，成为我国自然保护区执法工作中的重要法律依据，是我国自然保护区立法中的一个重要里程碑。

根据《条例》，各行业主管部门也分别从不同领域发布了不同保护类型的自然保护区条例。如除了林业部之前颁布的《森林和野生动物类型自然保护区管理办法》外，1997 年 10 月农业部颁布了《水生动植物自然保护区管理办法》，1995 年 5 月国家海洋局又颁布了《海洋自然保护区管理办法》。尤其是 1995 年由国家土地管理局和国家环境保护局联合颁布了《自然保护区土地管理办法》，对我国自然保护区中有关土地的使用、转让和管理等方面作了明确规定，这也是目前我国针对自然保护区土地管理的唯一立法性文件。

《条例》和 3 个自然保护区管理办法发布实施后，我国自然保护区数量和面积的快速增长，也产生了一系列建设和管理上的问题，如基础建设、土地确权、边界划定、资金投入、生态补偿问题等。为此，国家各部门下发了一系列规范管理指导性文件。1998 年 8 月，国务院下发了《国务院办公厅关于进一步加强自然保护区管理工作的通知》。按照文件精神，环保总局于同年 9 月发布了《关于贯彻国务院办公厅关于进一步加强自然保护区管理工作的通知》；国土资源部于 10 月下发了《关于认真做好国家级自然保护区划界立标和土地确权等工作的通知》；1999 年 8 月，环保总局下发了《关于涉及自然保护区的开发建设项目环境管理工作有关问题的通知》。

此后每隔两年，国家和自然保护区各主管部门就会下发一些加强自然保护区管理及评估及规范管理的文件。如国务院下发的《关于做好自然保护区管理有关工作的通知》（2010 年）、《国家级自然保护区调整管理规定》（2013 年）；环保部发布的《关于对环保系统国家级自然保护区管理工作进行预评估的通知》（2002 年）、《关于进一步加强自然保护区建设和管理工作的通知》（2002 年）、《自然保护区管护基础设施建设技术规范》（2003 年）、《关于环保系统所属自然保护区开展管理工作评估的通知》（2003 年）、《关于加强自然保护区管理有关问题的通知》（2004 年）、《国家级自然保护区监督检查办法》（2006 年）、《关于加强涉及自然保护区、风景名胜区、文物保护单位等环境敏感区影视拍摄和大型实景演艺活动管理的通知》（2007 年）、《中国自然保护区区徽使用管理暂行办法》（2007 年）、《国家级自然保护区范围和功能区调整申报材料编制规范》（2012 年）。国家林业局发布的《关于开展全国林业自然保护区生态旅游发展规划编制工作的通知》（2007 年）、《促进野生动植物资源和自然保护区生态系统灾后恢复的指导意见》（2008 年）、《关于规范林业系统自然保护区范围和功能区调整有关问题的通知》（2008 年）、《关于对暂停受理以观赏展演为目的驯养繁殖国家重点保护野生动物和引进野生动物种源等行政许可申请事项切实做好信息公开的函》（2010 年）、《关于进一步加强林业系统自然保护区管理工作的通知》（2011 年）。农业部发布的《关于省级以上水生生物自然保护区非法开发建设项目进行专项执法检查的通知》（2012 年）、《水生生物自然保护区管理工作考核暂行办法》（2013 年）等。这些指导性通知、规范、意见及办法是对我国自然保护区保护政策的进一步阐释、补充和完善。

这一阶段，我国政府及行业主管部门不断积累自然保护区管理经验，针对我国国情和管理工作中存在的问题，不断完善自然保护区相关保护政策，出台了一系列自然保护区专门性政策法规，形成了较为完善的自然保护区综合管理体系。自然保护区数量迅速增长，截至 2016 年底，全国共建立各种类型、各种级别的自然保护区 2750 处，总面积达 1.47 亿公顷，占国土面积的 14.88%，超过 12% 的世界平均水平。云南省建立各种类型、各种级别的自然保护区 160 处，总面积达 286 万公顷，占全省土地总面积的 7.3%，以自然保护区为主体的生物多样性就地保护网络基本形成。但随着自然保护区事业的快速发展，一些早期的保护政策已不能适应当前的需要，自然保护区管理出现许多新的问题，尤其是自然保护区保护与社区发展的相关问题，如自然保护区社区发展问题、自然保护区资源管理权归属问题、自然保护区社区生态补偿问题、自然保护区资源利用及利益分配问题以及保护区与社区关系等，还需要进一步开展相关的研究，制定和完善相关的政策措施，以促进自然保护事业的发展。

1.1.3 云南现行自然保护区政策类型

1. 自然保护区专门政策

1）综合性法规。国务院颁布的《条例》，目前是我国最高级别的自然保护区综合性法规，对我国管辖的自然保护区从管理体制、保护区域、保护区分级及命名、分区及相应保护要求、管理主体职责及分工、违法行为及法律惩罚等方面作出了全面性的规定，是其他自然保护区保护政策最主要的立法依据。

2）专项政策法规。重点是围绕自然保护区管理某项工作而发布的相应法规或规范。如《中国自然保护区发展规划纲要》《自然保护区土地管理办法》《自然保护区类型与级别划分原则》《国家级自然保护区调整管理规定》《自然保护区管护基础设施建设技术规范》《中国自然保护区区徽使用管理暂行办法》等。当然，一些专项政策法规由行业部门发布，因此同时也属于行业部门法律。

3）行业部门法规。我国自然保护区分为 3 个类别 9 个类型，不同类型的自然保护区其主管部门也各自发布了相应的自然保护区法规。如林业部发布的《森林和野生动物类型自然保护区管理办法》，农业部发布的《水生动植物自然保护区管理办法》，国家海洋局发布的《海洋自然保护区管理办法》等。此外，还包括一些指导性文件，如环保部发布的《关于环保系统所属自然保护区开展管理工作评估的通知》，林业局发布的《关于进一步加强林业系统自然保护区管理工作的通知》，农业部发布的《水生生物自然保护区管理工作考核暂行办法》等。

4）云南地方性法规。在参照国家有关自然保护区保护政策、法规和指导性文件下，云南也相应发布了地方性自然保护区保护政策及指导性文件。如云南省出台的《云南省自然保护区管理条例》（1998 年 3 月 1 日）、《云南省森林和野生动物类型自然保护区管理细则》（1987 年 10 月 6 日）等。民族地区也结合当地民族实际情况，制定了相应的法规，如《西双版纳傣族自治州自然保护区管理条例》（1992 年 7 月 28 日）。

5）"一区一法"。云南部分国家级自然保护区也开展了"一区一法"工作，如《云南省昭通大山包黑颈鹤国家级自然保护区条例》（2008 年 9 月 25 日）、《云南省迪庆藏族自治州白马雪山国家级自然保护区管理条例》（2012 年 1 月 16 日）、《云南省文山壮族苗族自治州文山国家级自然保护区管理条例》（2016 年 3 月 16日）等。尽管这些保护政策在法律效力和立法层级方面不能和全国性立法相比，但更适合对本地区自然保护区的建设和保护，也更具有可操作性，是实施自然保护区保护工作的重要依据。

2. 其他政策相关规定

1）主要相关法律立法。除了专门的自然保护区法规外，我国一些立法等级更高的法律中也涉及自然保护区保护的规定。如《中华人民共和国宪法》（1982年颁布）第九条、第二十六条，《中华人民共和国刑法》（1979 年颁布）第三百四十一条、第三百四十四条、第三百四十五条，《中华人民共和国环境保护法》（1989 年颁布）第十八条，《中华人民共和国森林法》（1984 年通过，1998 年修订）第四条、第十六条、第二十四条，《中华人民共和国野生动物保护法》（1988年颁布，2004 年修订）第十条、第二十条、第三十四条，《中华人民共和国矿产资源法》（1986 年颁布，1996 年修订）第二十条，《中华人民共和国固体废物污染环境防治法》（2004 年颁布）第二十二条，《中华人民共和国水污染防治法》（2008 年颁布）第六十五条，《中华人民共和国防沙治沙法》（2001 年颁布）第三十五条，《中华人民共和国大气污染防治法》（2000 年颁布）第十六条，《中华人民共和国海洋环境保护法》（1982 年通过，1999 年颁布）第二十一条，《中华人民共和国草原法》（1985 年通过，2002 年修订）第四十三条，《中华人民共和国农业法》（1993 年通过，2002 年颁布）第六十条，《中华人民共和国畜牧法》（2005年颁布）第四十条，《中华人民共和国城乡规划法》（2007 年颁布）第三十五条，《中华人民共和国海岛保护法》（2009 年颁布）第十六条等，均涉及自然保护区保护的相关规定。这些规定既是自然保护区保护政策的重要组成部分，也是自然保护区立法和执法的重要依据。

2）相关行政法规。国家还发布了一些具体实施指导性行政法规，相关规定也涉及对自然保护区的保护。如《中共中央 国务院关于全面推进集体林权制度改革的意见》（2008 年颁布）要求自然保护区集体林地、林木，要明晰权属关系，依法维护经营管理区的稳定和林权权利人的合法权益[49]。此外，《中华人民共和国陆生野生动物保护实施条例》（1992 年颁布）第三十六条，《中华人民共和国水生野生动物保护实施条例》（1993 年颁布）第十一条、第二十七条、第三十四条，《草原防火条例》（1993 年颁布，2008 年修订）第二十三条，《乡镇煤矿管理条例》（1994 年颁布）第九条，《中华人民共和国野生植物保护条例》（1997 年实施）第二条、第十一条，《中华人民共和国公路管理条例实施细则》（1988 年颁布，2009 年修正）第二十四条，《危险化学品安全管理条例》（2002 年颁布，2011 年修订）第十九条，《环境保护违法违纪行为处分暂行规定》（2005 年颁布）第六条，《国家环境保护总局建设项目环境影响评价审批程序规定》（2005 年颁布）第十二条，《畜禽规模养殖污染防治条例》（2013 年颁布）第十一条，《国家级公益林区划界定办法》（2009 年颁布）第七条，《中央财政森林生态效益补偿基金管理办法》（2009年颁布）第五条也分别针对自然保护区的自然资源、生态环境保护以及生态补偿等方面作出了具体的规定。

1.2 民族村寨发展权益的缺失

现代制度经济学认为，制度供给受到人们的有限理性，因此是有限的。但是，随着社会经济的发展、科学技术的进步和民众社会认知的普遍提高，过去制定的保护政策显然难以满足当前当地居民对自身发展的需要。我国自然保护区保护政策是按照《中华人民共和国自然保护区条例》管理的，以实施严格的自然保护政策为主，在一定程度上影响了村民收入和生活水平，生态保护与村寨发展矛盾日益突出。我国现有自然保护区，在未划定自然保护区之前，其拥有的自然资源有的归国家或全民所有，有的归集体所有，属于公共资源。受人们追求财富最大化或者说经济利益最大化的行为驱使，大量的自然资源被开发，生态环境受到破坏，生物多样性逐渐降低。为了对这些重要资源实施抢救性保护，我国政府制定了一系列的自然保护政策，如将生态位重要的区域划为自然保护区，实施天然林保护工程、生态公益林保护工程等，以避免公共灾难的发生。这些保护政策对生态环境保护起到巨大作用，然而从民族村寨发展的视角看，还是存在一些局限性。

1.2.1　民族村寨生存权与发展权问题

1. 剥夺了当地村民对自然资源的使用权

产权是由法律、习俗、道德等界定和表达的，得到人们相互间认可的关于财产的权利[50]。在划定自然保护区前，千百年来，村民按照传统习俗，从事种植、放牧、采集、采伐和狩猎等活动。然而，当前自然保护区保护政策限制了村民的传统生产经营活动，如《条例》第二十六条规定："禁止在自然保护区内进行砍伐、放牧、狩猎、捕捞、采药、开垦、烧荒、开矿、采石、挖沙等活动"[48]；《中华人民共和国野生动物保护法》第二十条规定："在自然保护区、禁猎区和禁猎期内，禁止猎捕和其他妨碍野生动物生息繁衍的活动"[45]；《中华人民共和国畜牧法》第四十条规定："禁止在自然保护区的核心区和缓冲区内建设畜禽养殖场、养殖小区"[51]，就以律法的形式剥夺了他们在传统上对自然保护区自然资源的使用权。此外，《中国生物多样性保护战略与行动计划（2011—2030 年）》，进一步要求"加强自然保护区外生物多样性的保护"的执行[52]，又进一步限制了村民在自然保护区外围的传统生产经营活动。

2. 限制了周边贫困地区的发展权

自然保护区周边地区大多属贫困地区，社会经济发展相对落后。然而，国家为了加强生物多样性保护，避免当地社会经济活动破坏生态环境，在制定保护政策中规定了一系列限制发展的政策。如《中华人民共和国自然保护区条例》第三十二条规定："城乡规划确定的自然保护区用地，禁止擅自改变用途"，《中华人民共和国城乡规划法》第三十五条规定：城乡规划确定的自然保护区用地，禁止擅自改变用途。自然保护区内及周边拥有丰富的矿产资源，但《中华人民共和国矿产资源法》第二十条规定："不得在自然保护区开采矿产资源"，《乡镇煤矿管理条例》第九条规定："不得在自然保护区开采矿产资源"，《中华人民共和国固体废物污染环境防治法》第二十二条规定："也不得在自然保护区开采矿产资源，以及建设工业固体废物集中贮存等处置的设施"，《中华人民共和国公路管理条例实施细则》第二十四条规定："通过名胜古迹和自然保护区的公路，应当注意与周围环境、天然景观的协调。"这些规定无形中对位于自然保护区周边的民族村寨的社会发展产生不利。尤其是《全国生态功能区划》的出台，将许多自然保护区周边地区也划分为禁止开发区，这就表明了今后先发展起来的地区将进一步获得更大的发展优势，而自然保护区周边贫困地区的发展权将会进一步受到限制。

1.2.2　森林资源产权管理制度问题

1. 政府管理的森林资源，存在村民非法经营的现象

自然保护区内森林资源在形式上归国家和集体所有，这部分资源属全民所有产权或者集体所有产权。受自然保护区保护政策限制，这部分产权均由国家管理安排，村民不能直接拥有控制和使用的权利，因此产生类似的公共财产问题。在行为特征上，由于缺少激励机制，村民不愿意主动去保护自然资源，参与防止盗伐、偷猎活动，或者互相监督以约束"邻居"的非法活动；一些村民具有机会主义行为倾向，受利益诱导，先下手为强，去从事非法的生产经营活动。在这样的产权制度安排下，自然保护区的划定虽然具有保护自然资源的规模效应，但缺乏对村民的有效激励，且战线过长，在设备、财力和人力不足的情况下，导致自然保护区管理者保护乏力，且个人在自然保护区内进行非法获取森林资源的活动难以监控或禁止。为了减少这种机会主义行为的发生，保护区唯有通过聘请更多的护林员、制定更严格的保护措施、加大执法力度等方式进行强制性管理，这就无形增加了政府对自然资源产权管理的排他性成本，也增加了政策协调和管理协调的难度。

2. 集体管理的森林资源，缺乏有效的监督和约束

自然保护区外围森林资源多属集体林，其森林资源归乡、村所有，由集体统一管理和经营利用。集体产权大多存在权属不清、主体不明、权责利不对称、监管服务不到位等问题，村民对林地资源的保护与发展漠不关心。若没有真正意义

上的所有权人对林地进行有效的监督和约束，那么这些森林资源就会遭到破坏。集体村民或者外来者会进行掠夺式利用、非法采伐林木和采集珍稀苗木、药材等森林资源；而地方政府更多地从自身利益出发，往往会为了追逐经济利益而作出不利于林地资源保护的决策，如开矿、建山庄、别墅等；林业监管部门也会因人的有限性或权力寻租的存在，把关不严或违规审批，使集体林地资源受到破坏或侵占[53]。

3. 私人管理的林木资源，存在外部性内部化问题

随着我国集体林权制度改革的深入，自然保护区外围一些林木被划为私人所有。虽然这部分林木资源产权受私人管理，不存在公共财产问题，村民也可以进行经营管理并获取相应的经济利益，但是由于其他村民没有义务或缺少积极性去协助保护他人的财产，管理者只能靠自己的力量和资源去维护所属的私有财产（如人为破坏、森林防火、病虫害防治等），这将需要大量的人力、物力和财力。而排他性成本过高，导致村民无力保护自有财产，就给一些外来者或乡邻相互在对方林地进行放牧、偷猎、盗伐以及林下资源采集创造了机会。而当村民不能完全分享产权所界定的效益时，他们就会对自有森林资源采取消极经营方式，甚至对其采取掠夺式的短期行为。另外，除了拥有经济效益外，森林资源还可以产生巨大的生态效益，这些外部效益如果不能实现"内部化"，无疑将不利于从整体规模上对自然保护区及周边生物多样性进行统一保护，也不利于调动村民建设林业、发展林业经济的积极性。

4. 保护区土地划定，未体现所有权人权益

确定自然保护区的范围和界线，需要强调保护对象的完整性，如《中华人民共和国自然保护区条例》第十八条第五款就明确规定，"原批准建立自然保护区的人民政府认为必要时，可以在自然保护区的外围划定一定面积的外围保护地带"[48]。一些地方政府在申报建立自然保护区时，为了使保护对象的完整性或保护面积达到要求，将大量居民的责任山、自留山、集体林地和农用地都划入保护区范围，如云南小黑山省级自然保护区总面积 5805 公顷，其中集体林有 2038.7 公顷，占总面积的 35.1%。然而根据调研，这些早期划入至自然保护区范围内的集体土地往往是在所有权者不知情或缺乏民主的情况下确定下来的。虽然《中华人民共和国土地管理法》第二条第四款明确规定"国家为了公共利益的需要，可以依照法律对土地实行征收或者征用并给予补偿"[54]，但实际上，保护区内这些集体土

地的权属并没有发生改变，且相应的补偿政策并不明确，保护区一旦实施严格保护政策，村民权益就难以得到保障。

1.2.3 自然资源利用问题

1. 生物资源过度保护的不经济性

自然保护区拥有丰富的可更新生物资源，当前严格的自然保护区保护政策显然存在不科学性和不经济性。一是随着保护力度的加大，一些种群过度繁殖，超过自然环境的容量，可能造成自然保护区种间关系失调，系统崩溃；种内竞争降低，个体开始退化，对生态环境造成影响，不利于提高生态效益。二是部分动物种群过度繁殖对当地村民生产生活造成破坏，如部分保护区的野猪、羚羊、羚牛、猕猴成灾，对牧草、庄稼甚至是对人身造成攻击，造成经济成本进一步增加。三是生物资源本身除了具有丰富的经济价值外，还可以带动其他产业的发展，如发展旅游业和狩猎业，只要管理规范合理，是能够产生巨大经济价值的。从国际上来看，适度的、可持续的狩猎活动早已得到普遍认可，《濒危野生动植物种国际贸易公约》（CITES 公约）专门就狩猎作出规定，即在不危害物种生存和不违反所在国野生动物保护法律的情况下，可以通过狩猎活动为野生动物保护筹集资金。2006年开始，CITES 公约还专门为非洲犀牛、大象等狩猎活动核定限额，允许其通过狩猎纪念物形式增加国民收益[55]。事实上，云南许多自然保护区已经开始从事一些资源利用活动，如养蜂、经济动物养殖、采摘竹笋、种苗培育、食用菌栽培等，但受政策及观念的约束，当地村民积极性不高，发展品种较少，规模不大。

2. 保护区无形资产未受重视

除了自然资源等有形资产外，自然保护区拥有大量的无形资产资源，然而这些无形资产并未得到很好的开发和利用。自然保护区的名称本身就具有巨大的品牌价值，如"西双版纳国家级自然保护区""高黎贡山国家级自然保护区"，这些自然保护区享誉国内外，深入人心。此外，自然保护区代表着"天然""绿色"等特征，如果所生产出来的产品或原材料来源于自然保护区，这无疑增加了产品在公众心目中的认可度[56]。在品牌先导的商业模式下，云南在自然保护区无形资产保护和利用方面还很薄弱，这就为自然保护区和企业联合提供了机会，如果自然保护区能对这一品牌加以保护、开发利用，将会带来巨大的经济效益。

1.2.4　生态补偿机制问题

1. 林业生态补偿不到位

当前自然保护区相关林业保护政策强调以生态为主,村民虽然拥有林地产权,但使用权也是有限制的,不但不能改变土地使用性质(如开垦农田、种植烟叶、咖啡等更具经济价值的农业经济作物),还要无形中承担守林护林的任务。此外,林业发挥着重要的生态功能(如气候调节、水分调节、控制水土流失、物质循环、污染净化等),这些生态效益具有很强的外部性。但在自然保护区保护政策中,我国还没有出台专门针对周边村民的生态补偿政策,只在部分相关的补偿政策中涉及村民利益的补偿,如《中央财政森林生态效益补偿基金管理办法》(2014)第十三条规定,国家对集体和个人所有的国家级公益林补偿标准为每年每亩15元,其中,管护补助支出 14.75 元,公共管护支出 0.25 元[57]。显然,这些生态补偿政策难以保障村民权益:一是受偿主体范围过窄,享受到退耕还林或公益林补偿政策的只是少部分群体,没有涵盖那些以保护区资源为生存和发展来源的群体(如天然林保护工程);二是补偿标准偏低,补偿标准过低而造成利益主体贫困化的现象极为普遍,在我国经济综合实力大幅提升的情况下,补偿标准偏低将严重打击当地居民保护森林资源的积极性。许多村民在林地划入保护区后,家庭经济收入均有所降低,出现了"保护越多,负担越重"的尴尬[58]。

2. 野生动物肇事补偿困难

随着自然保护区保护面积的扩大,保护区内一些野生动物也逐渐增多,有些动物经常超出保护区活动范围,影响到当地居民的生产生活。然而,为了有效保护我国珍稀野生动物,我国于 1998 年出台了《中华人民共和国野生动物保护法》,强调要加强资源保护,积极驯养繁殖,合理开发利用,这就为自然保护区及周边的野生动物提供了"保护伞"。尤其是在《中华人民共和国猎枪弹具管理办法》出台后,当地村民无法采用有效措施应对野生动物的侵扰,当地农作物、家禽家畜甚至人身安全面临严重威胁。虽然国家也制定了野生动物肇事补偿措施 ①,但补偿资金由各地财政支付,且各地出台的补偿办法差异较大,补偿机制不健全,如《云南省重点保护陆生野生动物造成人身财产损害补偿办法》就存在许多问题:一

---

① 《中华人民共和国野生动物保护法》第十四条规定:"因保护本法规定保护的野生动物,造成人员伤亡、农作物或者其他财产损失的,由当地人民政府给予补偿。"

是将责任转嫁给受害者 ①，如擅自进入自然保护区的人员，或在生产经营范围从事农业种养植而受到损害的，政府就不承担补偿责任，这就使当地村民获得补偿的可能性大大减小。二是补偿范围模糊，只对在划定的生产经营范围内种植的农作物和经济林木造成较大损毁才给予补偿；而野生动物对农作物的侵害是长期性的，尤其是在秋收季节，因此这样的限定显然不符合实际情况。三是补偿标准不明确，除了针对造成身体伤害提出相应的补偿标准外，其他情况的补偿均没有明确的补偿标准。此外，还存在补偿标准偏低、补偿程序复杂以及补偿资金落实不到位等情况。

3. 管护资金未考虑村民利益

自然保护区的管护资金主要来源有国家行政主管部门对国家级自然保护区的资金补助、地方政府对所在的自然保护区的财政资金补助、国际组织和个人的捐赠、自然保护区通过发展生态旅游和生物资源开发等经济活动的自筹资金等 ②。从《中华人民共和国自然保护区条例》和《森林和野生动物类型自然保护区管理办法》规定来看，在管理上，资金主要由自然保护区管理机构统一管理，当地村寨没有参与管理的机会；在分配上，资金主要由自然保护区所有（或与投资企业联合开展旅游业务，按比例分成），没有考虑到当地村寨和居民在生态保护方面的贡献；在用途上，资金主要是用在自然保护区建设与管理、宣传教育及资源调查等活动方面，忽略了周边村寨社会经济发展方面。

1.2.5 自然保护区公众参与机制问题

1. 管理手段单一，缺少公众参与途径

《中华人民共和国自然保护区条例》第七条第二款规定："一切单位和个人都有保护自然保护区内自然环境和自然资源的义务，并有权对破坏、侵占自然保护区的单位和个人进行检举、控告。"虽然《条例》明确任何单位和个人有保护的义务，但这些义务缺少相应的激励机制，仅凭社会责任感是难以达到良好效果的。

---

① 《云南省重点保护陆生野生动物造成人身财产损害补偿办法》第三条规定："野生动物造成人身和财产损害，属于下列情形之一的，政府不承担补偿责任：（一）对进行狩猎活动或者擅自进入自然保护区的人员造成身体伤害或者死亡的；（二）对围观或者挑逗野生动物的人员造成身体伤害或者死亡的；（三）对在划定的生产经营范围以外种植的农作物和经济林木造成损毁的；（四）对野养散放或者擅自进入自然保护区内放牧的牲畜造成伤害或者死亡的；（五）法律、法规规定的其他情形。"

② 《中华人民共和国自然保护区条例》第六条规定："自然保护区管理机构或者其行政主管部门可以接受国内外组织和个人的捐赠，用于自然保护区的建设和管理。"第二十三条规定："管理自然保护区所需经费，由自然保护区所在地的县级以上地方人民政府安排。国家对国家级自然保护区的管理，给予适当的资金补助。"

此外，第九条规定："对建设、管理自然保护区以及在有关的科学研究中做出显著成绩的单位和个人，由人民政府给予奖励"，虽然明确了单位和个人在自然保护区建设管理中成绩突出的会给予奖励，但仍然没有相关政策提供单位或个人参与自然保护区建设或管理的渠道，以及所能从事活动的内容、相应的责任和权利等。

2. 政府主导的管理体制忽略村民管理的主体性

自然保护区保护实行环保部门综合管理与林业、农业等各行业分部门管理相结合的管理体制，并按自然保护区级别分级管理，国家级自然保护区由其所在地的省一级人民政府有关自然保护区行政主管部门或者国务院有关自然保护区行政主管部门管理；地方级自然保护区由其所在地的县级以上地方人民政府有关自然保护区行政主管部门管理 ①。村民是自然保护区最原始的村民和最主要的利益相关者，然而管理体制有时未能体现村民管理工作的主体性，发挥村民对森林资源保护、管理和监督的重要功能。

3. "自上而下"的政策路径使村民缺乏"政策话语权"

当前自然保护区的政策路径是"自上而下"。在政策制定过程上，自然保护区保护政策是由上级政府制定，而下一级政府的地方性法规则基本是对上级政策的"翻本"，普通村民缺乏"政策话语权"；在政策内容上，从中央到地方，自然保护区相关政策中涉及地方村民利益的内容极少，村民发展的意愿得不到反映。李念锋等通过对保护区管理者的访谈，认为部分自然保护区管理者或政策决策者认为当地村民受教育程度较低，在很大程度上把村民大众视作消极的、态度冷漠的甚至是自私的；决策者与大众之间的交流更多的是自上而下的，信息流方向则是从国家、地方决策者流向大众[59]。尤其是村民需要承受高昂的信息成本，才有可能了解到全部决策者的意图，这使得他们更情愿停留于"理性的无知"之中，而决策者也由此很难听到"真实的声音"。因此，在这样缺少反向流动的"自上而下"的单一政策路径下，大众的情感更多地受到决策者的引导，而决策者的价值观念却很少受到大众情感的影响，这使得自然保护区周边地区发展问题游离于决策者视野之外。

---

① 《中华人民共和国自然保护区条例》第八条规定："国家环境保护行政主管部门负责全国自然保护区的综合管理。国务院林业、农业、地质矿产、水利、海洋等有关行政主管部门在各自的职责范围内，主管有关的自然保护区。"此外，自然保护区按自然保护区级别分级管理。第二十一条规定："国家级自然保护区，由其所在地的省、自治区、直辖市人民政府有关自然保护区行政主管部门或者国务院有关自然保护区行政主管部门管理。地方级自然保护区，由其所在地的县级以上地方人民政府有关自然保护区行政主管部门管理。"

1.2.6 民族传统文化的保护问题

民族村寨千百年来是以所依赖的自然保护区的自然环境和自然资源为根基，这种依赖关系使当地民众创造了属于他们的文明——民族风俗习俗。这些传统习俗自然也不可避免地与自然环境形成密切联系，互为影响。当前自然保护区保护政策，虽然对自然资源起到较好的保护，但同时也在一定程度上影响了村民认识自然的机会和文化信仰表达权利，并影响了村民和村寨的持续发展。

1. 对传统耕种文化习俗的影响

许多少数民族，如云南的怒族、独龙族、景颇族等，在长期生存发展过程中形成了独特的森林农耕文化——刀耕火种的轮耕轮作方式。相应的民族礼仪也随着耕作习俗而产生，如云南景颇族的祭祀主要分为以下三类：祭献与农业有关的鬼，包括木代（太阳鬼）、阿木（雷鬼）、崩培（风鬼）、知通（山鬼）、子卡（谷魂鬼）等；吃新米时祭献祖先鬼，保佑来年风调雨顺，五谷丰登；"号地"烧地时祭献风鬼，希望让带火的风鬼烧尽田里的枝草。由于自然保护区内明确禁止砍伐、开垦、烧荒等行为活动，这种传统耕作方法已逐渐减少，由此也会带来传统农耕习俗和相关礼仪的逐渐消失。

2. 对传统狩猎文化习俗的影响

在高寒山区的民族，如云南怒江傈僳族、独龙族等，每年所收获的粮食一般只够吃3—4个月，因此狩猎成为许多少数民族生产活动的重要组成部分，如土家族每年从正月初一起，就开始组织"围猎"。在狩猎活动中，产生了相应的狩猎文化，如云南独龙族的弩弓、云南阿昌族的户撒刀等狩猎工具。许多民族通过声音诱捕动物，发明了鹿哨、鹿笛、犴笛、鸟哨等各类动物的拟声器。《条例》禁止在自然保护区内开展狩猎活动，我国也从1997年开始收枪禁猎，"围猎"等传统狩猎习俗也属于禁止的范围。

3. 对传统饮食文化习俗的影响

饮食文化习俗是少数民族在长期生产生活中，形成与当地自然环境相适应的农业种植和野生动植物采集的方式来获取原材料，并以其特有的方式进行加工来食用、交换等满足人类生命与发展需要而形成的一种文化现象。在生产力水平和环境条件的制约下，当农业生产系统不能满足村民的需要时，自然保护区丰富的野生食用资源就成了重要的替代性来源。通过调查可以发现，少数民族饮食文化上包含着对野生资源大量利用的特征，传统食物材料除了野生动物外，几乎均来自天然植物，种类可分为块根、茎、叶、笋、果、菌、虫七大类。如傣族食用昆虫除了蜂蛹和成蚕外，还有蚂蚱、蜘蛛、酸蚂蚁、竹蛹等。许多经常食用的食材在市场上广受欢迎，如臭菜、甜菜、刺五加、香椿、棠梨花、松杉尖、青刺尖等。在采集野生资源时，不同民族也形成了独特的民族节日和风俗，如哈尼族的吃虫节（民间称"捉蚂蚱节"）、彝族的"跳菜"习俗（采多留少、采大留小）、景颇族的"传树叶情书"等。丰富的民族饮食文化表明了当地居民在历史和现实生活中对森林资源的依赖性和关联性，而自然保护区的建立和严格管理，必然会影响到民族传统饮食文化习俗的传承与发展。

4. 对民族特色村落建筑的影响

自然保护区民族村寨由于所处的自然环境、生活方式和发展水平，其建设风格也各具特色，如生活在高黎贡山、怒山的傈僳族、普米族、独龙族，海拔高，气候相对寒冷，森林植被茂盛，这些民族多采用"井干式"住房，在建筑材质上以大量木材为主，此类住房有利于防寒、防震。居住在西双版纳自然保护区的傣族，由于海拔较低，气候炎热，空气潮湿，此外，当地竹类资源丰富，因此傣族建筑多选择干栏式的竹楼。由于民族村寨受地理环境、交通状况等影响，建设成本、建筑材料均有就地取材的原则，其原材料主要涉及天然材料如木、竹、草、土、石、沙等。《条例》明确禁止在自然保护区内砍伐、采石、捞沙等活动，因此一些以竹木为主的民族建筑也正逐渐消失。

5. 对宗教祭祀活动的影响

少数民族的传统祭祀活动与其生存环境和生产活动密切相关，对大自然都怀着一种敬畏心理，因此其自然崇拜观念很深。一些狩猎民族常常将高山、巨石、深潭、岩洞、大树作为神灵崇拜，如世居云南高黎贡山的勒墨人凡上山打猎、播种之前都要杀鸡举行祭祀仪式。此外，一些特殊的植物也被用于宗教祭祀活动，如高黎贡山丙中洛镇的怒族人常将金丝桃科的芒种花扦插在屋前空地上，以祭天神；茶梨作为香源植物，用于求福免灾；冬海棠作为礼仪植物，用于开业送礼等[60]。自然保护区保护政策限制了村民们传统生产生活方式，这些宗教祭祀活动也不可避免地随之减少甚至消失。

6. 对民族医药文化的影响

我国民族药约有 8000 余种，占全国药材资源总数的 70%左右，仅云南就有各具特色的民族医药约 1250 种，而有文字记录的各民族药材就有 2000 多种[61]。不同民族在长期的野生动植物资源的利用过程中，发现了大量的中药材和功效，形成如苗药、藏药、彝药、佤药等众多少数民族医药文化。这些医药中所采用的药物大都直接源于自然界，因此民族医药文化与所存在的自然环境有着更为直接和紧密的联系。自然保护区拥有丰富的已知和未知的医药资源，如高黎贡山已知有药用价值的植物多达 1218 种，仅传统药用植物、民间民族药用植物就有约 300 种。自然保护区的建立以及《条例》明确禁止采药等行为无形中限制了村民对医药资源的认识、开发和实验，不利于传统民族医药的发展。

第 2 章　云南自然保护区与民族村寨现状

云南地处我国西南边陲，属山地高原地形，地理环境复杂，94% 为山地；森林覆盖率达到 59.7%，生物多样性丰富，素有"野生动植物王国"的美誉。同时，云南也是我国少数民族众多的省份，截至 2015 年末，全省少数民族人口数达 1583.3 万人，占全省人口总数的 33.4%，是全国少数民族人口数超过千万的三个省区之一。近 30 年来，云南的自然保护区建设飞速发展，已基本形成了以自然保护区为主体的生物多样性就地保护网络。然而丰富的自然资源并没有给周边地区社会经济发展带来多大的帮助，反而因开发条件限制（如政策限制、地理环境）而尚未得到开发利用，制约了当地发展，"绿色贫困"普遍存在[62]。根据国务院扶贫开发领导小组办公室 2016 年在其官方网站公布的《国家扶贫开发工作重点县名单》，我国共有 592 个国家级贫困县，其中，云南就有 73 个，在名单上排在首位。因此，本章针对云南自然保护区及周边的民族村寨发展现状开展调查研究，为进一步研究自然保护区保护政策对民族村寨发展的影响提供参考。

2.1　云南自然保护区现状

云南土地面积 39.4 万平方公里，山地高原约占 94%。地势由西北向东南倾斜呈阶梯状逐步下降，最高点为梅里雪山主峰卡瓦格博峰，海拔 6740 米；最低点为红河与南溪河交汇处，海拔 76.4 米。云南气候在低纬度、高海拔地理条件的综合作用下，受季风环流影响，形成了四季温差小、干湿季分明、气候垂直变化显著的低纬高原季风气候的特点，具有北热带、南亚热带、中亚热带、北亚热带、南温带、中温带和寒温带 7 种气候类型，云南气候类型之多，在全国绝无仅有。深切河谷的高山地区具有垂直气候带和小气候环境，"一山分四季，十里不同天"的气候特征突出。云南自然环境条件多样而独特，生态系统类型多样，生态物种丰富，在建立自然保护区方面有着得天独厚的条件。

2.1.1 云南自然保护区发展概况

1. 自然保护区基本情况

自 1958 年建立第一个自然保护区——西双版纳国家级自然保护区以来，截至 2016 年底，全省已建各种类型、不同级别的自然保护区 160 处，总面积 286.76 万公顷，占全省土地总面积的 7.3%，自然保护区数量位居全国第 6 位，自然保护区面积位居全国第 8 位。其中，国家级自然保护区 21 处，面积 150.97 万公顷，分别占全省自然保护区总数的 13.1% 和总面积的 52.7%；省级自然保护区 38 处，面积 67.78 万公顷，分别占全省自然保护区总数的 23.8% 和总面积的 23.6%；州（市）级自然保护区 56 处，面积 44.14 万公顷，分别占全省自然保护区总数的 35.0% 和总面积的 15.4%；县级自然保护区 45 处，面积 23.87 万公顷，分别占全省自然保护区总数的 28.1% 和总面积的 8.3%（图 2.1）。

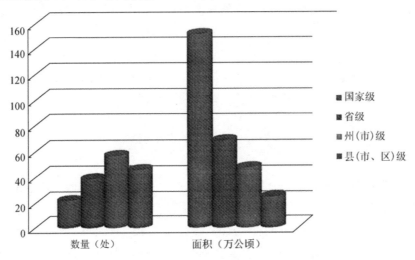

图 2.1　各级别自然保护区数量和面积

云南省自然保护区主要类型有 7 类，分别是森林生态系统、湿地生态系统、野生动物、野生植物、地质遗迹、古生物遗迹和自然文化综合体类型。其中，森林生态系统类型自然保护区 93.7 处，面积 218.95 万公顷，分别占全省自然保护区总数的 58.56% 和总面积的 76.35%；湿地生态系统类型自然保护区 15.3 处，面积 12.48 万公顷，分别占全省自然保护区总数的 9.56% 和总面积的 4.35%；野生动物类型自然保护区 23 处，面积 42.79 万公顷，分别占全省自然保护区总数的 14.38% 和总面积的 14.92%；野生植物类型自然保护区 10 处，面积 7.76 万公顷，分别占全省自然保护区总数的 6.25% 和总面积的 2.71%；地质遗迹类型自然保护区 8 处，面积 2.89 万公顷，分别占全省自然保护区总数的 5.00% 和总面积的 1.01%；古生物遗迹类型自然保护区 2 处，面积 0.38 万公顷，分别占全省自然保护区总数的 1.25% 和总面积的 0.13%；自然文化综合体类型自然保护区 8 处，面积 1.51 万公顷，分别占全省自然保护区总数的 5.00% 和总面积的 0.53%（表 2.1），已基本形成了布局较为合理、类型较为齐全的自然保护区网络体系。另外，还在人口稠密地区，面积较小、不适宜建自然保护区但保护价值很大的区域建设了自然保护小区，如耿马四方井铁力木、昆明苏撒坡密枝林和乌龙潭等。尽管保护小区只能保护少数物种或者一个生态系统的碎片，但能够较好地保护当地木林生态、湿地、野生动植物、古树及文化遗产等，是现行保护区体系中空缺的补充。

表 2.1　云南省自然保护区类型统计表 ①

单位：处、万公顷

类型	合计		国家级		省级		州（市）级		县级		数量 (%)	面积 (%)
	数量	面积	数量	面积	数量	面积	数量	面积	数量	面积		
森林生态系统	93.7	218.95	13.7	107.56	20	56.38	32	35.06	28	19.95	58.56	76.35
湿地生态系统	15.3	12.48	1.3	4.31	8	7.48	4	0.33	2	0.36	9.56	4.35
野生动物	23	42.79	6	39.10	3	0.98	12	2.59	2	0.12	14.38	14.92
野生植物	10	7.76	—	—	4	2.23	1	4.95	5	0.58	6.25	2.71
地质遗迹	8	2.89	—	—	2	0.53	2	0.13	4	2.23	5.00	1.01
古生物遗迹	2	0.38	—	—	1	0.18	1	0.20	—	—	1.25	0.13
自然文化综合体	8	1.51	—	—	—	—	4	0.88	4	0.63	5.00	0.53
合计	160	286.76	21	150.97	38	67.78	56	44.14	45	23.87	100	100

2.　自然保护区的分布

（1）按流域分布情况

云南地形复杂，属青藏高原南延部分，地形以元江谷地和云岭山脉南段宽谷为界，分为东西两部。西部为横断山脉纵谷区，高山深谷相间，相对高差较大，地势险峻，这一区域生物多样性极其丰富，分布着众多的自然保护区，其保护区面积也较大；东部为滇东、滇中高原，多起伏和缓的低山和浑圆丘陵，发育着各种类型的岩溶地形，这一区域的自然保护区数量相对较少，其面积也较小。云南

---

① 数据来源于云南省林业厅《2016 年云南省自然保护区年报》。

自然保护区分别属于六大流域，即长江（金沙江）流域、澜沧江（湄公河）流域、珠江（南盘江）流域、红河（元江）流域、怒江（萨尔温江）流域、伊洛瓦底江（独龙江、大盈江）流域。其中，长江流域的自然保护区有 52 处，面积 66.60 万公顷，分别占全省自然保护区总数的 32.5%和总面积的 23.2%；澜沧江流域的自然保护区有 37 处，面积 85.47 万公顷，分别占全省自然保护区总数的 23.1%和总面积的 29.8%；珠江流域的自然保护区有 30 处，面积 31.16 万公顷，分别占全省自然保护区总数的 18.8%和总面积的 10.9%；红河流域的自然保护区有 29 处，面积 43.91 万公顷，分别占全省自然保护区总数的 18.1%和总面积的 15.3%；怒江流域的自然保护区有 7 处，面积 29.03 万公顷，分别占全省自然保护区总数的 4.4%和总面积的 10.1%；伊洛瓦底江流域的自然保护区有 5 处，面积 30.59 万公顷，分别占全省自然保护区总数的 3.1%和总面积的 10.7%。

（2）自然保护区按州（市）分布情况

全省 16 个州（市）都分布有自然保护区，但由于各州（市）的面积、地理位置、资源情况和经济社会状况等条件的不同，自然保护区的数量、级别、面积也存在很大差异。全省共建有自然保护区 160 处，其中，大理州、曲靖市、楚雄州、玉溪市和普洱市保护区数据均超过 10 处（表 2.2）。

表 2.2　各州（市）自然保护区数量统计表 ①

单位：处

序号	州（市）名称	国家级自然保护区名称	数　量					占自然保护区总处数比例（%）
			国家级	省级	州（市）级	县（市、区）级	合计	
1	昆明市	轿子山	1	2	—	3	6	3.7
2	曲靖市	会泽黑颈鹤	1	4	4	14	23	14.4
3	玉溪市	哀牢山	1/6	—	—	—	—	
		元江	1	—	—	—	—	
		小计	7/6	1	3	10	15　1/6	9.5

---

① 数据来源于云南省林业厅《2016 年云南省自然保护区年报》。跨州（市）的自然保护区有高黎贡山、哀牢山和无量山，在统计数量时，数量以分数表示，保持全省总数不变。

续表

序号	州（市）名称	国家级自然保护区名称	数量					占自然保护区总处数比例（%）
			国家级	省级	州（市）级	县（市、区）级	合计	
4	昭通市	大山包	1	—	—	—	—	—
		药山	1	—	—	—	—	—
		乌蒙山	1	—	—	—	—	—
		长江上游	1	—	—	—	—	—
		小计	4	—	8	2	14	8.8
5	楚雄州	哀牢山	3/6	2	13	1	16 3/6	10.3
6	红河州	黄连山	1	—	—	—	—	—
		大围山	1	—	—	—	—	—
		分水岭	1	—	—	—	—	—
		小计	3	3	1	1	8	5.0
7	文山州	文山	1	6	1	—	8	5.0
8	普洱市	哀牢山	2/6	—	—	—	—	—
		无量山	1/2	—	—	—	—	—
		小计	5/6	5		7	12 5/6	8.0
9	西双版纳州	纳板河	1	—	—	—	—	—
		西双版纳	1	—	—	—	—	—
		小计	2	—	4	2	8	5.0
10	大理州	苍山洱海	1	—	—	—	—	—
		云龙天池	1	—	—	—	—	—
		无量山	1/2	—	—	—	—	—
		小计	5/2	3	22	—	27 1/2	17.2
11	保山市	高黎贡山	1/2	2	—	2	4 1/2	2.8
12	德宏州	—	—	—	1	1	2	1.2
13	丽江市	—	—	3	—	—	3	1.9
14	怒江州	高黎贡山	1/2	1	—	—	2 1/2	1.6
15	迪庆州	白马雪山	1	3	—	—	4	2.5
16	临沧市	南滚河	1	—	—	—	—	—
		永德大雪山	1	—	—	—	—	—
		小计	2	2	—	1	5	3.1
合计			21	38	56	45	160	100

各州（市）辖区内自然保护区面积占州（市）土地总面积高于 10.0% 的有怒江傈僳族自治州（27.8%）、西双版纳傣族自治州（21.8%）、迪庆藏族自治州（13.4%）和曲靖市（10.2%）。自然保护区面积占州（市）土地面积比例最大的是怒江傈僳族自治州，占 27.8%，自然保护区面积占州（市）土地面积比例最小的是昆明市，占 1.3%（表 2.3）。

表 2.3 云南省自然保护区占各州（市）土地面积统计表 [①]

单位：万公顷

序号	州（市）名称	自然保护区面积					占全省自然保护区面积（%）	占各州（市）土地面积（%）
		国家级	省级	州（市）级	县（市、区）级	合计		
1	昆明市	1.65	0.73	—	0.41	2.79	0.97	1.3
2	曲靖市	1.29	15.4	11.12	2.53	30.34	10.58	10.2
3	玉溪市	3.67	0.18	1.62	4.53	10.00	3.24	6.5
4	昭通市	6.57	—	4.23	0.14	10.94	3.83	4.8
5	楚雄州	3.19	1.66	13.69	0.35	18.89	6.61	6.5
6	红河州	14.78	3.52	0.02	0.02	18.34	6.42	5.6
7	文山州	2.69	6.75	0.02	—	9.46	3.31	2.9
8	普洱市	4.48	4	—	2.04	10.52	3.68	2.3
9	西双版纳州	26.91	—	6.97	9.03	42.91	15.02	21.8
10	大理州	10.18	1.48	6.47	—	18.13	6.33	6.2
11	保山市	8.17	0.74	—	2.92	11.83	4.05	6.0
12	德宏州	—	5.17	—	0.31	5.48	1.92	4.8
13	丽江市	—	4.07	—	—	4.07	1.42	1.9
14	怒江州	32.39	7.59	—	0.86	40.84	14.29	27.8
15	迪庆州	28.16	3.84	—	—	32.00	11.20	13.4
16	临沧市	6.84	12.65	—	0.73	20.22	7.08	8.3

---

① 数据来源于云南省林业厅《2016 年云南省自然保护区年报》。

2.1.2　云南自然保护区保护管理

1.　自然保护区管理机构

云南省自然保护区的主要行政管理部门有林业、环保、农业、国土、水利、住建和旅发委。其中，林业部门管理的自然保护区共有 132 处，面积 268.90 万公顷，分别占全省自然保护区总数的 82.4% 和总面积的 93.8%；环保部门管理的自然保护区共有 10 处，面积 14.94 万公顷，分别占全省自然保护区总数的 6.3% 和总面积的 5.2%；农业部门管理的自然保护区共有 8 处，面积 0.56 万公顷，分别占全省自然保护区总数的 5.0% 和总面积的 0.2%；国土部门管理的自然保护区共有 4 处，面积 0.86 万公顷，分别占全省自然保护区总数的 2.5% 和总面积的 0.3%；水利部门管理的自然保护区共有 3 处，面积 1.01 万公顷，分别占全省自然保护区总数的 1.9% 和总面积的 0.3%；住建部门管理的自然保护区共有 2 处，面积 0.21 万公顷，分别占全省自然保护区总数的 1.3% 和总面积的 0.1%；旅发委管理的自然保护区共有 1 处，面积 0.28 万公顷，分别占全省自然保护区总数的 0.6% 和总面积的 0.1%（表 2.4）。

表 2.4　云南省自然保护区按管理部门统计 [①]

单位：处、万公顷

管理部门	国家级		省级		州（市）级		县（市、区）级		合计		占全省保护区总数量（%）	占全省保护区总面积（%）
	数量	面积	数量	面积	数量	面积	数量	面积	数量	面积		
林业	17	139.04	35	67.43	47	43.20	33	19.23	132	268.90	82.4	93.8
环保	3	11.92	—	—	2	0.18	5	2.84	10	14.94	6.3	5.2
农业	1	0.01	—	—	5	0.43	2	0.12	8	0.56	5.0	0.2
国土	—	—	2	0.19	—	—	2	0.67	4	0.86	2.5	0.3
水利	—	—	—	—	—	—	3	1.01	3	1.01	1.9	0.3
住建	—	—	1	0.16	1	0.05	—	—	2	0.21	1.3	0.1
旅发委	—	—	—	—	1	0.28	—	—	1	0.28	0.6	0.1
合计	21	150.97	38	67.78	56	44.14	45	23.87	160	286.76	100	100

---

① 数据来源于云南省林业厅《2016 年云南省自然保护区年报》。

林业部门是自然保护区的主要行政管理部门，其他部门管理的自然保护区，其森林和野生动植物资源的保护管理工作仍由林业部门负责。经云南省机构编制委员会批准，全省林业部门管理的省级以上自然保护区共设置 55 个管护机构，其中正处级机构 18 个，副处级机构 37 个，核定事业编制 2504 名，新增 1430 名。

2. 自然保护区土地权属

截至 2015 年底，全省有 45% 的自然保护区管理机构有国有山林权证，38% 的自然保护区管理机构通过委托、协议等获得国有山林的管理权；有 39 处自然保护区与 47 处国有林场在范围上有交叉和重叠，交叉和重叠部分的面积为 16.44 万公顷。自然保护区内的林地面积为 242.85 万公顷，其中生态公益林面积 146.33 万公顷。自然保护区林地中，国有林地面积 172.04 万公顷，集体林地面积 72.76 万公顷。有国有林分布的自然保护区有 88 处，包括国家级自然保护区 16 处，省级自然保护区 28 处，州（市）级自然保护区 30 处，县级自然保护区 14 处。有国有林分布的 88 处自然保护区总面积共 237.06 万公顷，其中，林地面积 227.64 万公顷（国有林 172.04 万公顷，集体林 55.60 万公顷），非林地面积 9.42 万公顷。

2016 年，为积极应对自然保护区林地、林木权属争议问题，云南省开展了自然保护地资源权属摸底调查和调研工作，推进了麻栗坡老山、驮娘江省级自然保护区范围调整和兰坪云岭省级自然保护区功能区调整，并获得省人民政府批复，申报了元江、大围山、分水岭、黄连山国家级自然保护区范围和功能区调整，逐步解决自然保护区的历史遗留问题。

3. 自然保护区生态建设

自然保护区生态工程建设主要包括天然林保护工程、退耕还林工程和生态公益林补偿，但主要以天然林保护工程和生态公益林补偿为主。"十二五"期间，中央投资 38365.11 万元，地方配套 2894.17 万元用于自然保护区生态工程建设。2016 年，纳入天然林管护面积 86.37 万公顷，国家投入资金 1651.00 万元，省级投入资金 42.60 万元；有 0.08 万公顷的自然保护区面积被纳入退耕还林工程，国家投入资金 1416.00 万元，省级补偿资金 2.50 万元；有 191.28 万公顷的自然保护区面积被纳入生态公益林补偿，国家补偿资金 7486.9 万元，地方配套资金 132.17 万元；湿地保护与恢复国家投入资金 6300.00 万元（表 2.5）。

表 2.5　云南省自然保护区生态建设情况 ①

单位：万元、万公顷

名　称		合计	国家级	省级	州（市）级	县级
天保工程	纳入面积	86.37	65.41	10.69	6.65	3.62
	国家投入资金	1651.00	931.41	439.03	238.25	42.31
	省级投入资金	42.60	32.32	—	10.28	—
退耕还林工程	纳入面积	0.08	0.07	0.01	—	—
	国家投入资金	1416.00	0.00	1416.00	—	—
	地方配套资金	2.50	—	2.50	—	—
生态公益林补偿	补偿面积	191.28	149.4	33.33	1.67	6.88
	国家补偿资金	7486.9	4772.76	2002.27	162.43	549.44
	地方配套资金	132.17	78.82	35.40	8.28	9.67
湿地保护与恢复	国家投入资金	6300.00	6300.00	—	—	—

4.　自然保护区周边人口

据 2015 年统计，居住在自然保护区范围内的居民有 13.24 万户 56.84 万人，其中，核心区有 1.57 万户 6.88 万人；缓冲区有 4.30 万户 19.03 万人；实验区有 7.37 万户 30.92 万人。居住在国家级自然保护区范围内的居民有 4.24 万户 18.68 万人；居住在省级自然保护区范围内的居民有 5.78 万户 23.13 万人；居住在州（市）级自然保护区范围内的居民有 2.58 万户 12.81 万人；居住在县（市、区）级自然保护区范围内的居民有 0.64 万户 2.21 万人。与自然保护区有直接关系的人口数（不在保护区内居住，但在保护区内拥有林地、土地权属的人口数量）为 197.11 万（表 2.6）。

---

① 数据来源于云南省林业厅《2016 年云南省自然保护区年报》。

表 2.6　云南省自然保护区人口分布情况 ①

单位：万户、万人

功能区	户籍人口	合计	国家级	省级	州（市）	县级
合计	户数	13.24	4.24	5.78	2.58	0.64
	人数	56.84	18.68	23.13	12.81	2.21
核心区	户数	1.57	0.27	0.63	0.36	0.31
	人数	6.88	1.09	2.55	2.05	1.19
缓冲区	户数	4.30	2.89	0.86	0.54	0.01
	人数	19.03	12.73	3.36	2.89	0.05
实验区	户数	7.37	1.08	4.29	1.68	0.32
	人数	30.92	4.86	17.22	7.87	0.97
与保护区有直接关系的人口数		197.11	120.11	52.8	11.8	12.4

2.1.3　云南自然保护区建设的重要意义

建立自然保护区的目的是保护珍贵、稀有的动植物资源，保护代表不同自然地带的自然环境的生态系统，以及保护有特殊意义的文化遗迹等，其意义在于：保留自然本底，它是今后在利用、改造自然中应遵循的途径，为人们提供评价标准以及预计人类活动将会引起的后果；贮备物种，它是拯救濒危生物物种的庇护所；打造科研、教育基地，它是研究各类生态系统的自然过程、各种生物的生态和生物学特性的重要基地，也是教育实验的场所；保留自然界的美学价值，它是人类健康、灵感和创作的源泉。建立自然保护区对促进国家的国民经济持续发展和科技文化事业发展具有十分重大的意义。

1. 有利于生物多样性保护

1）生态系统及景观多样性保护。生物多样性是人类赖以生存的条件，是经济社会可持续发展的基础，是生态安全和粮食安全的保障。云南自然保护区以全省7.4%的土地面积，保存了几乎囊括中国所有的陆地生态系统类型，涵盖了从热带到寒带，从水生、湿润、半湿润、半干旱到干旱，涉及热带雨林、季雨林、常绿阔叶林、硬叶常绿阔叶林、落叶阔叶林、暖性针叶林、温性针叶林、竹林、稀树灌木草丛、灌丛、草甸、湿地植被 12 个植被型或植被亚型，以及风光绮丽的地形

---

① 数据来源于云南省林业厅《2015 年云南省自然保护区年报》。

景观、地质景观、森林景观、天文景观、气候景观、生物景观、人文景观（梯田、古迹、庙宇等）。

2）物种多样性保护。英国萨塞克斯大学研究人员通过对比 359 个自然保护区内 1939 处地点收集的样本以及这些保护区外围 4592 处地点收集的样本，发现保护区内收集的样本中包含的生物个体和物种数量分别多出 15% 和 11%，证明了自然保护区对植物、哺乳动物、鸟类以及昆虫在内的物种都能够起到一定保护作用。多年来，云南省自然保护区的建设和管理，有效保护了全省物种多样性，如高黎贡山国家级自然保护区已知有种子植物 210 科 1086 属 4303 种，其中 434 个为高黎贡山特有种。国家一级保护植物有喜马拉雅红豆杉、云南红豆杉、长蕊木兰、光叶珙桐等 4 种；国家二级保护植物有秃杉、桫椤、董棕、贡山三尖杉、油麦吊云杉、十齿花、水青树、贡山厚朴、红花木莲等 20 种。已知有脊椎动物 36 目 106 科 582 种，其中兽类 9 目 29 科 81 属 116 种，鸟类 18 目 52 科另 4 亚科 343 种，两栖类 2 目 2 亚目 7 科 28 种及亚种，爬行类 2 目 3 亚目 9 科 48 种及亚种，鱼类 5 目 9 科 28 属 47 种及亚种。国家一级保护动物有戴帽叶猴、白眉长臂猿、熊猴、羚牛、豹、白尾梢虹雉等 20 种；国家二级保护动物有小熊猫、穿山甲、鬣羚、黑颈鸬鹚、高山兀鹫、血雉、灰鹤、红瘰疣螈等 47 种；省级保护动物 5 种。此外，2011 年还在保护区发现了金丝猴家族新成员——怒江金丝猴。

3）遗传多样性保护。云南蕴藏了大量珍贵的遗传基因多样性，特别是许多经济价值高、利用范围广的栽培植物与家养动物，都能在自然保护区及周边区域找到其野生类型或近缘种，如我国共有 3 种野生稻（普通野生稻、疣粒野生稻和药用野生稻），均分布于云南南部至西南部的边缘热带地区。云南农业栽培作物、特色经济林木、畜禽等物种遗传种质资源丰富，有农作物及其野生近缘种植物数千种，其中栽培植物约 1000 种、主要栽培植物 500 余种，200 多种起源于云南，占全国的 80%，是世界栽培稻、荞麦、茶等作物的起源地和多样性中心。

2. 有利于建设西南生态安全屏障

《国务院关于支持云南省加快建设面向西南开放重要桥头堡的意见》（国发〔2011〕11 号）提出要把云南建设成为"我国重要的生物多样性宝库和西南生态安全屏障"。2018 年 1 月，云南省省长阮成发在云南省第十三届人民代表大会上指出，要坚持人与自然和谐共生，加快美丽云南建设，把七彩云南建设成为中国西南生态安全屏障。云南自然保护区主要分布于生态重要地区及脆弱地区，是有效保护我省流域和国土生态安全的重要生态屏障，具有恢复区域生态、缓解地质灾害、调节径流和区域气候等功能，在维护跨境河流下游国家和我国长江、珠江下游地区的生态安全中发挥了重要作用。

3. 是国家履行国际公约的义务和责任

近年来，我国不断加大履行《生物多样性公约》的力度，已把生物多样性保护纳入环境保护基本框架，作为转变经济发展方式、建设生态文明的重要抓手。云南是我国特有物种、子遗物种的分布中心和东亚植物区系的现代分化中心，物种及基因资源异常丰富，是具有国际意义的陆地生物多样性关键地区。云南建立自然保护区，加强生物多样性保护是我国履行国际公约的义务和责任。30 多年来，云南自然保护区一直受到国内外高度关注，与许多国际组织建立了良好的合作关系，是云南开展国际合作的重要平台，对树立云南的国际形象、充分展示我国软实力具有至关重要的意义。

4. 是经济社会可持续发展的现实需要

自然保护区内的资源具有重要的科学价值、经济价值、生态价值和美学价值，为云南经济社会可持续发展，建设我国面向南亚东南亚辐射中心、建设"森林云南"提供了自然资源保障，特别是为旅游产业、生物产业、水电清洁能源产业发展奠定了重要的物质基础。2015 年，全省开展生态旅游的自然保护区达 28 个，其中国家级 9 个，省级 9 个，州（市）及县级 10 个，年接待游客总人数为 3817 万人次，年总收入达 32.27 万元 ①。同时，云南是西部欠发达、贫困面大的边疆民族地区，全省经济社会发展对生物多样性资源高度依赖，众多的基础产业和支柱产业都建立在生物多样性资源的基础之上。因此，正确处理好自然保护区及周边地区的生物多样性保护与可持续利用的关系是实现经济社会可持续发展的关键。

2.2 云南少数民族现状

2.2.1 云南少数民族概况

云南是我国民族种类最多的省份，除汉族以外，人口在 6000 人以上的世居少数民族有彝族、哈尼族、白族、傣族、壮族、苗族、回族、傈僳族等 25 个。其中（按人口数多少为序），哈尼族、白族、傣族、傈僳族、拉祜族、佤族、纳西族、

---

① 数据来源于云南省林业厅《2015 年云南省自然保护区年报》。

景颇族、布朗族、普米族、阿昌族、怒族、基诺族、德昂族、独龙族共 15 个民族为云南特有，人口数均占全国该民族总人口的 80% 以上。全省少数民族人口数达 1534.92 万人（第六次全国人口普查时），占全省人口总数的 33.4%，同第五次全国人口普查相比，少数民族人口增长了 8.37%。

云南是全国少数民族人口数超过千万的三个省区（广西、云南、贵州）之一。民族自治地方的土地面积为 27.67 万平方公里，占全省总面积的 70.2%。全省少数民族人口数超过 100 万的有彝族、哈尼族、白族、傣族、壮族、苗族 6 个；超过 10 万不到 100 万的有回族、傈僳族、拉祜族、佤族、纳西族、瑶族、景颇族、藏族、布朗族 9 个；超过 1 万不到 10 万的有布依族、普米族、阿昌族、怒族、基诺族、蒙古族、德昂族、满族 8 个；超过 6000 不到 1 万的有水族、独龙族 2 个。

2.2.2　云南少数民族分布现状

1. 云南少数民族分布情况

云南民族众多，其形成原因也很多，主要是因为：一是云南地处高原，崇山峻岭，交通阻隔，各地居民处于相对"封闭"的状态之中，久而久之，逐渐发展为不同的民族；二是中原和北方民族进入云南，也带来了一些少数民族人口；三是一些少数民族人口在元明清时期因避难、逃荒或其他缘故，先后从内地迁入云南。各民族在云南分布情况见表 2.7。

表 2.7　云南少数民族在全省的分布情况

民族	分布
白族	白族 80% 以上居住在大理白族自治州。其他散居昆明、元江、丽江、兰坪等地。
佤族	佤族是云南特有民族，主要分布在沧源、西盟、孟连、澜沧、耿马县，镇康、双江等县也有少量分布。
傣族	傣族是云南特有的民族，世代生活在热带、亚热带气候的肥沃富饶的坝子，主要聚居在西双版纳、德宏两州和耿马、孟连、新平、元江的河谷坝子，小部分居住在景谷、景东、金平、双江等 30 多个县区。傣族有水傣、旱傣和花腰傣之分。
怒族	怒族是云南特有民族，主要聚居在泸水县、贡山独龙族怒族自治县、福贡县匹河怒族乡及兰坪白族普米族自治县，少数居住在迪庆藏族自治州的维西县。
景颇族	景颇族是云南特有民族，主要聚居在德宏傣族景颇族自治州各县的山区及怒江州泸水县的片古岗地区，少数散居在腾冲、耿马、澜沧等县。
阿昌族	阿昌族是云南特有民族，90% 分布在陇川县的户撒和梁河县九保、曩宋等阿昌族乡。芒市、盈江、腾冲、龙陵县也有少量分布。

民族	分布
傈僳族	傈僳族是云南特有民族，主要聚居于怒江傈僳族自治州，其余散居在丽江、迪庆、大理、德宏、楚雄、保山及四川省凉山州等地区。
布朗族	布朗族是云南特有民族，主要聚居在勐海县的布朗山布朗族乡，以及西定和巴达等山区。镇康、双江、临沧、景东、澜沧、墨江等县也有部分散居和杂居。
独龙族	独龙族是云南特有民族中人口最少的民族，主要聚居在滇西北的贡山独龙族怒族自治县独龙江河谷地带，一部分散居在怒江两岸福贡、维西县。
哈尼族	哈尼族是云南特有民族，主要聚居在红河和澜沧江的中间地带的哀牢山区。
德昂族	德昂族是云南特有民族，主要聚居在芒市三台山和镇康县军弄等地，少数散居在盈江、瑞丽、陇川、保山、梁河、耿马等县市。
基诺族	基诺族主要聚居在景洪市的基诺山（旧称攸乐山）。其余分布在勐腊、勐海县的一些地方。
普米族	普米族是云南特有民族，90%居住在滇西的兰坪、宁蒗、丽江、维西、永胜各县。少数分布于四川盐源、木里等地。
纳西族	纳西族为云南特有民族，主要聚居于丽江纳西族自治县，宁蒗、永胜、维西、中甸、德钦以及四川省盐源、盐边、木里等县也有少量分布。
拉祜族	拉祜族是云南特有民族，分布在澜沧、孟连、耿马、沧源、勐海、西盟等县，以澜沧拉祜族自治县、孟连傣族拉祜族佤族自治县、双江拉祜族佤族布朗族傣族自治县和勐海县西定、巴达和布朗山为主要聚居区。
彝族	彝族是云南少数民族中人口最多的一个民族，占全国彝族人口的60%左右。云南绝大部分县市都有彝族分布，以楚雄彝族自治州、红河哈尼族彝族自治州的哀牢山区、乌蒙山区和滇西北大凉山一带比较集中。
藏族	藏族主要聚居在迪庆州，少数散居于丽江、永胜、怒江等地。
回族	回族分布极广，除威信、绥江两县外，其余各县市都有回族居住，主要聚居在交通沿线的城镇和附近村寨，具有大分散、小聚居和聚族而居的特点。
水族	水族主要聚居在富源县的黄泥河、古敢一带，彝良县的大河、龙安等地也有分布。
瑶族	瑶族主要居住在河口、马关、金平、富宁、广南、麻栗坡、丘北、元阳、绿春、红河等县，勐腊、江城、景东等地也有少数分布。
苗族	苗族散居在87个县市，多数居住在文山州、红河州和昭通地区。
壮族	云南的壮族占全国壮族的7%左右，主要聚居在文山州。
蒙古族	蒙古族主要聚居在通海县杞麓湖沿岸，部分居住在文山州的马关县，少部分散居在文山、红河、思茅等地州的一些地区。云南的蒙古族以农耕为主。
布依族	布依族居住在罗平、富源县的布依族地区，少量在师宗、马关、河口等县。
满族	满族人口较少，但分布却很广，全省大多数县市有满族。主要分布于昆明、保山、思茅、德宏、曲靖、临沧、红河、楚雄等地市。

2. 云南少数民族分布特点

（1）主要聚居在边疆地区

云南少数民族在全省均有分布，但民族自治州、县、乡大多集中在边疆区域。

1）滇西北。迪庆藏族自治州，处青藏高原南缘，是滇、川、藏三省区交汇处；怒江傈僳族自治州，是中缅滇藏的结合部，国界线长达 449.5 公里。少数民族人口 32.13 万人，占总人口的 88.6%。千人以上的少数民族有彝族 1.55 万人，藏族 13 万人，傈僳族 10.93 万人，白族 1.49 万人，苗族 1431 人，回族 1135 人，纳西族 4.63 万人，普米族 2085 人。

2）滇西。德宏傣族景颇族自治州北、西、南三面都与缅甸接壤。少数民族人口 59.86 万人，占总人口的 48.08%。少数民族人口中，傣族 35.89 万人，景颇族 13.77 万人，阿昌族 3.12 万人，傈僳族 3.24 万人，德昂族 1.48 万人，其他 2.36 万人。

3）滇西南。沧源佤族自治县与缅甸接壤，国界线长达 290.29 公里。少数民族人口占 93.4%，佤族人口占总人口的 85.1%，占全国佤族人口的 40% 以上，是一个以佤族为主体，傣、汉、拉祜、彝等 20 多个民族杂居的边疆民族自治县。

4）滇南。西双版纳傣族自治州，东南部、南部和西南部分别与老挝、缅甸相连，邻近泰国和越南。少数民族人口 75.33 万人，占总人口的 77.5%。主要少数民族人口数：傣族 32.69 万人，哈尼族 19.93 万人，拉祜族 5.88 万人，彝族 5.36 万人，布朗族 4.85 万人，基诺族 2.4 万人，瑶族 2.14 万人。

5）滇东南。红河哈尼族彝族自治州南与越南接壤，是中国走向东盟的陆路通道和桥头堡。少数民族人口 270.85 万人，占总人口的 60.1%。州内有哈尼、彝、苗、傣、壮、瑶、回、布依、拉祜 9 个世居少数民族。主体民族中哈尼族 83.82 万人、彝族 110.73 万人，分别占总人口的 18.6%、24.57%。

6）滇东文山壮族苗族自治州，其东面与广西百色市接壤，南与越南接界。少数民族人口 206.4 万人，占总人口的 57.7%。

（2）分布在生态富聚区域

云南民族地区大多位于生物多样性丰富、生态重要性高的区域，许多民族自治州、自治县境内都建有国家级自然保护区，如迪庆藏族自治州的白马雪山国家级自然保护区，怒江傈僳族自治州的高黎贡山国家级自然保护区，临沧沧源佤族自治县的南滚河国家级自然保护区，西双版纳傣族自治州的纳板河、西双版纳国家级自然保护区，红河哈尼族彝族自治州的大围山、黄连山、分水岭国家级自然保护区，文山州的文山国家级自然保护区，楚雄州的哀牢山，大理州的苍山洱海、无量山、云龙天池国家级自然保护区等。

（3）各民族居住立体分布明显

云南地势高差较大，并大致呈三级阶梯状倾斜。从滇西北一级阶地至滇南、滇东南三级阶地，直线距离不过数百千米，然而海拔差异却高达数千米。地势不同梯级的存在，使云南的自然景观不仅在全省范围内表现出很大的差异，而且在某一局部地区，也会因地形地势的不同而造成垂直变化，并由此影响到生态环境以及动植物分布的立体变化。在这样的条件下，不同的民族群体也自然会随着生存环境的改变而呈现出垂直分布的格局。

1）全省民族的垂直分布格局。从宏观角度看，全省民族的垂直分布中，藏族分布最高，傣族、壮族分布最低，其他大量的民族则分布在二者之间。分布在地势较低平的坝子、河谷临水地区的少数民族有白、傣、壮、回、布依、水族等，主要以水稻作为主要作物，兼营杂粮、果蔬和各种经济作物。分布在亚热带、温带中山地区（海拔 2000～2500 米左右）的民族，按生存方式的不同分为三种类型：①从事水稻种植的民族，如哈尼族；②从事旱地农业，或称作"刀耕火种"或"迁徙农业"的民族，如苗、瑶、傈僳、拉祜、佤、怒、彝族等；③以狩猎和采集为生的民族，如已被归入拉祜族的苦聪人。在海拔 3000～4000 米左右的温带、寒带高山草甸和森林区，居住着以山地种植业为主并兼营畜牧业和林业的藏族。

2）局部地区的民族立体分布格局。在宏观垂直分布的格局中，局部地区的民族也有立体分布的特点。如滇西德宏地区，盆地中多为傣族，半山区有德昂、阿昌和汉族，景颇族和傈僳族居处最高，故景颇俗有"山头"之称。哈尼、瑶族居高山，中部山地则分布着布朗、拉祜、佤、基诺族等。滇南红河西南部，一山上下，民族分布的模式是山脚为傣族和壮族的田园，山间层层壮观的梯田则为哈尼族所开，而山头、箐头以旱地轮作为主的却是彝族、苗族和瑶族。在滇东南的文山则有句俗语说"苗族住山头，瑶族住箐头，壮族住水头，汉族住街头"，对云南少数民族因山势高低而垂直分层居住的状况做了十分形象的描述[63]。

2.2.3 云南民族传统文化与自然保护

1. 云南民族传统文化特征

1）民族传统文化历史源远流长。云南少数民族的历史源远流长，许多民族的族源都可以追溯到远古时期，如生活在云南的布朗族、德昂族，其先民即为古代"濮人"的一支；傣族属于古代越人；普米族则是古代羌族的一支遗裔；哈尼族也渊源于古代的羌人族群，其历史可追溯到古殷商时代；景颇族则源于青藏高原古氐羌族群。壮族、仫佬族源于古代我国南方的百越族群；水族也是从古代骆越的一支逐渐发展而来的；苗族的祖先可追溯到原始社会时代活跃于中原地区的蚩尤部落，以及黄帝时代的"九黎"，尧、舜、禹时的"三苗"。主要生活于大理的白族，其族源甚至可以追溯到云南的石器时代。在漫长的历史岁月中，各个民族世代相袭，创造并发展了辉煌灿烂的民族文化，形成了云南多样化的民族文化格局。多样的民族文化不仅各具特色，而且内容丰富，涵盖了各民族生产生活的方方面面，包括多姿多彩的少数民族习惯、各式各样的少数民族民居建筑、风格浓郁的少数民族饮食、绚丽多彩的少数民族服饰、纷繁复杂的少数民族语言文字、众多的少数民族节日和宗教信仰。这些各具特色的民族文化，从衣食住行到生老病死，从物质创造到精神积淀，千百年积累所形成的民族文化宝库，今天仍然展现着无穷魅力，它是当地经济社会发展的独特资源和现实基础。

2）具有浓郁的民族特色和多样性。云南自然地理环境和气候条件差异很大，有的高山峡谷，有的林区草原，有的高寒地带，有的四季温暖。由于自然地理环境的特殊性，在很长的历史时期，这些地方的交通极不发达，生存环境相对封闭，对外交流很不便利，因而在这里生活繁衍的各个民族，其文化差异显著，特色鲜明，具有很强的原生形态以及浓郁的民族特色。首先，这种民族特色、文化差异表现在多样性的文化发展形态上。在新中国成立以前，云南各民族地区语言文字水平参差不齐，有的民族有成熟的语言文字，有的民族的文字仅处于萌芽阶段，而有的民族还处于原始社会的结绳记事时代。在宗教信仰方面，各民族之间的信仰也不尽相同。云南是全国宗教类型最多的地区，从原始宗教到世界宗教，种类齐全，内容丰富，佛教、道教、天主教、基督教、伊斯兰教五大宗教俱全。其次，文化的多样性还表现在文化表达形式上，不同民族文化的表达方式各异，如各具特色的民族建筑、绚丽多彩的服饰、饮食文化、音乐舞蹈以及民族节庆等，如比较著名的彝族火把节、白族三月街、傣族泼水节、纳西族三多节、傈僳族刀杆节、苗族花山节和藏族藏历年等。

3）民族文化多元并存且相互交融。作为文化类别的民族传统文化的交往，是人类社会交往属性的本质反映。尽管各个民族相对封闭而创造了各具特色的物质文化、制度文化和精神文化，但长期以来形成了大杂居、小聚居的格局，使得云南民族文化又表现为多元并存、相互交融的特点。在审视云南民族文化时，人们会发现许多民族具有相同或相似的文化现象，各民族在保留自己传统文化的同时，也不断接受其他民族的文化影响，相同的生活习俗、宗教信仰、岁时节庆，相似的民族起源、婚恋习惯、民间传说等。例如，上座部佛教传入西双版纳傣族地区以后，不仅基诺族成为一个全民信仰佛教的民族，周边的其他民族，如佤族、彝族等也部分地接受了这种宗教，从而表现出与傣族在精神文化上具有很大的相似性。而在更为基本的物质文化方面，相邻的民族在生产方式、居住方式等方面会形成更大的相似性，如山地民族曾经采用的刀耕火种、坝区民族普遍使用的稻作技术等耕作方式。

2. 民族文化中的生态伦理

美国学者罗尔斯顿（Rolston）曾指出："当人类进入自然舞台时，他们在这方面应遵循大自然。"德国学者兰德曼（Landmann）也认为："在每一种新的环境里，人能发展出适合于环境的行为，人能在这个环境中保护自己。"云南地形复杂，气候多样，许多原住民在悠久的历史发展过程中，与其周围的动植物和森林生态系统建立了极为密切的关系，从而形成了一套与自然生态系统相适应的民俗文化和森林资源管理。此处仅以纳西族、傣族、哈尼族、佤族和傈僳族等几个云南特有的少数民族为例加以介绍。

（1）纳西族生态伦理观

纳西族是云南省世居民族之一，主要聚居在滇西北的丽江纳西族自治县、维西、中甸、宁蒗、永胜等县。纳西族信奉东巴教，他们认为"署"是大自然之神，掌管着山林河湖、野生动物。东巴古籍《董术战争》中记载，贪婪的人类在生产过程中过分侵扰自然，浪费资源，结果遭到了大自然的报复，洪水泛滥，疾病横飞。在东巴教祖师丁巴什罗的协调下，人类和自然约法三章，人类可以上山砍伐树木，但不可过量；在家畜不够食用的情况下，可以进山打猎，但不可过度；人类不能污染溪流河湖等，从此，在纳西族民间逐渐形成了流传至今的祭"署"习俗。每年七月十四日都要举行开山节，纳西族称作"兹硕"。每到三伏天鲁甸一带就进行封山，不准砍伐树木，不准放牧牛羊，不准猎杀动物。只有进行开山仪式后，人们才能进山进行生产劳动。在动物生长期，大多数纳西族人民都会自觉禁止上山打猎，借此有效地保护动物。

古代的纳西族主要以狩猎、采集为生，这种生活方式对自然的依赖性很强，往往靠山吃山，因此其对自然怀有感激之情。纳西人认为人和自然是一种互惠、和谐的兄弟关系，不存在你征服我、我征服你的关系，人只有与自然维持一种均衡关系，人才能得益于自然。《东巴经》规定："水源之地不得杀牲；不得丢弃死禽死畜；不得挖土取石；不得伤害鱼、蛙、蛇类；不得搞其他污染，如洗衣裤之类。山间不得搞毁林开荒。特别是立夏一过不得在山上砍树，整个夏季不得砍一棵树；狩猎中，不得乱捕野生动物。特别是立夏一过就严禁打猎，整个夏季不得伤害一只禽兽等。"为此，纳西族还通过村民大会公推德高望重的老人组成"老民会"，负责制定全村的村规民约，并指定管山员或看苗员看管好公山和田地，如有乱砍滥伐、破坏庄稼等违反村规民约者，由"老民会"依村规民约惩罚。村民起房盖屋所需的木料，甚至结婚时要做床的木料，首先要向"老民会"提出申请，经"老民会"批准后，由村里的管山员监督砍伐，绝对不许多砍，如有乱砍滥伐、破坏庄稼等违反村规民约者，由"老民会"依村规民约惩罚[64]。

　　纳西族"老民会"所发挥的积极作用对保护集体山林、水源起了很大的作用，客观上对保护村寨的生态环境起了相当大的作用。

　　（2）傣族生态伦理观

　　傣族是云南省世居民族之一，主要聚居在滇南及滇西南的西双版纳、德宏两州和耿马、孟连、新平、元江的河谷坝区。傣族人民群众主要信奉佛教。在傣族佛教经典中反复强调这样的生态观："有林才有水，有水才有田，有田才有粮，有粮才有人。"正是在这种生态观念的引导下，傣族人民认为"森林是父亲，大地是母亲"，应该爱护自然，保护自然。森林与傣族关系最为密切，在西双版纳傣族居住村寨，附近由于原始宗教信仰而保留一些小片森林，被称为"龙山"，它是傣族对坟山、神山、风水林的统称。龙山被视为是神灵居住的地方，村民们每年都定期对龙山进行祭祖活动，祈求得到神灵的庇佑。因此，龙山与外界相对隔离，人为干扰少，其核心区域仍保持着原始植被的结构与种类组成。傣族人民还认为动物也是有灵魂的，不能随意伤害。在傣族的原始宗教中通常会有孔雀崇拜、象崇拜等，如德宏傣族居住的所有寨子旁边都栽种着高大的榕树和竹类，以形成自然园林招引飞禽，从而养成了养殖、繁殖、保护孔雀的良好习惯，故德宏有"孔雀之乡"的美誉。

　　云南境内的傣族村寨，历来以水为美，以竹林掩映为骄，因而极其注意对周围森林水资源、竹林、村中风景树的保护。村寨的乡规都明文规定严禁进山毁林开荒，绝不允许放火烧山进行刀耕火种，若哪家盖房需要木材，要砍多少棵、砍多大的树，事先都要通过村寨视公有林采伐程度进行集体商议后，才指定砍伐地点和砍伐数量，谁也不能破例。除上述规定外，每个村寨还自发组织护林队对森林进行保护。过去是由寨中头人或族长安排村内年轻人，每两人为一岗或两家为一组，轮流上山查巡护林；现在则通过实行集体选举方式，推举有公心且正直的青壮年组成护林队和护水队，轮流上山或环寨。

傣族的生态文化习俗及乡规民约有的是基于对"神山""龙树"等的宗教信仰力量,有的是为了统治阶级维持林业的持续发展,有利于生产活动需要而制定的,有的是村民们在生产实践活动中用来约束自己的一种行为规范。这些习俗与法规紧密结合实际,具有较强的针对性,不仅为稳定社会秩序及地方施政产生了积极影响,更重要的是对生物多样性起到了保护和维持的作用[65]。

(3)哈尼族生态伦理观

哈尼族是云南省世居民族之一,主要聚居在滇东红河、澜沧江沿岸和无量山、哀牢山地带。哈尼族信奉的是万物有灵的原始宗教。在哈尼族传统信仰文化中,有许多内容反映了他们试图利用自然而又敬重自然、顺从自然的生态观念。哈尼族人民热爱森林,崇拜森林。哈尼族崇拜的神树林一般有四处:一是在能够同时眺望几个村寨的山头上,选一片茂密树木,作为这一片地区的总管树林,祭祀最为隆重。二是村寨旁的神林,即"普麻俄波",为一村一寨神树林;林中不许放牧,更不许砍伐。三是村寨下方的神林"朗主主波",是镇压恶兽,严禁其危害禽畜的神灵所在。四是位于距村寨约半公里路的山道旁的"咪刹刹波",它是人与野鬼分界处的神树林。村人也严禁入内砍伐神林中的任何树木,也严禁入内放牧和打鸟撵兽,护寨神树林中的老树倒了,也只能让其腐烂,不能入内砍柴薪。哈尼族对神树林的崇拜、祭祀,有效地保护了森林和水资源,这是哈尼人民借助神力保护自然环境的一种有效方式[66]。

这种以信奉天地、敬畏自然为特点的宗教信仰衍生的调整天人关系、地人关系的行为准则被哈尼人普遍认同,并积淀在哈尼族的潜意识中,成为人们的自觉行为,有效地保护了本民族生存区域的原始植被完整,保护了生态环境。哈尼人认为"树是水的命根,水是田的命根,田是人的命根",在长期顺应自然的过程中,哈尼人不仅懂得利用自然,而且懂得保护自然,形成了"森林—村寨—梯田—江河"四位一体、人与自然和谐相处的生态环境,使红河哈尼梯田成为全球重要农业文化遗产保护试点,并于2013年成功申报为世界文化遗产地。

这些蕴含在神话、宗教信仰、梯田经济、乡规民约中的生态保护文化,保证了哈尼族地区生态系统的稳定性,并形成了哈尼族生态伦理思想,体现了人与自然的和谐,在提倡爱护自然、保护环境的今天仍具有重要的价值和现实意义。

(4)佤族生态伦理观

佤族是云南省世居民族之一,主要聚居在滇西南的西盟、沧源、孟连、耿马等县。"无树不成村,少林必缺水",佤族人民对"神林"非常敬畏和爱护。每个佤族村寨附近都有一片长着参天大树的茂密林子,佤族称其为"色林"。"色林"

对于佤族来说是神圣不可侵犯的，被认为是"神"的化身和栖息地，能保佑风调雨顺、五谷丰登。为保护"色林"，当地有一套明确的禁忌规定："色林"是大寨最神圣最不可侵犯的地方，"色林"中严禁砍伐、严禁狩猎、放牧，严禁在"色林"中大小便，严禁动"色林"中一草一木，甚至一片落叶一根枯枝也不能拿走。[67]

在佤族观念中树木和祖先是一体的，没有树就没有人类。创世神话《司岗里》记述，佤族从"司岗"出来后，不知道要住在什么地方，莫伟（佤族神中各种大神的统称）对岩佤说："凡有大榕树的地方就是你的住处。"所以佤族把大榕树看作"神树"，村寨边的大榕树被认为能保佑平安，山川上的大榕树则能保佑生产，大榕树在佤族居住地无处不见。大榕树是佤族的"神树"，在他们看来，大榕树能抵挡灾难，压制病魔，让人延年益寿。此外，佤族也有"千年古树变成精"的说法，禁止一切形式的砍伐。因此，佤族村寨的"神林"大都是古木参天的原始森林。

每个佤族村寨都制定了村规民约，禁止乱砍滥伐、破坏森林。佤族谚语亦说："毁了山，破坏了地方"，佤族建房用木料须经村寨管理者同意才能采伐，根据实际需要量进行择伐，并且分几处去砍，不会进行皆伐。村寨之间的地界严格，任何村寨的人不可随意砍伐林木，也不能逾越使用，如果违反要受到相应的惩罚。如"侵占他人的山地和水田，要如数赔偿，并以水酒、茶叶和芭蕉献给主人，以示道歉；寨子神林、坟地林、水源头的公有林任何人不得砍伐，若有砍伐者，要按价一律赔偿，还要杀猪、鸡祭祀梅依格神"。佤族传统丧葬习俗以土葬为主，丧葬被看得比生还要重要，有公共坟地，墓地选择自由，但他们不立碑、不起坟，不举行扫墓祭祀活动，占用土地少，不砍伐森林，不污染水源。随着佤族村民的法律意识不断加强，其乡规民约也不断完善并具有时代特点，如沧源县翁丁村乡规民约中就规定："爱护森林资源，依法治林，保护生态平衡，不得偷砍集体和他人的林木，违者没收所得木材并罚款 100～500 元，禁止乱砍滥伐、毁林开荒，违者按情节轻重罚款 200～1000 元，并责令退耕还林，对于破坏风景林、水源林的要从重处罚，情节严重的移交司法机关追究责任"；"村民房屋等建设用木，要经村、组委班子批准，并到乡政府林业管理部门办理有关手续后才能砍伐，违者按盗窃木材惩处"。

佤族有大量保护生态环境和森林资源的传统观念、规定和习俗，具有鲜明的生态保护特征，反映了佤族对自然环境和自然资源进行科学保护和合理利用的情况，同时也体现了文化对森林资源保护和经营管理的影响和作用。

（5）傈僳族生态伦理观

傈僳族口传文化巨篇《比扒诗经》也告诉人们，要"崇尚自然、礼敬万物"，其中强调：人虽为万物之主，但人需要自然的供养，由自然提供物质所需，提供生存的环境；人即使获取必要的生产生活资料，也必须以不破坏自然生态为前提，开源节流、合理开发——人需要自然的护佑，人也要自觉感恩自然，善待自然。作为一个古老民族，傈僳族生产、生活方式仍是以狩猎、采集、采药为主，种山地为辅，其农耕方法仍停留在烧垦、刀耕火种阶段。这种烧垦、定期轮歇、循环利用的农耕方法，在社会生产发展十分缓慢的情况下有利于保持生态平衡。傈僳人从山中采集山药、木耳、山菌、苦浆绿菜、地瓜根、野果等各类野生植物、菌类或飞虫来补充食物，作为生活的重要来源。傈僳人相信万物有灵，因此他们不会乱砍滥伐，不会偷砍盗伐，不随便毁坏森林，体现出一种敬畏自然的情怀[68]。

傈僳族世代保持着一种适度狩猎、理智利用野生动物的古老规则。每年立秋后，猎户便选吉日到"山房"（山神庙）中祭祀山神，祈求山神"开山"供猎户狩猎。祭祀后，猎人便在山上有规律地放置许多捕兽扣，第二天一早便去"转山"（逐个察看），如果一只动物也没有捕到，说明山神还没有开山，需要 15 天后再去祭祀山神；如果第二次仍然没有捕到，说明今年山神动怒，不宜狩猎，要尽快转向别的营生。傈僳族的这一狩猎原则，其实符合动物生态学的原理：如果连续两次没有捕到动物，说明该地区内的动物种群数量很少，当年不捕猎才能有利于动物种群的繁衍与发展。《比扒诗经》在《褐几褐得》（炼铁打铁）一节中明确地记述，进行开采矿石、熔炼和煅打的生产活动后要以草覆盖，不让矿源地裸露见天，让矿源地来年长草开花；在《开荒种地》一节中强调，要让百鸟争鸣、群兽自在，不能放火烧山，不能随意开垦，以免伤及生灵；并告知人们建房用材要有限，且只能采用环境适应能力强、易于生长、材质耐用的白松和家种竹材。还要通过各种祭祀如祭山（米斯）、祭土地（米鲁）、祭龙塘、祭神树等活动，提醒人们时时系念不忘。我们从这些内容中，可以体会日常生产生活中傈僳人对人与自然关系的深刻理解[69]。

傈僳族村寨一般都有家族长、村寨头人，有的也称"傈僳王"。族长和头人的产生不实行世袭制，也不是村民民主选举产生，而是在长期的生产和生活中自然形成的。族长和头人拥有管理森林、土地，处理社会事务等的绝对权力，其他成员必须服从他们的领导。傈僳族中发生纠纷时，一般由村寨的头人或有威望的其他人采用口头方式进行调解、裁定。在生产力比较低的情况下，"头人"管理在本民族内能较好协调人们在资源利用过程中的关系。随着时代变迁，傈僳村寨也如其他地方一样,有政府的行政管理体制,但傈僳族仍然有自己的"傈僳王",他虽然没有行政职务,但他在对处理包括管理森林在内的傈僳族的社会事务上,却有着重要的影响。

傈僳族的传统生态文化主要源于这一民族原始宗教信仰中的生态智慧,虽然其内容还保留很多"原生态色彩",并且在体系的建构上也略显杂乱,但它与当今我们所倡导的生态文明观和绿色发展理念的许多内容是相近的。傈僳族人民正是用传统的理念和自觉的行动保护了周边的自然环境,维护了周边地区的生态平衡,对促进人与自然的和谐发展具有现实意义。

2.3　自然保护区民族村寨发展现状

本书中的自然保护区民族村寨是指地理位置上与自然保护区接壤或相邻,以自然村落为主的民族村寨,村寨居民在生产生活、经济发展,以及资源利用方面将会对自然保护造成直接或间接影响。自然保护区民族村寨具有村寨普遍的共性特征,是少数民族人口相对聚居,且比例较高,生产生活功能较为完备,少数民族文化特征及其聚落特征明显的自然村或行政村;具有一个相对稳定、相对独立的地理空间,以特定生产关系和社会关系为纽带[70],拥有一定数量规模并进行共同社会生活的人群,该地域的村民在地缘拥有较强的归属感和在心理上的认同感,有着共同利益、共同生活习性。与一般村寨不同,民族村寨以血缘关系为基础,如拉祜族的大家庭多由若干个具有血缘关系的小户组成,一个大家庭通常有六七个小户,大者达二三十户。村落宗族势力极强,家长或族长就是村寨的头人,对内对外关系都有家族职能的特点;不同村寨分布区域具有特色的建筑、庙宇、名木古树及物质文化遗产,也蕴含各类民风民俗、宗教信仰、民族工艺、服饰以及传统文化等非物质文化遗产。

2.3.1　自然保护区民族村寨现状调查

1. 自然保护区民族村寨样本

自然保护区民族村寨世代居住在自然保护区周边,长期依赖当地丰富的自然资源,并形成了较为固定的生产生活方式。然而,受当前自然保护区保护政策、地理环境等因素的影响,这些民族村寨地理位置偏僻闭塞,基础设施落后,教育水平低,对自然资源依赖程度大,经济发展落后,人均收入过低。这些条件不利于村寨社会经济可持续发展。

为了分析自然保护区周边民族村寨的发展现状，在选择样本时，在地域上主要以国家级自然保护区周边民族村寨为主，这主要是由于以下原因：一是国家级自然保护区面积最大，占全省自然保护区总面积的 53.4%；二是国家级自然保护区分布在生态系统或生物多样性最丰富的区域；三是国家级自然保护区范围内的居住人口最多，占到全省自然保护区总人口数的 63%；四是国家级自然保护区地理分布广，滇西北、滇西、滇西南、滇南、滇东南、滇东、滇东北、滇中均有分布；五是国家级自然保护区保护机制较为完善，内设机构、保护站和人员编制个数，分别占全省自然保护区的 56.7%、58.4% 和 60.3%；六是国家级自然保护区少数民族多，尤其是滇西北、滇西南、滇南、滇东南、滇东，是少数民族主要聚居区。此外，为使民族村寨更具有民族特性，村寨应以少数民族为主体，其人口数占村寨总人口的比率至少 60% 以上。按照以上方法，样本选择了位于滇西北、滇西、滇西南、滇南、滇东南、滇东、滇东北、滇中、滇中偏西 16 个国家级自然保护区周边的 98 个民族村寨，涉及 11 个州（市）20 个县（区），共计 5666 户 23707 人。其中，白族村寨 11 个、傣族村寨 4 个、独龙族村寨 2 个、哈尼族村寨 12 个、回族村寨 1 个、拉祜族村寨 10 个、傈僳族村寨 8 个、苗族村寨 9 个、怒族村寨 1 个、佤族村寨 7 个、瑶族村寨 6 个、彝族村寨 25 个、壮族村寨 2 个；少数民族人口数 21962 人，占总人口的 93%（表 2.8）。

表 2.8　自然保护区民族村寨样本点

地域	保护区	州（市）	县（区）	乡（镇）	民族村寨
滇西北	云南白马雪山国家级自然保护区	迪庆	德钦县	霞若傈僳族乡	同么、布养培、次独顶、下根、格斗龙、木瓜阿杰（傈僳族）
	云南高黎贡山国家级自然保护区	怒江	贡山独龙族怒族自治县	独龙江乡	独都组、献九当组（独龙族）
			福贡县	匹河怒族乡	来同（怒族）
滇西	云南高黎贡山国家级自然保护区	保山	腾冲县	芒棒镇	横河（傈僳族）
					大蒿坪回队（回族）
			隆阳区	潞江镇	赛林（傈僳族）
滇西南	云南南滚河国家级自然保护区	临沧	沧源佤族自治县	勐角傣族彝族拉祜族乡	大寨、下寨、新牙（佤族）
				班洪乡	班洪二组、老章略、南朗、金河（佤族）

续表

地域	保护区	州（市）	县（区）	乡（镇）	民族村寨
滇西南	云南永德大雪山国家级自然保护区	临沧	永德县	乌木龙彝族乡	牛头山、石灰地、新寨（彝族）
				大雪山彝族拉祜族傣族乡	丫口（彝族）
					忙蚌（傣族）
滇南	纳板河流域国家级自然保护区	西双版纳	景洪市	嘎洒镇	纳板（傣族）
					安麻新寨、安麻老寨、茶厂、曼费（拉祜族）
					回麻河、帕丙（哈尼族）
			勐海县	勐宋乡	大糯有、桔子地、泡果、回老、曼西良（拉祜族）
	西双版纳国家级自然保护区	西双版纳	勐腊县	勐腊镇	曼降（傣族）
				勐伴镇	纳卡村（傣族）
滇东南	云南黄连山国家级自然保护区	红河	绿春县	骑马坝乡	哈渣村、哈土咪牛、哈甫俰动、渣吗村（哈尼族）
					大平掌（瑶族）
	云南金平分水岭国家级自然保护区	红河	金平苗族瑶族傣族自治县	勐拉乡	多依良、小白河、老乌寨（苗族）
					保宝寨、驮马寨、新上寨、新下寨、大其瑶（瑶族）
					拉祜二队（拉祜族）
				大寨乡	大保寨、新田箐、芦子箐下寨、芦子箐上寨、中领岗、永新（哈尼族）
					坡头、碗厂、河头、鲁的马、水尾、三台坡、丫口寨（彝族）
	云南大围山国家级自然保护区	红河	屏边苗族自治县	玉屏镇	鸡窝、田心、石头寨、啊诺咪（彝族）
					刺竹林（苗族）
				白河乡	火山（苗族）
滇东	云南文山国家级自然自保护区	文山	文山市	坝心彝族乡	龙树边（苗族）
滇东北	云南药山国家级自然保护区	昭通	巧家县	小河镇	徐家坪（苗族）
	云南乌蒙山国家级自然保护区	昭通	大关县	木杆镇	三江、天麻坪（苗族）

续表

地域	保护区	州（市）	县（区）	乡（镇）	民族村寨
滇中	云南哀牢山国家级自然保护区	玉溪	新平县	平掌乡	老乌寨、新寨（彝族）
	云南轿子山国家级自然保护区	昆明	禄劝彝族苗族自治县	乌蒙乡	大麦地（彝族）
					基噜上村、以底村（壮族）
				雪山乡	上村、大树（彝族）
滇中偏西	云南云龙天池国家级自然保护区	大理	云龙县	诺邓镇	旧总、桥溪、竹子园、大坪地、栗子园、白汉登、寄家庄、庄坪、下溪甸、松登、桥头（白族）
	云南无量山国家级自然保护区	大理	南涧彝族自治县	公郎镇	玉甲地、大歇厂、苞茂、蚂蟥箐、阿鲁腊（彝族）

2. 民族村寨自然社会经济发展现状

（1）立地环境与自然条件

云南自然保护区民族村寨立地条件较差，以山区、半山区为主，呈立体分布。在调查的 98 个村寨中，位于山区的村寨有 86 个，半山区的村寨有 8 个，坝区的村寨有 4 个；所调查的村寨海拔范围为 582～3200 米之间，其中 1000 米以下有 23 个，1000～1500 米有 25 个，1500～2000 米有 27 个，2000～2500 米有 16 个，高于 2500 米有 7 个。

受立地条件的影响，云南自然保护区民族村寨气候差异较大，从高寒地区到湿热地区均有分布。受调查村寨年均温度范围在 11.7～25 度之间，其中年均温度小于 14 度的村寨有 18 个，14～18 度的村寨有 29 个，18～22 度的村寨有 28 个，大于 22 度的村寨有 23 个；降雨量在 600～4700 毫米之间，其中小于 1000 毫米的村寨有 21 个，1000～2000 毫米的村寨有 40 个，2000～3000 毫米的村寨有 35 个，3000 毫米的村寨有 2 个，分别是独龙江乡的独都组和献九当村两个独龙族村寨。

（2）村寨规模与土地资源

村寨规模普遍较小，土地资源以林地、草地和荒山为主。在所调查村寨中，农户数小于 50 户的村寨有 54 个，50～100 户的村寨有 34 个，100 户以上的村寨仅有 10 个；人数小于 100 人的村寨有 10 个，100～200 人的村寨有 45 个，200～400 人的村寨有 31 个；400 人以上的村寨有 12 个。所调查村寨的土地总面积为

37044 公顷，其中耕地面积 34515 亩（1 亩≈666.7 平方米），占土地面积的 6.21%；林地面积 340176 亩，占土地面积的 61.22%；水域面积 1792 亩，占土地面积的 0.32%；草地面积 26314 亩，占土地面积的 4.74%；荒山荒地面积 61725 亩，占国土面积的 11.11%；其他土地面积 91142 亩，占土地面积的 16.40%。

（3）耕地利用情况

自然保护区周边民族村寨多位于林区，村寨可利用土地面积小，人均耕地面积不足。在调查的 98 个民族村寨中，人均耕地面积不足 1.46 亩，远低于全国农村人均耕地面积 3.16 亩 [①]，其中人均耕地面积小于 1 亩的村寨有 34 个，1～1.5 亩的村寨有 26 个，1.5～2 亩的村寨有 14 个，2～2.5 亩的村寨有 17 个，大于 2.5 亩的村寨有 8 个（图 2.2）。在这些耕地中，人均水地面积为 0.58 亩，人均旱地面积为 0.87 亩；拥有水田比率较多的村寨主要分布在滇南、滇西南和滇东南地区，主要种植水稻；滇西北、滇东北主要以旱地为主，旱地主要以山坡地为主，质量较差，主要种植玉米、土豆、小麦、青稞、荞类等，也有些种植烤烟、山葵等经济作物。

村寨数量（个）

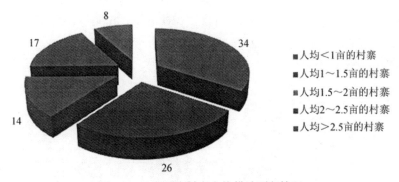

图 2.2　云南民族村寨人均耕地面积情况

（4）林地利用情况

人均林地面积较多，但经济林果地较少。村寨人均林地面积为 15 亩，主要以公益林、天然林为主。这些林地中属于村寨所有的经济林果地面积比重较小，人均面积仅为 2.14 亩，其中有 29 个村寨无经济林果地，0～1 亩经济林果地的村寨有 20 个，1～2 亩经济林果地的村寨有 19 个，2～5 亩经济林果地的村寨有

① 第二次全国土地调查数据显示，截止到 2009 年 12 月 31 日，全国耕地 13538.5 万公顷、园地 1481.2 万公顷、林地 25395.0 万公顷、草地 28731.4 万公顷。《中华人民共和国 2012 年国民经济和社会发展统计公报》统计数据显示，我国乡村人口 64222 万人。

22 个,大于 5 亩经济林果地的村寨仅有 5 个。这些经济林果地主要种植八角、草果、茶叶、核桃、胡椒、橡胶、核桃、苹果、黄柏皮、梨、桃、荔枝、木漆、竹子、紫胶等。

(5)文化结构情况

自然保护区民族村寨人口受教育程度普遍偏低。在受调查村寨中,村民大专及以上学历 259 人,占总人口的 1.09%,有 44 个村寨基本上没有大学毕业的村民;中学学历 6155 人,占总人口的 25.96%;小学学历 11941 人,占总人口的 50.37%;未上学 6969 人,占总人口的 29.40%。村寨居民受教育程度小学以下学历人口数达到总人口的 80%。《2010 年第六次全国人口普查主要数据公报》数据表明:我国人口大专以上学历、中学(含中专)和小学及以下人口分别占总人口的 8.8%、52.0% 和 39.2%[①]。同全国人口文化程度平均水平相比,自然保护区民族村寨村民的受教育程度还有很大差距。

(6)经济收入情况

民族村寨收入普遍偏低。通过统计,调查对象的农民人均纯收入 3562 元,明显低于 2012 年全国农村村民人均纯收入 7917 元,也低于云南省的 5500 元(图 2.3),其中,纯收入低于 3000 元的村寨有 38 个,3000~4000 元的村寨有 33 个,4000~5000 元的村寨有 12 个,5000~5500 元的村寨有 6 个,5500 元以上的村寨有 9 个。

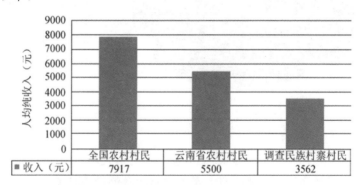

	全国农村村民	云南省农村村民	调查民族村寨村民
■ 收入(元)	7917	5500	3562

图 2.3　全国、云南及民族村寨人口人均纯收入

村民家庭收入来源由农业收入、外出务工收入和财政转移收入构成,主要以农业收入为主,农业收入占农村村民收入的 80.15%,主要包括种植业、经济作物、畜牧业、渔业、林业等,其中,种植业收入是主要收入来源,占到农业收入的 56.92%;

---

① 数据来源:2011 年 4 月 28 日国家统计局《2010 年第六次全国人口普查主要数据公报(第 1 号)》。

其次是资源丰富的林业，在农业收入中占 17.45%；养殖业占 19.56%。第二、三产业收入占总收入的 7.62%。工资性收入仅占总收入的 4.23%。工资性收入主要是外出务工收入，在调查的农户中，仅有 1529 人的年外出务工时间超过 3 个月，外出务工收入仅占工资性收入的 91.69%。转移收入具体包括财政转移性收入和财产性收入，但这部分收入占总收入的 8%。

另外，在调查中发现，有少部分村寨人均纯收入较高，主要集中在滇南地区的民族村寨，如纳板河流域国家级自然保护区和西双版纳国家级自然保护区的周边民族村寨，气候条件较好，土地肥沃，适宜种植橡胶、香蕉、茶叶、麻等经济作物，人均纯收入达到 6000 元以上。

（7）基础设施情况

民族村寨中住房结构主要以砖木结构和土木结构为主。在受调查的村寨住房中，砖（钢）混结构房屋的农户数 411 户，占总户数的 7.25%；砖木结构房屋的农户数 1421 户，占总户数的 25.08%；土木结构房屋的农户数 2706 户，占总户数的 47.76%；其他结构房屋的农户数 1128 户，占总户数的 19.91%（图 2.4）。

由于自然保护区民族村寨受地理环境、交通状况、建设成本等影响，其建筑材料均有就地取材的原则，其原材料主要是天然材料，如木、竹、草、土、石、沙等。建筑作为物质文化的重要构成部分，在民族文化体系中具有重要地位，充分体现了民族村寨所具有的民族特色，如云南傣族的干栏式竹楼。

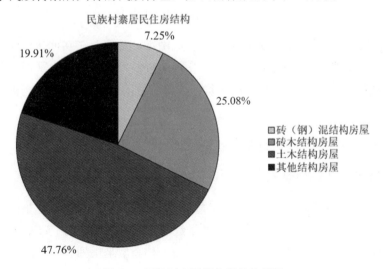

民族村寨居民住房结构

7.25%

19.91%

25.08%

47.76%

□砖（钢）混结构房屋
■砖木结构房屋
■土木结构房屋
■其他结构房屋

图 2.4　民族村寨居民住房结构情况

　　进村道路主要以砂石路面、土路为主。在受调查的 98 个村寨中，有 85 个村寨已通路，13 个还没有通路。在这些村寨中，进村路面属于柏油、水泥路面的有 14 个；属于弹石路面、砂石路面和土路的有 84 个，占到总数的 85.72%（图 2.5）。所有村寨均已实现通电，另有 1360 户家庭还建有沼气池，677 户家庭装有太阳能。村寨中仍有部分农户还存在饮水问题。在受调查的村寨中，有 1875 户家庭还没通自来水，占总户数的 33.09%；有 1801 户家庭还存在饮水困难或水质未达标，占总户数的 31.78%。此外，在所调查的 98 个村寨中，建有文化站 9 个，建有图书室 3 个，成立文娱、科教宣传队 7 个。

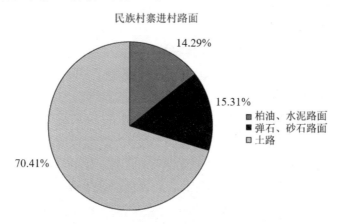

图 2.5　民族村寨进村道路情况

　　自然保护区周边民族村寨社会经济发展困难，普遍存在立地条件较差、人均耕地面积不足、林业经济落后、村寨文化程度较低、经济收入水平低、基础设施落后等问题。这些民族村寨中，属于贫困或绝对贫困村寨的有 80 个，占到所有村寨的 81.6%。

2.3.2　自然保护区民族村寨的"绿色贫困"

1. "绿色贫困"的含义

　　"绿色贫困"包括两种类型，一种类型是传统意义上的定义，泛指因缺少绿色生态屏障或绿色资源等基本要素而不利于经济发展所陷入贫困（如戈壁），这种类型与传统的自然环境决定论的内涵一致；另一种类型是指拥有丰富的绿色资源但在开发条件限制（如政策限制、交通不便、地理区位差）而尚未得到开发利用，使得当地发展受限而陷入经济上的贫困状态，这种贫困就是指丰裕中的贫困。

"绿色贫困"的特征因"绿色"二字显得更为特别,"绿色"代表的是纯天然、无污染、无公害或环保的理念,一种向往的消费方式和生活方式。而本书的"绿色贫困"中的"绿色"更多是指向特殊地域中的一类资源,这类资源在经济发展和环境保护的问题上都非常重要,但二者又难以平衡、协调。因此,"绿色贫困"的特征主要呈现以下三个方面:①生态区位重要。"绿色贫困"主要集中在大江大河源头,具有巨大的生态屏障功能,承担着防沙固土、水源涵养、具有丰富的生物多样性资源的区域等重要功能的区域。②生态环境脆弱。"绿色贫困"所在区域大都集中在地形复杂、路途偏远的山区,能有效利用的土地少,环境容量小,并且这些地方自然灾害多,生态环境恶劣且脆弱,恢复抵御能力差,很容易遭到毁灭性的破坏。③资源开发方式落后,经济发展缓慢,贫困人口多。"绿色贫困"所在地要么是缺乏绿色资源,要么是限制使用绿色资源,长期缺乏经济发展的资源要素和生态基础,同时,传统粗放型的资源利用方式,让经济发展更加缓慢,贫困成为这片区域的专属产物。

2. 自然保护区民族村寨的"绿色贫困"特征

自然保护区民族村寨的贫困,是典型的"绿色贫困"中第二种类型的贫困。有着丰富的绿色资源、自然资源甚至地下资源,但因自然历史原因,地理区位差,交通不发达,再加上政策限制对绿色资源的开发利用,使得保护区周边社区经济发展落后,人均收入过低,长期陷入"贫困恶性循环",从而呈现如下特征:

1)生态功能重要。云南的自然保护区最初建立的目的就是为保护生物资源和自然遗产,充分发挥其生态功能。这些自然保护区都肩负着水源涵养、防风固沙、保持水土、净化空气、改善环境和保持生态平衡的重要生态功能,是保护生物多样性资源,维护国家生态环境安全的重要生力军。

2)绿色资源丰富。自然保护区有效地保护了云南省大部分陆地生态系统、野生动植物及其主要栖息地,绿色资源极其丰富,如高黎贡山国家级自然保护区拥有多种受国家重点关注和保护的野生动植物。其中,国家重点保护野生动物种类有 82 种,达到全国总数的 32%,占云南总数的 60%,国家重点保护植物种类也达到 60 余种。该地种子植物可达 4303 种,占全国总数的 17%,花卉植物和药用植物分别达到了 600 余种和 1077 种,该地动物种类达到 1425 种,占全省动物种类的比例高达 83.6%。

3)地理区位差,交通不发达。自然保护区民族村寨所处地理位置大多偏僻,地形复杂，远离交通干线、城市区和工业密集区，属"地理上的边缘化"区域。受地理环境影响，在这些地区发展基础设施建设需要较高投入，而当地人口分散，经济落后，使其交通运输市场有效需求相对较低，严重制约了基础设施的发展。

4）政策限制资源开发利用。无论是《中华人民共和国自然保护区条例》，还是相关的法律法规，都明确了一些限制社区发展或村民传统生产经营活动的规定，如在保护区内禁止砍伐、放牧、狩猎、捕捞、采药、开垦、烧荒、开矿、采石、挖沙等活动。尤其是《全国生态功能区划》的出台，将许多自然保护区周边地区也划分为禁止开发区，这就表明了今后自然保护区周边贫困地区的发展权将会进一步受到限制，而先发展起来的地区将进一步获得更大的发展优势。

5）长期贫困人口众多。云南自然保护区周边民族村寨社会经济发展困难，普遍存在立地条件较差、人均耕地面积不足、林业经济落后、村寨文化程度较低、经济收入水平低、基础设施落后等问题。所调查的民族村寨中，属于贫困或绝对贫困村寨的有 80 个，占所有村寨的 81.6%。

3. 自然保护区民族村寨的"绿色贫困"表现形式

在云南，自然保护区民族村寨贫困与丰裕的绿色资源是同时存在的，在该区域正呈现着"穷人成为生态保护的主体"的现象。根据不同的标准或从不同的角度，云南自然保护区周边民族村寨的"绿色贫困"存在多种表现形式。

1）收入贫困。最早提出收入贫困概念的是英国经济学家朗特里（Rowntree），他提出用家庭收入或支出来度量贫困[71]。这个概念与人的生理上的最低需要联系起来，研究者们认为低于这个需要的就属于绝对贫困。加尔布雷斯（Galbraith）于1958 年又在这个概念的基础上提出一个人是否贫困除了看他个人的收入外，还应该取决于与社会中其他人的收入水平[72]。自然保护区大多数建立在交通不便的偏远山区，这类地区的经济社会发展水平往往非常落后，还停留在依靠对自然资源利用数量的增加来促进经济增长的发展阶段，家庭收入主要来源于传统种植业和对保护区资源的依赖。尽管自然保护区内拥有丰富资源，但大多数自然资源都是被严格禁止使用的，保护区的建立让辖区内的居民收入来源变得更加单一，进一步加剧贫困，绝对贫困的家庭在保护区普遍存在。

2）能力贫困。阿马蒂亚·森（Amartyasen）在《以自由看待发展》的著作中提出了能力贫困的概念，他认为："要理解普遍存在的贫困，频繁出现的饥饿或饥荒，我们不仅要关注所有权模式和交换权利，还要关注隐藏在它们背后的因素。这就要求我们认真思考生产方式、经济等级结构以及它们之间的相互关系。"[73]他认为，贫困不仅仅是收入的低下，其实质是能力缺乏。国家级自然保护区辖区内的居民，教育、文化、医疗卫生水平受经济发展水平的影响，从而导致创造收入的机会和能力弱，进一步加深贫困，陷入了"收入贫困导致能力贫困，能力贫困进一步加剧收入贫困"的恶性循环。

3）权利贫困。权利贫困的思想最早源于阿马蒂亚·森在《贫困与饥荒》中提出的权利方法。他从权利方法视角将贫困、饥饿视为"权利丧失"的结果[74]。20世纪 90 年代以来，社会排斥被越来越多的经济学家引入贫困的概念中，正式提出权利贫困。他们认为，一个人如果被排斥在主流经济、政治以及公民、文化的活动之外，那么即便拥有足够的收入、足够的能力，他也可能依然是贫穷的[75]。自然保护区辖区居民因受地理环境以及自身低层次文化程度的影响，有很多权利都不能享受，甚至直接被剥夺。比较典型的就是政策参与度不够。我国自然保护区政策的制定模式是精英模式，政策路径是"自上而下"的，在政策过程中，缺乏大众作为利益主体的政策参与和实践参考，体现为"一刀切""绝对化"，甚至"理想化"。作者对高黎贡山国家级自然保护区辖区居民进行调查，问及是否曾参与过保护区政策的制定，居民均持否定回答，甚至有不少被调查者认为这是"不可能"的事情。而问及是否愿意参与保护区政策的制定，80%以上的农户均表示"非常愿意"。显然在保护区政策的制定过程中存在权利和意愿未能实现的现实，这也是自然保护区周边民族村寨发展政策缺位的关键因素。经济、社会、政治方面的权利被排斥或被剥夺，保护区周边少数民族变成多方面权利的"弱势群体"。

自然保护区周边民族村寨的"绿色贫困"是一个复杂的综合体，多种贫困类型交织在一起互相作用。收入贫困导致能力贫困，能力贫困又作用于收入贫困，政策的限制和地域的边缘化出现权利贫困，权利贫困又加剧收入贫困，收入贫困反过来加重能力贫困，三种类型的贫困形成了恶性循环，不断加深和加重贫困。

第3章　云南自然保护区民族村寨发展影响因素

受自然保护区政策的影响，丰富的自然资源并没有给周边地区社会经济发展带来更大助力，反而受开发条件限制而尚未得到利用，使得当地发展陷入"绿色贫困"[76]。为了进一步研究影响自然保护区周边民族村寨经济发展的主要因素，本章以民族村寨和家庭两类为研究单元，进行经济发展的影响因素相关性研究。

3.1　国家自然保护区民族村寨经济影响因素研究

国家级自然保护区是在国内外有典型意义、在科学上有重大国际影响或者有特殊科学研究价值的自然保护区。云南共有国家级自然保护区 21 个，涉及森林生态、野生动物、湿地生态、自然文化综合体 4 种类型，其中以森林生态为主要类型。样本选择了位于滇西北、滇西、滇西南、滇南、滇东南、滇东、滇东北、滇中、滇中偏西 16 个国家级自然保护区周边的 98 个民族村寨，涉及 11 个州（市）20 个县（区），共计 5666 户 23707 人。其中，白族村寨 11 个，傣族村寨 4 个，独龙族村寨 2 个，哈尼族村寨 12 个，回族村寨 1 个，拉祜族村寨 10 个，傈僳族村寨 8 个，苗族村寨 9 个，怒族村寨 1 个，佤族村寨 7 个，瑶族村寨 6 个，彝族村寨 25 个，壮族村寨 2 个；少数民族人口数 21962 人，占总人口的 93%（表 2.8）。

3.1.1　村寨经济发展相关变量选择与说明

案例选择了 5 组变量与人均纯收入作相关性分析，它们分别是自然条件特征、人均土地结构特征、文化程度特征、收入结构特征、基础设施特征（表 3.1）。

1）自然条件特征。共选择 4 个变量，具体包括地理状况、海拔高度、年平均气温和年降水量。其中，地理状况分为山区（半山区）和坝区两种类型。

2）人均土地结构特征。共选择 6 个变量，具体包括人均耕地面积、人均水田面积、人均旱地面积、人均耕地折合面积、人均林地面积、人均林果地面积。人均耕地折合面积是指将耕地折合成旱地的面积，由于耕地面积包括旱地和水田，而山区旱地经济产量较低，为了更好地分析耕地及耕地质量对村寨的影响，在这里按水田的经济产量是旱地的 3 倍，将水田面积折算成旱地。

　　3）文化程度特征：共选择 3 个变量，具体包括小学及以下人数所占比重、中学人数所占比重、大专及以上人数所占比重。

　　4）收入结构特征：共选择 8 个变量，具体包括种植业收入占总收入比，经济作物收入占种植业收入比，畜牧收入占总收入比，林业收入占总收入比，渔业收入占总收入比，第二、三产业收入占总收入比，工资性收入占总收入比，转移支付收入占总收入比。

　　5）基础设施特征：共选择 6 个变量，具体包括交通状况、进村路面状况、通水状况、通电状况、距离车站、距离农贸市场。其中，交通状况分为通路和未通路；进村路面状况分为柏油、水泥路面，弹石路面，砂石路面，土路，其他。

表 3.1　变量的解释与说明

模型变量	变量定义	平均值
自然条件特征		
地理状况	山区/半山区=1，坝区=2	1.041
海拔高度	具体数值	1571.84
年平均气温	具体数值	18.342
年降水量	具体数值	1653.59
人均土地结构特征		
人均耕地面积	具体数值	1.43
人均水田面积	具体数值	0.55
人均旱地面积	具体数值	0.88
人均耕地折合面积	具体数值	2.54
人均林地面积	具体数值	15.37
人均林果地面积	具体数值	1.86
文化程度特征		
小学及以下人数所占比重	比值	0.75
中学人数所占比重	比值	0.24
大专及以上人数所占比重	比值	0.01
收入结构特征		
种植业收入占总收入比	比值	2.39
经济作物收入占种植业收入比	比值	0.17
畜牧收入占总收入比	比值	0.19
林业收入占总收入比	比值	0.17

续表

模型变量	变量定义	平均值
渔业收入占总收入比	比值	0.17
第二、三产业收入占总收入比	比值	0.07
工资性收入占总收入比	比值	0.06
转移支付收入占总收入比	比值	0.10
基础设施特征		
交通状况	未通路=1，通路=2	1.87
进村路面状况	柏油、水泥路面=5，弹石路面=4，砂石路面=3，土路=2，其他=1	2.46
通水状况	未通水=1，通水=2	1.77
通电状况	未通电=1，通电=2	1.97
距离车站	具体数值	15.23
距离农贸市场	具体数值	17.48

3.1.2　村寨经济发展影响因素相关性分析

为了定量分析影响云南国家级自然保护区与周边村寨发展的相关因素，进一步明确其作用方向及影响程度，本文用 Pearson 检验法对涉及的相关变量与人均纯收入进行相关性分析，将 5 组变量与人均纯收入作相关性分析，得出结果见表 3.2。

表 3.2　模型结果表

特征类型	模型变量	皮尔逊相关性	显著性（双侧）	数量
自然条件特征	地理状况	0.30**	0.003	98
	海拔高度	-0.46**	0.000	98
	年平均气温	0.26*	0.01	98
	年降水量	-0.18*	0.045	98
人均土地结构特征	人均耕地面积	0.16	0.116	98
	人均水田面积	0.40**	0.000	98
	人均旱地面积	-0.13	0.206	98
	人均耕地折合面积	0.34**	0.001	98
	人均林地面积	0.1	0.345	98
	人均林果地面积	0.04	0.726	98

续表

特征类型	模型变量	皮尔逊相关性	显著性（双侧）	数量
文化程度特征	小学及以下人数所占比重	-0.283**	0.000	98
	中学人数所占比重	0.239**	0.000	98
	大专及以上人数所占比重	0.226**	0.000	98
经济结构特征	种植业收入占总收入比	0.12	0.244	98
	经济作物收入占种植业收入比	0.123*	0.016	98
	畜牧收入占总收入比	-0.59**	0.000	98
	渔业收入占总收入比	-0.064	0.211	98
	林业收入占总收入比	0.478**	0.000	98
	第二、三产业收入占总收入比	0.08	0.436	98
	工资性收入占总收入比	-0.25*	0.012	98
	转移支付收入占总收入比	-0.24*	0.016	98
基础设施特征	交通状况	0.23*	0.02	98
	进村路面状况	0.51**	0.000	98
	通水状况	0.25*	0.012	98
	通电状况	0.16	0.126	98
	距离车站	-0.23*	0.021	98
	距离农贸市场	-0.06	0.587	98

"*"表示在 0.05 水平上具有显著相关性，"**"表示在 0.01 水平上具有显著相关性。

1）人均纯收入与自然条件特征的相关性分析。从描述自然条件特征的变量来看，地理状况、海拔高度、年平均气温、年降水量 4 个变量都与人均纯收入有显著的相关性。其中地理状况、海拔高度对村寨的发展影响最大，均通过了 0.01 水平的显著性检验，且海拔高度为负相关性，表明地理位置在高海拔山区或半山区的民族村寨，地理条件复杂，交通不便，基础设施等建设不足，影响到当地社会经济发展。此外，年平均气温和年降水量也与人均纯收入有明显的相关性，均通过了 0.05 水平的显著性检验。温度较高的地区，如滇南气候适宜，比较适合种植一些经济农作物。降雨充足的区域大多位于边远山区，受地质影响，极易发生泥石流、山体滑坡，一旦进入雨季，不但农作物受到涝害，当地村民出行也成问题，因此年降水量为负相关性。

2）人均纯收入与人均土地结构特征的相关性分析。从描述人均土地结构特征的变量看，人均水田面积、人均耕地折合面积与人均纯收入有显著相关性，均通过 0.01 水平的显著性检验，这表明人均纯收入与农户的土地面积及土地质量有关，水田面积越多，越有利于发展经济。而人均耕地面积、人均旱地面积和人均林地面积、人均林果地面积均没有通过相关性检验。根据调查和了解，主要原因是林地面积多的民族村寨往往集中在高寒山区，旱地主要集中在陡坡地，这些地区生产收益率极低，虽然拥有大量的林地，但这些林地大多被划入保护区内或列为生态公益林地，没有产生较大的经济价值，而人均林果地面积与人均纯收入没有相关性，主要是调查村的人均林果地面积都非常少，以自给为主，对收入的贡献率极低。

3）人均纯收入与文化程度特征的相关性分析。从描述文化程度特征的变量看，小学及以下人数所占比重、中学人数所占比重、大专及以上人数所占比重与人均纯收入都有显著相关性，均通过 0.01 水平的显著性检验。其中小学及以下人数所占比重与人均纯收入具有显著负相关性，中学人数所占比重、大专及以上人数所占比重与人均纯收入具有显著正相关性，表明文化程度越低的自然村人均纯收入越低。

4）人均纯收入与经济结构特征的相关性分析。从描述经济结构特征的变量看，经济作物收入占种植业收入比、畜牧收入占总收入比、林业收入占总收入比、工资性收入占总收入比、转移支付收入占总收入比均与人均纯收入有显著的相关性。其中畜牧收入占总收入比、林业收入占总收入比均通过 0.01 水平的显著性检验，表明畜牧养殖收入、林业收入对村民经济收入影响较大，村寨经济对林草地资源依赖性强；种植业收入占总收入比没有相关性，但经济作物收入占种植业收入比通过 0.05 水平的显著性检验，表明村民经济收入在种植上更容易受到经济作物的影响；工资性收入占总收入比和转移支付收入占总收入比虽然通过 0.05 水平的显著性检验，但呈负相关性，表明外出务工、生态补偿主要聚集在农业收入低且更贫困的村寨，且并没有给经济带来太大的变化。而在山区农村，主要以种养业为主，因此，渔业收入占总收入比和第二、三产业收入占总收入比与人均纯收入没有相关性。

5）人均纯收入与基础设施特征的相关性分析。从描述基础设施特征的变量看，交通状况和进村路面状况与人均纯收入有相关性，分别通过 0.05 水平和 0.01 水平的显著性检验，表明交通状况和进村路面状况对民族村寨的经济发展影响大，交通和进村路面差的基础设施更可能贫困落后。通水状况通过 0.05 水平正相关显著性检验，表明越落后的村寨，通自来水的设施越落后。由于调查中的所有村寨均已实现通电，因此通电状况没有表现出相关性。此外，村寨与集市和车站码头的距离也很重要，距离农贸市场和距离车站都与人均纯收入呈现一定负相关性，虽然距离农贸市场相关性不显著，但距离车站通过 0.05 水平的显著性检验，表明距离车站越远越偏僻的村寨经济发展越落后，因此出行便利对村寨发展也有较大意义。

3.1.3　民族村寨经济发展的主要影响因素

根据以上模型结果相关性分析，影响云南自然保护区民族村寨经济发展的因素归纳起来主要有以下几个方面。

1. 地理环境因素

尽管发展经济学家在研究区域发展问题时，站在经济学的视角，更强调的是资本、人力资源、制度等，较少将地理环境资源因素纳入考虑范畴，但我们在研究保护区及周边民族村寨这块特殊区域时，绝对不能忽视地理环境对发展产生的影响。地理环境因素可通过低市场化、低人力资本、低产出率等传递发展落后与贫困。云南自然保护区及周边地区的地理环境具有山区高寒海拔、地质脆弱的普遍性特征，在受调查的民族村寨中，高海拔山区和半山区，气候寒冷多雨，不利于农业经济的发展，落后的经济影响交通状况与市场化程度，又反过来负作用于经济发展，加剧了地区贫困。不利的地理环境因素反映出贫困具有一定的空间分布特征，地域性贫困在云南自然保护区及周边民族村寨呈现。

2. 资源约束因素

这里的资源约束主要包括自然资源约束和生产资源约束。农村经济发展最大的特点就是对资源的依赖性。云南自然保护区及周边地区拥有极其丰富的自然资源，但因保护区特殊的生态功能，丰富的资源仅是生态资源，不能转化为生产资源。对于当地老百姓来说，主要的资源就只有耕地资源和林地资源，通过耕地特别是水田发展生计。分析发现，云南自然保护区及周边民族村寨的耕地资源多，但生产率低，多以陡坡型的旱地为主，水田资源非常少。旱地资源与人均纯收入甚至呈负相关性，一方面，旱地多需要家庭投入更多的劳动时间，但收益低；另一方面，过度开垦陡坡地不利于生态环境，甚至可能带来生态灾害。此外，林地资源因处于保护区实验区，甚至部分位于核心区，或规划为天然林保护工程、作为生态公益林，可利用率很低。同时，村寨发展畜养业也需要大量的草地资源，显然难以大规模地发展。因此，资源的约束在替代产业有限的保护区及周边民族村寨日益凸显，也是发展落后的一个重要因素。

3. 人力资本因素

舒尔茨认为，人力资本投资缺乏是发展中国家普遍存在贫困的重要原因。人力资本是农业增长的主要源泉，改造传统农业的关键因素在于农民是否愿意接受新的生产要素[77]。本部分的实证也体现了人力资本落后是导致贫困的一个重要因素。小学及以下文化程度的人口占71%，大专及以上文化程度的人口仅占1%，低文化素质限制了传统产业的升级替代，外出务工也只能从事一些简单、收入低的工作，劳动力转移困难。

4. 产业结构不合理因素

产业结构主要包括第一产业、第二产业和第三产业，产业结构优化的方向就是降低第一产业的比重，提高第二、三产业的比重，最终目标是以第三产业为主要产业。云南自然保护区及周边民族村寨的产业结构呈现为以第一产业为主的单一产业，而且种植高附加值的经济作物普遍较少，生产的粮食主要满足农户自身消费和饲料；第二、三产业发展相当落后，在模型中与人均纯收入没有呈现相关性。因此，低层次的产业结构严重制约当地经济发展，也是贫困的重要因素。

5. 基础设施薄弱因素

基础设施在经济发展中具有重要的作用，基础设施建设能够提高生产率，为生产、生活提供便利，提高生活质量，同时也能为当地创造就业机会，对减少经济发展瓶颈，摆脱贫困有重要的意义。云南自然保护区及周边民族村寨因地理位置偏远，交通等基础设施落后，"有路不通车"的现象非常普遍，制约了当地村民与外界的联系，如有很多特色的农产品因运输的困难烂在地里，严重制约了经济发展，贫困与基础设施落后同时存在。

云南自然保护区民族村寨的经济发展受到诸多因素的约束，从表面上看，主要有地理环境、基础设施薄弱、资源利用率低、产业结构不合理、人力资本不足等问题，但其本质还是政府对民族村寨相关发展政策不到位，如资源利用受到限制、生态补偿不到位、基础设施等方面的投入不足等。

3.2　高黎贡山国家级自然保护区民族家庭经济影响因素研究

3.2.1　高黎贡山国家级自然保护区概况

高黎贡山国家级自然保护区位于云南省西部、高黎贡山山脉的中上部,北纬24°56′~28°22′,东经 98°08′~98°50′之间,由北、中、南互不相连的三段组成。北段位于北纬 27°31′~28°22′,东经 98°08′~98°37′之间,北与西藏察隅县接壤,东起怒江峡谷,西至担当力卡山山脊与缅甸相邻,面积 24.32 万公顷;中段位于北纬 25°11′~26°15′,东经 98°40′~98°49′之间,西至高黎贡山山脊与缅甸相邻,东以泸水县、福贡县海拔 2500 米以上无人居住处为界,向南延伸到泸水县古登乡,北至福贡县的架科底乡,面积 3.78 万公顷;南段位于北纬 24°56′~26°09′,东经 98°34′~98°50′之间,东以泸水县和保山市隆阳区境内的高黎贡山东坡海拔 1090 米以上的山腰为界,西以泸水县、腾冲县境内高黎贡山西坡海拔1900 米以上的山腰为界,面积 12.45 万公顷。

高黎贡山在 1962 年就被划为国有林禁伐区,并先后成立了坝湾、芒宽、大蒿坪、曲石、界头 5 个林管所进行管理。1983 年,经云南省人民政府批准建立了高黎贡山省级自然保护区,并成立保山、腾冲、泸水三个管理所进行保护管理。1986年 7 月,经国务院批准晋升为高黎贡山国家级自然保护区。1992 年,被世界野生生物基金会(WWF)评定为具有国际重要意义的 A 级保护区。1994 年,林业部批准实施第一期总体规划,保山市、怒江州分别成立了保山管理局和怒江管理局,分别指导和协调辖区内管理所的业务工作。2000 年 4 月,经国务院批准,将怒江省级自然保护区晋级并纳入高黎贡山国家级自然保护区管理,合并后的保护区面积由原来的 12.45 万公顷,扩大为 40.52 万公顷,成为云南省面积最大的自然保护区。保护区核心区面积 183789.5 公顷,占保护区总面积的 45.3%;缓冲区面积142611.5 公顷,占保护区总面积的 35.2%;实验区面积 79148 公顷,占保护区总面积的 19.5%。生物走廊带,怒江范围内的两段 116480 公顷,保山范围内 4916 公顷。高黎贡山国家级自然保护区属森林与野生动物类型保护区,主要保护我国纬度最南端较为完整的高山、亚高山生物气候垂直带谱自然景观和异常丰富的生物多样性、类型多样的森林生态系统和种类繁多的珍稀濒危野生动植物物种,分布有羚牛、孟加拉虎、白眉长臂猿、白尾梢虹雉等 82 种国家重点保护野生动物,分布有树蕨、云南红豆杉、秃杉、长蕊木兰等国家和省级保护野生植物 58 种。2000年 10 月被联合国教科文组织批准接纳为世界生物圈保护区。2003 年 7 月,高黎贡山作为"三江并流"重要组成部分，被联合国教科文组织世界遗产委员会列入《世界自然遗产名录》。

高黎贡山国家级自然保护区涉及怒江州的贡山、福贡、泸水三县，保山市的隆阳区、腾冲县两县区。其中，贡山县境内有独龙江、丙中洛、茨开、棒打4个乡镇，福贡县境内有架科底、子里甲、匹河三个乡，泸水县境内有洛本卓、古登、上江、六库、鲁掌、片马6个乡镇，隆阳区境内有潞江、芒宽两个乡，腾冲县境内有明光、界头、曲石、上营4个乡。生物走廊带属贡山县的普拉底乡，福贡县的马吉、利沙底、鹿马登、腊竹底等乡，泸水县的洛本卓、称戛乡，腾冲县的五合乡，隆阳区的潞江乡。在保护区周边的19个乡镇中，直接受益于保护区森林水源涵养、水土保持效益的有109个村委会21.36万人口。保护区周边是多民族聚居区，居住着汉、傣、傈僳、怒、回、白、苗、纳西、独龙、彝、壮、阿昌、景颇、佤、德昂、藏16个民族。其中汉族人口稍多，傣族主要分布在隆阳区境内，怒族主要分布在贡山、福贡，独龙族、藏族仅分布在贡山县境内。

3.2.2　家庭经济影响计量模型构建

1．样本来源与特征

本书的数据来源于课题组2011年12月在高黎贡山国家级自然保护区南段周边少数民族村寨进行的农户问卷调查，共获取有效问卷246份。在选择具体样本地时，主要基于以下两点考虑：一是所选的少数民族村寨的经济发展水平涉及贫困、一般、富裕三个层次，基本能代表保护区周边少数民族村寨的经济现状；二是这些少数民族村寨传统生活和生产方面都与保护区关系密切。本次调查采用随机入户做调查问卷的方式对农民进行访谈，平均每户调查时间为30～40分钟。样本共涉及2县（区），5乡（镇），12个少数民族村寨，246户，抽样率平均为36%。在调查样点的选择上，考虑了不同少数民族村寨的地理环境、民族等差异，力争样点代表性强、分布广（表3.3）。其中，在与保护区距离的考虑上，选择了距离最近的大箐坪村，有0.5千米；最远的是山坡田下村，有9千米。地理环境方面，有海拔2007米的高寒山区，也有海拔796米的干热河谷地带。

表 3.3　样本地基本特征

乡（镇）	坡向	行政村	民族	保护区距离（千米）	海拔（千米）	总户数	调查户数
潞江	东坡	白寨	德昂	3	939	86	26
		赛格	傣	6	796	49	16
		赛林	傈僳	6	793	76	26
		老全寨	傈僳	9	796	86	16
芒宽	东坡	汉龙	傈僳\傣	3	796	48	16
		芒岗	傈僳	3	1520	101	24
		里八箩	傈僳	8	964	64	18
		山坡田下	傈僳	9	856	45	20
芒棒	西坡	大篙坪	回	0.5	2007	34	20
		横河	傈僳	1	1920	58	20
曲石	西坡	民族村	傈僳	2	1848	32	20
界头	西坡	民族社	傈僳	1	1788	22	22

表 3.4 列出了研究样本农户（户主）基本情况。从表中可以看出，调查对象年龄最小的为 21 岁，最大的为 66 岁，平均年龄 42 岁；农户户主以男性为主，占样本比例 84.55%；调查对象涉及 4 个少数民族，傈僳族农户居多，其次依次是德昂族、回族和傣族；文化程度以小学学历者居多，其次依次是文盲和初中学历者；样本中有 31.71%是从保护区内搬迁出来的农户，有 68.29%属于原居民。

表 3.4　样本农户基本特征

基本特征	描述	样本量	百分比（%）
年龄	21～29 岁	22	8.94
	31～40 岁	92	37.40
	41～50 岁	70	28.46
	51～50 岁	38	15.45
	60 岁以上	24	9.76
性别	男	208	84.55
	女	38	15.45
民族	傈僳	148	60.16
	德昂	26	10.57
	傣	16	6.5

基本特征	描述	样本量	百分比（%）
民族	回	18	7.32
	其他	38	15.45
文化程度	文盲	52	21.14
	小学	130	52.85
	初中	48	19.51
	高中	16	6.5
	高中以上	0	0
是否是保护区搬迁居民	搬迁	78	31.71
	原居民	168	68.29

2. 计量模型选择与变量说明

1）模型选择。为了定量说明影响保护区周边少数民族家庭收入的因素，进一步明确其作用方向及影响程度，本书根据卢卡斯的内生经济增长理论构建农户家庭收入的计量模型，对 246 个样本农户进行分析。模型的具体形式：

$$\text{Log}（Y）=B_0+B_1X_1+B_2X_2+B_3X_3+\cdots+B_nX_n+u=B_0+\sum B_iX_i+u \qquad (3\text{-}1)$$

其中，

① Y 代表"家庭年人均收入"；

② X_1、X_2、X_3、$\cdots$、X_n 分别代表影响因素变量；

③ B_0 为待估计的常数；

④ B_1、B_2、B_3、$\cdots$、B_n 为待估计的回归系数（即 X 对 Y 的贡献程度）；

⑤ u 为随机干扰项。

2）变量选择与说明。本书共选择了 5 组 10 个变量来衡量影响农户家庭收入的影响因素，它们分别是农户户主特征、农户家庭特征、与保护区关系特征、产业结构特征、农户所处的环境特征等变量，详见表 3.5。

① 农户户主特征。农户户主特征主要包括年龄（X_1）、文化程度（X_2）、民族（X_3）和技能（X_4）4 个变量。

② 农户家庭特征。农户家庭特征主要包括人均耕地亩数（X_5）、耕地质量（X_6）、劳动力人数（X_7）、非农收入所占的比值（X_8）4 个变量。其中，耕地质量主要是针对农户家庭水田和旱地，并基于其亩产量、种植技术和施肥情况 3 个要素进行加权后得出的数值。

③ 与保护区关系特征。与保护区关系特征主要包括来自保护区收入所占的比值（X_9）、与保护区距离（X_{10}）2 个变量。来自保护区收入主要包括在保护区内种植草果所得的收入、参与保护区开展的生态旅游获取的收入以及担任护林员工作获取的收入。

④ 产业结构特征。产业结构特征主要包括农地经济作物收入所占的比值（X_{11}）、产业结构变化是否带来机会成本（X_{12}）、养殖收入所占的比值（X_{13}）3 个变量。其中，农地经济作物收入是指在耕地上获取的非粮食作物收入，主要是为了考察产业结构的变化对家庭收入的影响情况。产业结构变化是否带来机会成本主要是指部分农户的种植结构改变了，近两年不会带来收益，但未来存在较大的潜在收益。

⑤ 农户所处的环境特征。农户所处的环境特征主要包括交通条件（X_{14}）和地理位置（X_{15}）。地理位置主要考虑农户家庭所处的坡向，分为东坡和西坡两种。理论上，市场价格波动幅度对农户家庭收入影响很大，但本书的样本主要考察一年期农户的家庭经济情况，假定每户家庭所面临的市场都是相同的，所以没有考虑市场价格波动幅度这个变量。

表 3.5　变量的解释与说明

模型变量	变量定义	平均值	标准差
农户户主特征			
年龄（X_1）	具体数值	42.17	11.53
文化程度（X_2）	文盲=1；小学=2；初中=3；高中及以上=4	2.11	0.81
民族（X_3）	傈僳=1；德昂=2；傣族=3；回族=4；其他=5	2.63	1.2
技能（X_4）	无手艺=0；有手艺=1	0.24	0.43
农户家庭特征			
人均耕地亩数（X_5）	用具体数值表示	1.56	1.07
耕地质量（X_6）	差=1；一般=2；好=3；	1.87	0.61
劳动力人数（X_7）	用具体数值表示	2.76	1.18
非农收入所占的比值（X_8）	用具体比值表示	0.17	0.3
与保护区关系特征			
来自保护区收入所占的比值（X_9）	用具体比值表示	0.15	0.28

续表

模型变量	变量定义	平均值	标准差
与保护区距离（X_{10}）	用具体数值表示	4.14	3.03
产业结构特征			
农地经济作物收入所占的比值（X_{11}）	用具体比值表示	0.31	0.36
产业结构变化是否带来机会成本（X_{12}）	否=0；是=1	0.41	0.49
养殖收入所占的比值（X_{13}）	用具体比值表示	0.18	0.27
农户所处的环境特征			
交通条件（X_{14}）	差=1；一般=2；好=3	2	0.82
地理位置（X_{15}）	西坡=1；东坡=2	1.67	0.47

3. 家庭收入模型构建

1）模型的运行。本书应用 Eviews 5.1 计量软件进行 OLS 线性回归处理，将自变量都代入模型中进行检验，所得结果见表 3.6。

表 3.6　考虑所有变量的模型结果

变量	系数	标准差	T 统计值	概率
C	5.161122	0.497442	10.37533	0.0000
X_1	0.005837	0.005505	1.060403	0.2913
X_2	0.206113	0.085640	2.406731	0.0178
X_3	−0.004763	0.055678	−0.085552	0.9320
X_4	0.335248	0.183186	1.830102	0.0700
X_5	0.077116	0.011655	6.616679	0.0000
X_6	0.599106	0.150582	3.978604	0.0001
X_7	0.057667	0.052769	1.092813	0.2769
X_8	0.866130	0.312748	2.769419	0.0066
X_9	0.404282	0.271030	1.491653	0.1387
X_{10}	0.040933	0.023809	1.719236	0.0885
X_{11}	0.656805	0.232470	2.825335	0.0056
X_{12}	−0.009794	0.117142	−0.083609	0.9335
X_{13}	0.400263	0.267599	1.495756	0.1377
X_{14}	0.065572	0.101878	−0.643638	0.5212
X_{15}	0.380643	0.206273	1.845334	0.0678

表 3.6 是考虑所有变量的模型结果，在该模型中 X_1、X_3、X_4、X_7、X_9、X_{10}、X_{12}、X_{13}、X_{14} 共 9 个变量不能通过 0.1 水平的显著性检验（t 检验）；对模型性能进行检验，其决定系数（R^2）为 0.694、校正决定系数（R^2adj）为 0.651、Akaike 信息准则（AIC）为 2.018、Schwarz 准则（SC）为 2.384、F 统计量为 16.20、F 统计量的 P 值为 0.000，表明模型拟合情况较好，可以解释因变量中大约 65.1%的变化。进一步通过逐步剔除不显著变量进行模型拟合，得到变量在 0.1 的水平上都显著结果如表 3.7 所示。

表 3.7 逐步剔除不显著变量后得到的模型结果

变量	系数	标准差	T 统计值	概率
C	4.521577***	0.267134	16.92627	0.0000
X_2	0.186813**	0.075778	2.465271	0.0152
X_5	0.325191***	0.055875	5.819971	0.0000
X_6	0.521056***	0.137827	3.780514	0.0002
X_8	1.142579***	0.214653	5.322902	0.0000
X_{11}	0.641516***	0.198931	3.224825	0.0016
X_{15}	0.370906*	0.189478	1.957513	0.0527

"*""**""***"分别表示 10%、5%、1%的显著性水平。

2）模型的检验。

① R^2 和 F 检验。表 3.7 是逐步剔除不显著变量后得到的模型结果。对模型性能进行检验，结果显示，R^2adj=0.599，F=31.322，P=0.000。从检测结果上看，拟合度不是特别理想，但由于本书采用的是横截面数据，在统计数据的精确度上并不令人完全满意；但考虑到影响农户家庭收入的因素众多而复杂，该模型选用较少的变量进行拟合，且 R^2adj 为 0.599， F 统计值为 31.322，P 为 0.000，模型拟合效果可以接受。

② t 检验。在进行自检验时，DW 为 1.970724（接近 2），落在无自相关的区域，基本上可以判断方程不存在一阶自相关。AIC 和 SC 分别为 1.899646 和 2.219732，数值较小，说明模型解释变量是适当的。由 t 分布可知，样本数量为 246 时，在 5%显著性水平下，t=1.645；在 1%显著性水平下，t=2.326。从参数显著性 t 检验来看，表 3.7 中模型的全部变量（常数项和解释变量）的 t 统计值都大于在 5%显著性水平上的值，通过参数显著性检验。说明这些变量对农户家庭收入都有不同程度的影响。

3）最终模型。总体来说，该模型和检验结果具有统计学意义。所以，最终确定农户家庭收入模型为：

$$Log（Y）=4.521577+0.186813X_2+0.325191X_5+0.521056X_6+1.142579X_8+$$
$$0.641516X_{11}+0.370906X_{15}$$

通过模型可以看出，文化程度（X_2）、人均耕地亩数（X_5）、耕地质量（X_6）、非农收入所占的比值（X_8）、农地经济作物收入所占的比值（X_{11}）、地理位置（X_{15}）对农户家庭收入影响较大。通过比较各变量的系数，可以得出非农收入所占的比值（X_8）和农地经济作物收入所占的比值（X_{11}）对家庭收入贡献率较大，是影响家庭经济的重要因素；人均耕地亩数（X_5）和耕地质量（X_6）对家庭收入贡献率居中，地理位置（X_{15}）和文化程度（X_2）对家庭收入贡献率相对较小。

3.2.3　家庭收入影响因素显著性分析

根据模型计量结果，将影响保护区周边少数民族村寨家庭收入的主要因素、显著性和影响程度归纳如下。

1）从描述农户户主特征的变量来看，文化程度对家庭收入有显著的正向影响，通过了5%水平的显著性检验，而年龄、民族和技能对家庭收入的影响不显著。这一研究结果表明，户主文化程度越高，家庭收入越高，说明教育对家庭经济有明显的促进作用。但调查资料显示，74%的户主接受的教育仅有小学及以下的水平，总体的低文化水平是样本家庭普遍贫困的一个重要因素。户主的技能对家庭收入的影响不显著，主要是因为在调查的样本家庭中，仅有19%的户主拥有技能，整体技能还很贫乏，而且这些技能在经济方面并不显著。民族在几个模型中都不显著，说明不同的民族对家庭的收入影响不明显。

2）在农户家庭特征的变量中，人均耕地亩数、耕地质量和非农收入所占的比值这三个变量对家庭收入有显著的影响，均通过了1%水平的显著性检验，系数都为正，而劳动人数没有通过显著性检验，影响不明显。人均耕地亩数与家庭收入成正向相关，说明家庭中人均拥有的耕地越多，家庭收入就会越高。但在我们调查的保护区周边少数民族村寨中，不同少数民族村寨人均耕地差异性大，少的家庭人均仅有0.25亩（主要出现在从保护区内搬迁下来的农户家庭中），多的人均高达5.5亩。研究结果表明，耕地质量对家庭收入影响较为显著，是一个非常重要的因素，拥有的耕地质量越高，家庭收入明显越高。但在调查中发现，不同的农户手中的耕地质量差异性很大，如水田，质量差的亩产低至300斤（主要原因是寒冷并积水太多），而质量好的亩产高达1500斤，因此，耕地质量也是导致样本家庭贫富差距较大的重要因素。非农收入对家庭收入的影响在农户特征变量中影响最大，系数值 B 为 1.142579，在所在显著因素的系数中数值最大，说明非农收入越多，家庭收入明显越高。但在调查中发现，非农收入所占的比值普遍偏低，大部分少数民族家庭收入仅靠农业。劳动力人数这一变量的显著性较低，说明劳动力人数的差异对家庭收入的影响不显著。

3）在与保护区关系特征中，来自保护区收入所占的比值、与保护区距离这两个变量对家庭收入的影响都不明显，未通过显著性检验。在调查中发现，周边少数民族村寨家庭收入中来自自然保护区的主要有三种形式，即草果收入、参与生态旅游收入、护林员工资。在保护区内种植草果仅限于部分家庭（在保护区实施绝对保护政策以前就已在保护区内种植草果的家庭）；参与生态旅游的家庭在调查样本中只有几户（主要是开办家庭旅馆、担任向导），并且参与度不强；而护林员一个村也仅有 1～2 位，因此，尽管来自保护区收入所占的比值这个变量对家庭收入贡献大（系数值为 0.404282），但仅有少部分家庭拥有来自保护区的收入，而更多家庭的收入是受到保护区的限制，如芒棒乡的大篙坪的回民家庭，在过去靠在保护区内放牧为生，生活富足；2005 年以后，保护区禁止农户放牧，实行严格的保护政策，同时又缺乏相应的补偿政策和发展机制，2007 年、2008 年该村的人均纯收入分别为 600 元、800 元，生活极为贫困。所以在总体上来自保护区收入所占的比值这一变量对家庭收入的影响是不明显的，不能通过显著性检验。

4）在产业结构特征中，农地经济作物收入所占的比值对家庭收入有显著影响，通过 1%水平的显著性检验；产业结构变化是否带来机会成本和养殖收入所占的比值这两个变量没有通过显著性检验，说明影响不明显。考虑农地经济作物收入所占的比值这一变量，主要是为了检验作物结构的变化是否对家庭收入产生不同的影响，模型证明，主要经营经济作物的家庭相对以粮食作物为主的家庭收入高，并且作用系数偏高。产业结构变化是否带来机会成本与家庭收入呈负相关，说明产业结构变化越大的家庭，收入越低，但影响不明显，没有通过检验。养殖收入所占的比值这个变量对家庭收入影响不显著，主要是因为，样本家庭养殖收入不高，主要用于自食，没有形成规模养殖。

5）在农户所处的环境特征中，地理位置这个变量对家庭收入有显著的正向影响，通过 10%水平的显著性检验。地理位置包括东坡和西坡，东坡属于阳坡，适合各类热带经济作物，农户家庭收入高；西坡属于阴坡，气候偏寒，种植作物单一，家庭收入低。交通条件这个变量没有通过显著性检验，说明对家庭收入的影响较弱。

3.2.4 家庭收入主要影响因素情况

自然保护区周边少数民族村寨家庭收入实证分析结果表明，在众多影响家庭收入的因素中，文化程度、人均耕地亩数、耕地质量、非农收入所占的比值、农地经济作物收入所占的比值、地理位置 6 个变量对家庭收入有显著的正向影响。其中，非农收入所占的比值、农地经济作物收入所占的比值和耕地质量三个变量对自然保护区周边少数民族村寨家庭收入的影响程度最大。归纳起来，影响自然保护区周边少数民族村寨家庭收入的因素主要包括人力资本、资源、产业结构以及地理环境，其中土地资源及产业结构是两个最重要的因素。来自保护区收入所占的比值对家庭收入的影响不显著，主要是因为现实中仅有少部分家庭拥有来自保护区的收入，而更多家庭的收入受到保护区建立的限制。这说明自然保护区实施的严格保护政策，其经济功能并没有得到合理开发和利用，同时对周边家庭又缺乏相应的补偿政策和发展的长效机制，仅有极少部分周边家庭受益，而对整个周边家庭收入的贡献较小，丰富的资源没有给周边少数民族村寨带来相应的经济福利。因此，制度供给的缺失也是影响农户家庭收入的重要因素。

3.3 自然保护区周边民族村寨发展主要影响因素

3.3.1 发展制度缺失

马克思与恩格斯对资本主义社会存在的贫困现象，进行了科学的分析和深刻的揭示，在《资本论》中揭示了资本主义的贫困问题是其制度的必然产物。"制度是造成无产阶级贫困化的根源，必须在改变旧制度、建立新制度中实现反贫困的目标"，这是最早的制度不利论思想[78]。尤努斯认为贫困是制度安排和机制失败的结果，是"人为"的。穷人之所以穷是因为有人造成他们的贫困，或者由于机制造成他们的贫困，"如何帮助穷人消除贫困？不要去看那些穷人，而是看看你自己能够为穷人做什么。实际上是你在设计政策，你在设计机制，贫困是设计失误的结果，是机制失败的结果，所以才会有穷人"[79]。

制度本质上是一系列权利的组合，它制约了人们的选择范围，减少了人类活动的不确定性，但同时也减小了人们的可能的选择集，这是制度的机会成本。我们将一个人实现不同生活方式的能力称之为可行能力（阿玛蒂亚·森）。自然保护区周边的民族村寨不仅面临中国农村普遍存在的土地制度、户籍制度、城乡二元制度影响，还受到自然保护区政策的限制，减少了村民活动的可能性，如《中华人民共和国自然保护区条例》规定禁止在自然保护区内进行砍伐、放牧、狩猎、捕捞、采药、开垦、烧荒、开矿、采石、挖沙等活动；《野生动物保护法》规定在自然保护区、禁猎区和禁猎期内，禁止猎捕和其他妨碍野生动物生息繁衍的活动；《畜牧法》规定禁止在自然保护区的核心区和缓冲区内建设畜禽养殖场、养殖小区；《矿产资源法》规定不得在自然保护区开采矿产资源等，就以律法的形式剥夺了他们在传统上对自然保护区自然资源的使用权。

自然保护区周边民族村寨的"绿色贫困"，除了受到自然保护区保护政策对生产活动的限制外，还与替代发展制度的缺失密切相关。少数民族村民受传统习惯、习俗、信念等非正式制度的影响，村寨传统的生产生活方式对自然资源的依赖性很强，建立自然保护区限制了当地村寨对资源的利用，而又没有提供到位的补偿，新的替代发展途径短期内还未形成，从而减少或失去了村寨发展的机会。鉴于法律制度强制性实施，村寨居民被迫支付不能使用保护地资源的"机会成本"。尽管国家及相关部门出台了一系列生态补偿措施，如公益林生态补偿、野生动物肇事补偿等，但补偿标准明显偏低，难以弥补因自然保护区建设而失去的"就业机会"成本。

在某种程度上可以说，制度和政策既能让自然条件差的地区经济发展，也能让自然条件丰富的地区发展迟缓。显然，因为政府政策对生态环境保护的偏好，云南自然保护区在经济发展方面与其他地区（如非自然保护区的资源富集区）存在很大的差异性，村民利用各种自然条件寻求"获利机会"的权利或能力也会出现差异性，最终导致在人均收入上也会出现差异性。因此，在制定自然保护区保护政策时，还需要充分考虑村寨的利益，考虑政策是否体现了公平与效率，能否尊重当地居民的合法权利，能否切实地提高他们实现各种经济和社会发展目标的能力。

3.3.2　地理环境边缘

美国经济学家托达罗（Todaro）认为，贫穷国家经济发展缓慢的原因可以通过地域差异理论来解释[80]。美国区域规划专家弗里德曼（Friedmann）认为，在若干区域之间，个别区域会率先发展而形成"中心"区域，其他则因发展滞后成为"边缘"区域。依据"中心—边缘"理论，陈功全提出了"地理资本"的概念，即把多种差异集合在空间地理位置这一要素之中，例如经济社会发展中的教育、卫生、社会保障、政治等在城乡之间、贫富人群之间的各种差别，都可以用空间地理位置禀赋不同来确定。地理位置偏僻，远离区域中心，集合多种因素差异而成的地理资本也就越低；反之，地理资本越高。由此会引起贫困状况在空间上相对集中、贫困人口的相对集中。空间贫困理论提出了"地理资本"的概念，是指把多种差异集合在空间地理位置这一要素之中，例如经济社会发展中的教育、卫生、社会保障、政治等在城乡之间、贫富人群之间的各种差别，都可以用空间地理位置禀赋不同来确定。

云南自然保护区周边民族村寨多分布在高原、山地、丘陵、喀斯特等地区，自然条件恶劣，虽然森林资源丰富，但土地贫瘠，农业生产条件差，发展要素紧张，地质、土壤、气候等条件不利于当地的生存与发展，再者交通道路等基础设施和公共服务极度欠缺，属典型的地理环境边缘地区，如怒江州自然保护区面积占全州面积的 27.4%，生态位极其重要，但由于地处青藏高原东南部、横断山脉纵谷地带，褶皱断裂密布、强烈，新构造运动活跃、地震活动频繁、强度大，岩性复杂，地层破碎，生态环境又极其脆弱，境内极易发生泥石流、滑坡、塌方等自然灾害。因此，该地区既不利于人类居住，又不利于贫困人口赖以解决温饱问题的农业生产，是自然保护区周边民族村寨贫困落后的重要原因。此外，这一地区大多地处生态敏感地带，即介于两种或两种以上具有明显差异生态环境的过渡带和交错带，对环境因子变动的敏感性强，因其环境或景观的变化则会导致土地生产力的明显下降乃至丧失。

由于民族村寨位于地理环境边缘，地理资本非常薄弱，恶劣的生存环境和交通条件使贫困村寨远离市场、远离信息，无法及时参与到市场经济体系之中；加之地方扶贫也呈现"中心—边缘"由近及远的空间位置特征，一些扶贫资金、扶贫项目最容易投放到相对较近的区域，越偏远越难以得到相应的扶贫支持。

3.3.3　民族习俗影响

早期的古典主义者边沁（Bentham）认为，经济的最大化以个人追求快乐和避免痛苦的利己主义为立论的基础，而习俗就是加强这种最大化的依据，它与市场经济没有直接的关系[81]。马歇尔（Marshall）在《经济学原理》中将习俗看成是影响社会经济的边际因素，尽管它是一个非强制依赖，但它"对世界历史施加了深刻和支配性的影响"，这种影响是双向的，既对经济具有促进的正效应作用，也对经济起着阻碍的负效应作用[82]。

云南自然保护区周边少数民族，长期处于比较偏僻的地区，又受到不同信仰、文化、风俗习惯的影响，形成了相对封闭和落后的意识观念。这些落后的观念、思想一方面不利于民族地区增长创造性、开拓性的自主增长机能；另一方面也不利于少数民族交流、学习发达地区的先进经验，阻碍着民族地区的开放程度，从而较大地限制了民族经济的增长，如保守的自然经济意识、宿命论观点、守常习俗、"等靠要"思想等。一些传统的宗教礼仪的社会秩序影响着人们的消费行为，限制着当地的经济发展，如许多少数民族丧葬礼仪的复杂性，往往耗费大量的资金，如苗族、景颇族丧葬要宴请全村与周边村民，大摆酒宴 3～5 天甚至 7～8 天，耗费酒、肉、粮食达数百斤之多，直接影响着固定投资和私人投资。傣族等信仰小乘佛教的民族每年花费大量金钱在祭神拜佛等活动上，较大程度上约束着消费额。而这些地区地方政府的每年财政投入较其他地区还有很大一块用于斥资修缮佛寺等宗教设施，不可避免地减少了对地方基础建设的投入力度。

　　在保守的自给自足的思想影响下，人们往往会形成看待事件和处理事件的习惯性思维和方法；对于创新性解决事件的思维和方法，由于其预期利益的不确定和风险的存在，则不同程度地持排斥的态度。课题组在与保护区管理者、当地村干部和村民的访谈中，了解到云南自然保护区周边许多民族村民有着习惯的惰性，普遍存在着"今日吃饱今日乐，哪管明日无炊烟"的思想，只看重近期内生活的安逸，不重视未来长期的发展；很多政府提供的生态补偿或长期发展的投资型资金和物资，被用来作为短期的享乐性的消费，在某种程度上影响了当地经济的发展。习俗以其长期形成的规范性思维路径束缚着人们的思想，使创新性思维不易产生，以致一些政府发展和推广项目受到制约甚至于被扼杀。如高黎贡山的一些偏远的傈僳族、怒族村寨等至今还在使用传统的"刀耕火种"的生产方式，对发展经济林、使用沼气池和节能灶、成立经济合作社等活动抱有抵触思想。一些少数民族大多自我生产日用必备的用品，而不愿意在市场上通过交换获得，如山区的藏族每年其生活用的大部分均为放牧或者自我耕种的农牧产品为主，较少在市场中购买。虽然随着主客观因素的发展，此类的习俗会逐步改进，但这个过程会相对漫长，在这段变迁的时间内，消极的习俗自然会以其固有的运行方式阻碍着市场经济的发展。

3.3.4　资本积累薄弱

　　在新古典增长理论中，经济学家们在资本积累对经济增长的积极影响的认识上是非常一致的，资本不断积累是经济增长的主要因素。资本投入不足必然制约经济增长，甚至导致贫困。纳尔逊（Nelson）对于贫困的原因提到"低水平均衡陷阱"，他认为在发展中国家人均收入低，低收入意味着低储蓄水平和储蓄能力；低储蓄能力导致资本稀缺、资本形成不足；资本形成不足使生产规模难以扩大，生产率难以提高；低生产率又引起低经济增长率和新的一轮低收入[83]。如此周而复始，形成一个恶性循环。

导致我国自然保护区周边民族村寨贫困的主要原因就是资本积累严重不足，它极大地制约了当地村寨经济的发展，使其处于"低水平均衡陷阱"之中。从调查结果来看，造成村寨资本积累不足的原因主要有以下几方面：一是国家对自然保护区的投入严重不足，除部分国家级自然保护区基础设施建设有中央财政投入外，地方级自然保护区基础设施建设均未纳入各级政府社会经济发展计划，没有资金投入，很多自然保护区根本不能抽出多余的资金用在发展社区问题上。二是自然保护区周边社区是发展的敏感区域，全社会都在关注这个区域的生态环境保护问题，保护政策约束和生态敏感性使地方政府在制定区域发展规划时都会将该区域列为生态功能区，对当地社会经济发展的建设项目和扶持资金也很少。三是地方政府投入能力有限，自然保护区及周边社区属于贫困地区，地方财力非常有限，如怒江傈僳族自治州、迪庆藏族自治州所有县均被列为国家级贫困县，这一地区恰恰是云南自然保护区和少数民族最集中的区域。四是当地民族村寨自我资本投入能力弱。经济的发展在很大程度上受到人们的思想观念、技术水平、劳动者素质的制约和影响，劳动力素质不仅在于文化程度上的差异，更重要的还在于商品经济的观念、开放意识、创业精神等方面的差异，由于民族村寨受传统思想影响，难以形成完备的市场机制和良好的招商引资的软、硬环境，导致市场化程度低，生产要素的优化配置水平低，造成村寨社会经济发展滞后的状况。

随着我国传统农业向现代农业发展，自然保护区周边民族村寨经济发展对经济资本的依赖性会越来越明显。没有足够的资本积累和投入，村寨农业向现代化发展过程缓慢，造成农业不可能有丰厚的产出，村民长期处于低收入贫困状态。由此，如何结合自然保护区建设以及对其资源保护与利用，培育和建立多形式、多层次、多渠道的村寨资金积累新机制，是现阶段民族村寨经济发展的关键所在。

3.3.5 人力资本不足

亚当·斯密（Adam Smith）最早明确提出应把人的能力归为资本，"国民财富的增长主要归功于劳动分工、资本积累和技术进步。其中劳动分工是经济增长的源动力"[84]。马歇尔也指出人力资本的投资是所有投资率中贡献率最高的，它将成为最强有力的生产发动机。卢卡斯（Lucas）在《论经济发展的机制》中通过分析得出，人力资本在使某种产品产生报酬递增收益的同时也增加了物质资本等要素的边际收益，于是他指出人力资本才是经济持续增长的源泉[85]。

人力资本禀赋对收入增长绩效具有持续影响，而与发达国家相比，贫困地区的人力资本积累严重不足，水平低下。在我国自然保护区周边民族村寨，人力资本水平低下是一个普遍现象，劳动力几乎没有受过良好的教育，文盲半文盲率居高不下，劳动力质量低下，劳动生产率水平落后。很显然，自然保护区周边民族村寨的贫困与人力资本投资缺乏、优质劳动力资源流失也存在因果关系。我国农村人力资本投资的两大主体是政府和农户，自然保护区辖区内人力资本投资在政府层面，因我国自然保护区主要集中在我国西部地区，甚至还有很多聚集在国家级贫困县域内，政府财政收入紧张，所以在政府层面投资于人力资源的能力极其有限，能辐射到保护区辖区内的投资就更少。农户的投资行为又受到投资能力和投资意愿的影响，保护区辖区农户因受到低收入水平的制约，投资能力弱，而在投资意愿方面，保护区辖区生产方式属粗放种植，靠山吃山，对人力资本的要求不高，因此，投资意愿不足。很显然，对自然保护区地区的人力资本投资无论是从政府还是从农户层面都远远不够。

此外，随着市场经济发展，城乡差距进一步扩大，村中大量青壮年男性劳动力及具有较高文化水平的人才外出务工增多，劳动力总量与结构性短缺日益显现，人力资源结构出现了严重失衡，劳动力呈现老龄化与女性化发展趋势。在实际调查中发现，城市和非农产业吸走了村中大量年轻、有文化、有一技之长的相对优质劳动力，留守主体是老弱病残幼及需要照看家人的妇女。他们的整体科技文化素质较低、观念保守，对现代农业科技运用能力不足或有心无力，这必然会进一步降低村寨人力资本的积累，影响到村寨整体社会经济的发展。而现在的农村教育，无论是基础教育，还是高等教育，都是为城市培养人才，而不是服务农村。农村家庭对孩子培养的目的就是为了跳出"农门"，基本上缺少相应的农业生产技能。这样的人才已很难适应农村产业结构调整的需求。

舒尔茨（Schultz）认为人力资本是农业增长的主要源泉，改造传统农业的关键因素在于农民是否愿意接受新的生产要素，这就必然要求他们能够掌握农业相关的新知识和技能[86]。自然保护区周边村寨拥有丰富的林业资源和劳动力资源，解决其贫困问题的出路在于现代林业技术的普及与发展，这就需要有大量的人力资本积累。因此，需要加强和改革农村基础教育和人才培养模式，重视农业技能培训；加快农村基础设施建设和社会福利体系，缩小城乡差距；结合城市就业困难，探索人才流动配置机制，解决农村人才单向流动性问题，实现农村人力资本的积累。

第4章　云南自然保护区民族村寨政策认知意愿

政策认知是对现有国家政策知晓与认识的程度，是人们理性地评价政策、参与政策、贯彻政策的知识基础。政策意愿指对制定新政策的观点和看法，是能够对政策制定起重要影响的阶层或群体的心理、思想观念、生活习惯等主观因素。制度经济学认为，人普遍具有行为动机的双重性、有限理性、机会主义倾向，因此掌握民众的政策认知和意愿情况，将有利于发现政策在具体实施中存在的问题，为政策修订和完善提供决策依据。自然保护区保护政策主要是根据《森林法》《森林和野生动物类型自然保护区管理办法》《中华人民共和国自然保护区条例》法律法规制定执行的。这些政策体现的是由政府代表全民对自然保护区实施管理权，然而调研发现，自然保护区在管理过程中涉及以公共利益为由侵害农民利益的事情常有发生，如为加强保护区资源保护，禁止村民从事放牧、采药、打笋等活动。少数民族村寨村民作为弱势群体，其意见和需求往往得不到表达，也就更容易受到忽视，因此了解这一群体的政策认知和意愿，将有利于辨识政策实施中存在的或者潜在的问题，确定相应的解决策略，促进当地的生态环境、民族文化和经济的和谐发展。

4.1　高黎贡山国家级自然保护区周边民族村寨案例

4.1.1　样本基本情况

案例以问卷调查为主，辅之以入户观察和深入访谈，根据民族村寨地理位置和分布情况，对高黎贡山国家级自然保护区南段东坡、西坡的 12 个民族村寨开展调查研究[87]。村寨地理位置、气候条件、民族文化以及个人背景等差异很大，对保护政策认知和需求也不尽相同，因此问卷主要涉及三个方面：①调查对象的社会经济特征；②村民对自然保护区保护政策的认知情况；③村民对自然保护区保护政策的意愿和需求情况。2011 年 12 月，实地调查获取有效问卷 246 份，涉及傈僳族、回族、德昂族、傣族 4 类民族村；其经济发展水平相对可分为贫困、一般、富裕三个层次，基本能代表保护区周边民族村寨的经济现状（表 4.1）。

表 4.1　高黎贡山国家级自然保护区村寨调查样本基本情况

自然保护区	地域	基本情况	自然村	民族
高黎贡山国家级自然保护区	保山市隆阳区（东坡）	地处干热河谷，气候条件优越。多缓坡平地，种植水稻自给有余。经济收入来自种植甘蔗、咖啡、香料烟等经济作物。	白寨	德昂
			赛格	傣
			赛林	傈僳
			老全寨	傈僳
			汉龙	傈僳\傣
			芒岗	傈僳
			里八箩	傈僳
			山坡田下	傈僳
	腾冲县（西坡）	气候阴湿，坡地较多，适宜经济作物种植不多。经济来源是养猪、养鸡、养羊、核桃、药材、菌类、野菜等。	大篙坪	回
			横河	傈僳
			民族村	傈僳
			民族社	傈僳

4.1.2　自然保护区民族村寨政策认知情况

1. 自然保护区政策认知

1）村民环保意识增强，但环保知识深度不够。问卷调查分析表明，保护区建立后，所有村民对自然保护区保护政策经历了从反对到支持的过程，环保意识有了显著提高。对于"建立自然保护区对生态环境改善情况"，几乎所有村民都认为是有所改善，普遍认为保护区"改善了水质，空气变好"，"泥石流、山体滑坡自然灾害明显减少"，"野生动、植物更多了"，"乱砍滥伐、偷盗打猎"的行为明显减少。在有关"是否了解自然保护区保护政策"中，80%以上的村民认为对自然保护区保护政策知道一点，但仅限于"不能进山砍树狩猎"，对保护区的分区情况、主要保护物种，以及在周边开展生产经济活动会对保护区有哪些影响都不了解。他们普遍认为只有在保护区内的动植物才受国家保护，而在保护区外的动植物就不存在保护的问题，故此，保护区外的野生动植物常受到较大的破坏，许多地段的生物多样性丧失严重。

2）没有体现对民族传统文化的保护。村民们普遍认为保护区的政策没有体现对民族传统文化的保护，只有 6% 的村民认为受到保护。据调查，这 6% 的村民主要集中于横河自然村，该村于 2009 年实施了由香港村寨合作伙伴资助的"腾冲县高黎贡山国家级自然保护区横河傈僳族村寨文化和自然联系恢复项目",此项目对该村寨的民族文化的恢复起到了积极的作用。

3)环境和经济影响的认知差异较大。仅有 7%的村民认为政策对家庭经济是有利的,68%认为无影响,25%认为限制了经济的发展;针对"保护区对居住环境的影响",有 67%的村民认为有影响,而认为无影响的也占到 33%。一般而言,地区生态环境和社会经济受自然保护区政策影响较大,也是村民感受最直接的内容,决定着保护政策的实施效果和可持续性。因此有必要进一步研究村民对家庭经济和居住环境受保护政策影响认知的差异因素,为保护区保护政策修订与完善提供参考。

2. 村民认知差异因素分析

将村民居住的地理环境、村民的社会经济特征和生态补偿措施作为影响因素自变量(X_i),根据表 4.1 列出了不同自变量(X_i)与因变量(Y_j)的分布情况,利用 Logistic 回归模型对影响认知(Y_j)的因素(X_i)进行相关性分析(表 4.2)。

表 4.2　受调查者对保护区政策认知分布情况

主要影响因素(X_i)		政策认知(Y_j)	是否限制经济发展(%)		是否对周围环境改善(%)	
			否	是	否	是
地理位置	海拔	0=[<1000 米]	87	13	52	48
		1=[≥1000 米]	62	38	15	85
	坡面	0=[阴坡]	46	54	15	85
		1=[阳坡]	89	11	43	57
社会经济特征	性别	0=[女]	63	37	32	68
		1=[男]	77	23	34	66
	年龄	0=[≤29 岁]	55	45	18	82
		1=[30~49 岁]	85	15	37	63
		2=[≥50 岁]	55	45	29	71
	文化程度	0=[文盲]	65	35	31	69
		1=[小学]	80	20	38	62
		2=[中学]	72	28	25	75
	家庭人均收入	0=[<1000 元]	51	49	15	85
		1=[1000~3000 元]	85	15	35	65
		2=[>3000 元]	88	12	53	47

续表

主要影响因素（X_i）		政策认知（Y_j）	是否限制经济发展（%）		是否对周围环境改善（%）	
			否	是	否	是
生态补偿措施	有保护区收入	0=[无]	70	30	33	67
		1=[有]	88	12	35	65
	能源支持	0=[无]	75	25	19	81
		1=[有]	74	26	45	55
样本百分比		—	—	75	25	33	67

（1）村民认为保护区政策限制家庭经济的因素分析

从表 4.3 可知，村寨所处的地理环境对村民认为保护区政策限制家庭经济有决定因素，具有显著的影响，均通过 0.01 水平的显著性检验。地理环境主要涉及"坡向"和"海拔"两个变量，"坡向"具有显著的负向影响，且影响程度高（系数值为-2.1055），说明西坡的村民更倾向于认为保护区政策限制家庭经济。这是因为东坡民族村寨地处干热河谷，气候条件优越，多缓坡平地，种植水稻自给有余，经济收入来自种植甘蔗、咖啡、香料烟等经济作物；而西坡的村寨，气候阴湿，坡地较多，不适宜经济作物种植，经济水平较低。"海拔"系数为正值，说明居住地越高，距离保护区越近，村民认为保护区的政策限制家庭经济影响的比例也越高。"人均收入"和"有保护区收入"两个变量在通过 0.1 水平的显著性检验下均呈负相关，说明经济收入越低的村民，对自然资源的依赖也越严重，因此认为保护区政策限制了他们的经济来源，而保护区开展扶持活动，将有助于减轻这种依赖。

表 4.3　认为限制家庭经济的显著因子检验表

	回归系数	标准误	Wald 统计量	自由度	显著性	回归系数指数值
海拔	1.5796	0.5616	7.9098	1	0.0049**	4.8529
坡向	-2.1055	0.5721	13.5437	1	0.0002**	0.1218
有保护区收入	-1.3153	0.6869	3.6664	1	0.0555*	0.2684
人均收入	-0.6436	0.3708	3.0133	1	0.0826*	0.5254
常量	-0.0734	0.5129	0.0205	1	0.8862	0.9292
	卡方检验	自由度	显著性	—	—	—
模型	43.6445	4	0.0000	—	—	—

"*"表示 0.1 水平显著，"**"表示 0.01 水平显著。

（2）村民认为保护区政策对周围环境改善的因素分析

在表 4.4 中，"海拔"的显著性概率通过 0.01 水平的显著性检验，其系数为正值，说明高海拔的村民更认为保护区政策有利于周围环境改善。这一方面是因为居住的村民对保护区政策的关注度越高，保护意识也越强烈；另一方面是因为高海拔村寨村民多居住在坡地，过去乱砍滥伐和毁林开荒造成山体滑坡和泥石流灾害频繁，因此他们对保护区政策带来的生态和社会效益感受明显。"人均收入"在0.01 水平下，呈显著负相关，主要是由于收入较高的群体居住地距离保护区较远，发展农业经济的意识更强烈，对环境变化关注度不高。"文化程度"在通过 0.1 水平的显著性检验下，也具有显著正向影响，说明受教育程度越高的村民，对环境保护和生态安全的关注度也越高。

表 4.4　认为对环境改善的显著因子检验表

	回归系数	标准误	Wald 统计量	自由度	显著性	回归系数指数值
海拔	1.9909	0.4844	16.8930	1	0.0000**	7.3220
人均收入	−1.0703	0.3116	11.7996	1	0.0006**	0.3429
文化程度	0.4956	0.2807	3.1185	1	0.0774*	1.6416
常量	0.4200	0.4914	0.7306	1	0.3927	1.5220
	卡方检验	自由度	显著性	—	—	—
模型	36.0010	3	0.0000	—	—	—

"*"表示 0.1 水平显著，"**"表示 0.01 水平显著。

4.1.3　自然保护区民族村寨政策意愿

由于村民对保护区政策认知受村寨地理位置（海拔、坡向）影响较大，为了进一步了解不同地理位置的村民对保护区政策的意愿，调查组设计了有关保护区周边民族村寨发展的相关政策措施，包括参与保护区管理（解决就业问题）、生态补偿、林下资源开发与利用、生态（民族）旅游、农业技术培训、发展替代能源、村寨文化保护与利用、成立农村合作组织、组织劳务输出（外出打工）及其他等选项，其他是指村民认为需要补充的措施。村民按村寨地理位置（高于 1500 米为高海拔，低于 1000 米为低海拔）分为东坡低海拔、东坡高海拔、西坡高海拔三类。其村民对保护区政策措施选择及政策意愿特征如表 4.5 所示。

表 4.5　受调查者对保护区政策措施选择情况

项目	东坡低海拔		东坡高海拔		西坡高海拔	
	频数	百分比（%）	频数	百分比（%）	频数	百分比（%）
生态补偿	124	100	40	100	82	100
参与保护区管理（解决就业问题）	52	42	36	90	80	98
林下资源开发与利用	76	61	36	90	78	95
发展替代能源	92	75	34	85	76	93
村寨文化保护与利用	89	72	37	92	77	94
生态（民族）旅游	64	51	18	45	44	66
农业技术培训	32	26	24	60	24	30
成立农村合作组织	52	43	14	35	22	27
组织劳务输出（外出打工）	16	13	6	15	4	5
其他	24	20	16	40	12	15

1）村民对直接经济效益追求的意愿强烈。村民对生态补偿、参与保护区管理和林下资源开发与利用的选择较高，体现了村民对能产生直接经济效益的相关政策的需求。发展替代能源能够减少对薪材的使用量，节约劳动力和减少支出，从而增加村民的经济收入。保护区周边村寨耕地面积小、散，地形复杂，很难像平原或坝区居民一样开展集约种植，导致土地带来的收益小，发展潜力有限，因此村民对农业技术培训等措施并不感兴趣。而对生态旅游、成立农村合作组织、外出打工等短期内很难产生经济效益的措施，村民的积极性就更低了。

2）村民政策意愿存在地区差异性。村寨地理环境不同，村民对保护区政策的意愿也具有差异性。高海拔村寨距离保护区较近，对参与保护区管理、林下资源开发积极性高，支持度均在 90% 以上。低海拔村寨生活环境较好，随着经济作物不断发展，村民的经济收入有所增加，对保护区的依赖程度大为降低，村民意愿表现相对较低。西坡村寨气候较东坡寒冷、潮湿，对木材、薪材的需求量大，在保护区加强对林木的管理后，能源问题也是村民普遍关注的问题，因此西坡的村民对发展替代能源的倾向性强。自然风景和交通便利是发展旅游必须考虑的因素，东坡高海拔村寨在这两个方面具有比较优势，因此村民对旅游开发较为支持。

3）村民意愿具有风险规避性。村民意愿具有风险规避性，对需要承担一定风险的政策支持率较低，如发展农村合作组织和劳务输出，各级政府和相关部门长期以来将其作为发展农村经济和缓解就业压力的重要措施，然而从统计情况看，村民对这类政策并不热衷，支持率比较低。对发展农村合作组织支持率低，主要是村寨所开展的农村合作组织基本上没有达到预期效果，如某村寨成立合作组织发展药类产业，结果发展资金被骗；而对劳务输出不热衷主要是因为输出的农村劳动力素质普遍较低，语言交流困难，在与城市劳动力的竞争中往往处于劣势，出去找不到工作或收入太低，不少村民认为在家待着更舒服。由于这些失败案例所带来的负面影响，村民普遍认为经济合作和外出打工非但不能给他们带来实惠，还会使他们承担一定的经济风险。

4）希望加强对民族村寨文化的保护与利用。民族文化多样性是人类活动与环境长期协调发展的产物，然而随着民族地区经济发展，特别是商业行为和现代文化的冲击，民族村寨文化不同程度地受到削弱，民族语言、民族服饰和传统手工艺也逐渐失去传承。从调查结果看，当地村民非常重视对民族文化的保护，特别是经济条件相对较差的高海拔村寨，有90%以上的受调查者认为保护政策应包括民族村寨文化的保护与利用。

调查结果表明，虽然高黎贡山国家级自然保护区周边大多数民族村寨居民对保护区政策比较理解和支持，但这主要是因为广泛宣传和教育使村民从思想上认识到了保护生态环境的重要性，当地社会经济发展问题并没有得到解决。村民普遍认为保护区政策限制了经济的发展，个人权益得不到保障。尽管现在村民保护意识较强，但与保护区的利益冲突依然得不到有效解决，随着信息化不断向农村深入，文化水平不断提高，村民对保护区政策的期望值就会随之提高，希望改变政策现状的意愿也会更强烈。因此，完善自然保护区相关政策措施，应充分考虑村民的认知意愿，如加强生物多样性知识的教育与宣传，将民族生态文化与生物多样性结合起来，不断保护民族传统文化；生态补偿不能实现"一刀切"，应结合村寨的经济状况及受影响程度，实行差异化补偿；在发展林业经济的同时，要充分考虑村民的潜在风险，通过保险及担保等形式提高村民的参与度等。

4.2 乌蒙山国家级自然保护区三江口苗族村寨案例

2012年2月29日，云南省人民政府正式批准成立"云南乌蒙山省级自然保护区"。2013年12月，国务院办公厅批准成立云南乌蒙山国家级自然保护区，主要由原来的三个省级自然保护区（三江口、海子坪、朝天马）和两个市级自然保护区（大关县罗汉坝、永善县小岩方）合并而成，总面积为2.62万公顷。2014年

12 月，昭通市机构编制委员会批准成立了"云南乌蒙山国家级自然保护区管理局"，属昭通市林业局下属正科级财政全额拨款事业单位。为了解自然保护区成立后周边民族村寨对保护政策的认知情况，项目组曾于 2012 年 12 月在大关县木杆镇人大主席和漂坝村干部的帮助下，对乌蒙山国家级自然保护区三江口片区漂坝村三江口自然村所辖的黄沙地、猴子坪、大海子、杉树坪、三江口社 5 个苗族村寨共 140 户村民和 20 名村小组干部开展问卷调查。问卷在设计上分为两大部分，第一部分为客观发展情况，涉及被调查者及其家庭基本特征、家庭经济收入、家庭支出、家庭生产、生活环境、医疗保险 6 个方面；第二部分为自然保护区保护政策认知及意愿调查，涉及保护政策认知及行为、保护区政策实施后的利益问题、保护区政策实施前后变化、保护政策意愿、参与保护政策制定 5 个方面。

4.2.1　乌蒙山国家级自然保护区概况

云南乌蒙山国家级自然保护区位于云南省东北部的昭通市境内，东连贵州岩溶山原，北与四川盆地相望，南向滇中高原过渡，西处横断山脉边缘。地跨大关、彝良、盐津、永善和威信 5 个县、16 个乡镇，地理坐标介于东经 103°51′47″～104°45′04″，北纬 27°47′35″～28°17′42″之间。保护区由三江口片区、朝天马片区和海子坪片区三个片区组成，总面积 26186.65 公顷。依据《自然保护区类型与级别划分原则》，根据主要保护对象，云南乌蒙山国家级自然保护区属于"自然生态系统类别"中"森林生态系统类型"的自然保护区。保护区的管理目标是保护乌蒙山区目前保存面积较大而完整、类型结构典型，并具有云贵高原代表性的亚热带山地湿性常绿阔叶林森林生态系统和珍稀濒危特有动植物物种及其栖息地，以及维护乌蒙山区与金沙江和长江流域生态安全。

独特的自然地理和气候条件，使得保护区内生物多样性极为丰富。植被类型可以划分为 4 个植被型、5 个植被亚型、18 个群系和 44 个群丛，主要森林植被类型为湿性常绿阔叶林，以峨眉栲林、硬斗石栎林、华木荷林、四川新木姜子林 4 个群系为主。共记载野生维管束植物 179 科、756 属、2174 种；鸟类 18 目、66 科、356 种；两栖爬行动物物种 93 种，其中两栖动物 39 种，隶属于 2 目 9 科 19 属；爬行动物 54 种，隶属于 3 目（亚目）11 科 29 属。哺乳动物 9 目、28 科、70 属、92 种。保护区分布有中国国家重点保护和 CITES 附录 I、附录 II 保护的哺乳类 23种，其中，国家 I 级重点保护动物有金钱豹、云豹和林麝 3 种，国家 II 级重点保护动物有黑熊、小熊猫、水獭、金猫、中华鬣羚、川西斑羚、穿山甲、水鹿、猕猴、藏酋猴、豺、青鼬、小爪水獭、大灵猫、小灵猫、丛林猫 16 种，毛冠鹿是云南省 II 级重点保护野生哺乳动物；CITES 的附录 I 物种更多，除 3 种国家 I 级重点保护动物为附录 I 物种，国家 II 级重点保护动物中有黑熊、林麝、穿山甲、水獭、金猫、鬣羚和斑羚 7 种亦被列为附录 I 物种。

4.2.2　样本地基础情况

1. 三江口森林资源及管理现状

三江口自然保护区地处云贵高原北部边缘，东西长 13.7 千米，南北宽 9.2 千米，最高海拔 2420 米。区内拥有林地总面积 4198.0 公顷，森林覆盖率为 89.47%。其中，乔木林占林地总面积的 89.47%，其他灌木林占 1.79%，未成林造林地面积占 0.66%，采伐迹地面积占 1.98%，宜林荒山面积占 6.10%。森林资源中活立木总蓄积 553470 立方米，其中，天然林面积和蓄积分别占总面积和总蓄积的 82.57% 和 96.82%，人工林面积和蓄积分别占 17.43% 和 31.18%。森林主要由栎类、其他阔叶林叶树和栲类构成[88]。此外，保护区及周边箬竹（罗汉竹）、水竹、方竹等竹资源丰富，有 84000 多亩。这些竹类、黄柏等植物资源是当地村民重要的经济来源之一。

三江口保护区在未划为国家级自然保护区前，管理较为粗放。苗族村寨每年消耗的薪柴及建房用材，日常生活需要的蔬菜，如各类竹笋、蕨菜、香菌等都来自集体林地或自然保护区内。农户喂养的牛、马等牲口多在林下或沟边自由采食，从而造成竹笋、林下植物被破坏。所喂养的猪、鸡等牲畜所需要的饲料，也主要来自山林的各类野生植物。由于当地建有竹笋加工厂，每到箬竹笋采收季节，本地村民和外来人员对箬竹笋进行无节制的采收，给当地村民和外来人员带来了巨大的经济收入，同时也给珍稀植物的保护带来了极大困难。在利益的驱使下，村民们掠夺性开发利用的方式导致天然箬竹林退化严重，竹林生长和经济产出迅速降低，竹林资源逐步减少，竹林的经济效益和生态防护功能变得愈益低下。

2012 年，三江口成为国家级自然保护区。保护区根据《中华人民共和国自然保护区条例》，通过修挖牲畜围栏或沟渠，建立护林员巡护队，加大森林保护宣传力度等方式，加强了对三江口自然保护区森林资源的管理。

2. 三江口苗族村寨基本情况

1）自然地理。三江口苗族自然村地处盐津、大关、永善三县边沿结合部，距离县城 92 千米，距离镇政府所在地 7 千米，距离村委会 8 千米。村寨所在地四面环山，海拔在 1500～1700 米不等，再往上是乌蒙山国家级自然保护区三江口片区。

年平均气温 12℃，年降水量 1350 毫米，气候阴冷潮湿，每年 12 月和次年 1～2 月为霜冻期。

2）行政管理。所调查的 5 个民族村寨隶属于木杆镇的漂坝村委会的三江口自然村。按照我国行政管理规定，各村寨建立了由村民自己选举产生的村小组委员会。据调查，这些村寨都是典型的苗族村寨，苗族文化及习俗融入村民生活的各个方面，因此，村寨组织的民族习俗与祭祀活动由头人全权决定，村委会基本上无权干涉。

3）人口及文化。三江口自然村乡村人口总人口 1169 人，农户数 295 户，其中汉族 322 人，苗族 847 人；乡村人口中按教育程度分别为大专及以上 0 人，中学 230 人，小学 600 人，未上学 339 人，小学及未上学人数占到总人口的 80%。村寨内均无学校，学生必须步行 2 千米的山路到最近的三江口国有林场小学上学。在问卷调查中发现，调查的 140 人中，有 62 人不会讲普通话，有 46 人讲不好；在年龄偏大的女性中，不会讲或讲不好普通话的比例更大。

4）公共及基础设施。全村有少部分农户通自来水，主要是引入的山泉；大部分村民饮用井水，无饮水困难；村寨进村道路为土路，距离最近的车站 15 千米；村里没有厕所和垃圾集中堆放点，也没有生活排水沟渠设施。

5）自然资源及利用。全村有耕地总面积 1956 亩，主要是旱地，没有水田，人均耕地 1.6 亩，主要种植玉米、洋芋等作物；此外，全村拥有林地 9835 亩，其中有黄柏皮、野生板栗、野生核桃等经济林果地 850 亩。近年来，竹笋经济效益较好，当地政府及村民均开始广泛种植筇竹、水竹和方竹等竹类资源。

6）村寨经济发展。三江口的苗族村寨是典型的农业村寨，村民主要以种植业、畜牧业、林业为主，此外，还有少部分青年人常年在外务工；几乎每家都饲养生猪和鸡，大部分农户喂养黄牛，少数农户养马；粮食及畜禽主要用于自食。农民人均纯收入在 2500 元左右，经济来源主要是森林蔬菜、竹笋、黄柏等药材，以及部分打工收入。

7）民居建筑。苗族村寨的房屋主要以土木、砖木结构的住房较多；在山区较偏远的地方，也可见到少部分苗族村民搭"杈杈房"或圆木屋。

8）村民健康及卫生。所调查的自然村没有卫生室，药店也少见，距离村卫生所有 8 千米，距离镇医院有 15 千米，大人或老人生病多采取在家休息的方式恢复，病情严重时才到乡镇医院看病；遇到孩子生病，一般都是请附近村里的赤脚医生看一下，打针吃药；赤脚医生在村寨有着较高的声望，受到村民的普遍尊重。

9) 宗教信仰。苗族的宗教信仰主要包括自然崇拜、祖先崇拜和基督教。受昭通的威宁石门坎的英国传教士的影响，当地村民普遍信仰基督教，并建有教堂。

10) 风俗习惯。当地苗族主要是白苗，每年农历正月初一至十五之间的花山节是当地最重要的节日。每逢花山节，村民们就会组织节日活动，进行"芦笙架"（用芦笙对调），跳狮子舞，开展射弩、骑马、绩麻、穿针、穿衣裙等竞赛活动。

4.2.3 保护政策调查及分析

1. 保护政策对村寨发展影响情况

为了解三江口成为国家级自然保护区后对当地村寨发展的影响，研究组对漂坝村委会及三江口自然村所辖的 5 个苗族村寨的村民小组干部共 20 名进行访谈及问卷调查，所得保护区建立前后村寨变化比较和村寨与其他村寨比较结果如表4.6 所示。根据表 4.6，按发展变化评价指数公式：变化指数＝$1×A$（上升或较好）＋$0×A$（差不多）－$1×A$（下降或较差），分别得出保护区建立前后村寨发展变化指数（表 4.7），保护区村寨与其他村相比发展变化指数（表 4.8），结果如下。

表 4.6　三江口保护区村寨社会发展情况干部调查表

比较类别	保护区建立前后变化比较（纵向）			发展变化与其他村比较（横向）		
项目	上升	差不多	下降	较好	差不多	较差
（1）商业点数目	65.00%	35.00%	0.00%	10.00%	30.00%	60.00%
（2）医疗点数目	35.00%	65.00%	0.00%	10.00%	80.00%	10.00%
（3）教育设施及条件	100.00%	0.00%	0.00%	10.00%	80.00%	10.00%
（4）交通状况	65.00%	35.00%	0.00%	0.00%	40.00%	60.00%
（5）饮水条件	45.00%	55.00%	0.00%	20.00%	35.00%	45.00%
（6）社会治安状况	10.00%	30.00%	60.00%	20.00%	35.00%	45.00%
（7）卫生与健康状况	60.00%	40.00%	0.00%	15.00%	40.00%	45.00%
（8）人口受教育程度	100.00%	0.00%	0.00%	10.00%	30.00%	60.00%
（9）人口总体素质	100.00%	0.00%	0.00%	15.00%	25.00%	60.00%
（10）居民生活质量	30.00%	35.00%	35.00%	5.00%	30.00%	65.00%
（11）个人能力	80.00%	20.00%	0.00%	15.00%	30.00%	55.00%
（12）村寨能力	75.00%	25.00%	0.00%	20.00%	40.00%	40.00%
（13）村寨发展空间	15.00%	35.00%	50.00%	15.00%	30.00%	55.00%
（14）村寨扶贫强度	60.00%	40.00%	0.00%	45.00%	30.00%	25.00%

续表

比较类别	保护区建立前后变化比较（纵向）			发展变化与其他村比较（横向）		
项目	上升	差不多	下降	较好	差不多	较差
（15）妇女地位	30.00%	70.00%	0.00%	25.00%	35.00%	40.00%
（16）村寨参与程度	30.00%	20.00%	50.00%	20.00%	65.00%	15.00%
（17）经济发展水平	45.00%	25.00%	30.00%	10.00%	15.00%	75.00%
（18）科技应用水平	60.00%	40.00%	0.00%	15.00%	65.00%	20.00%
（19）家庭收入水平	30.00%	25.00%	45.00%	5.00%	10.00%	85.00%
（20）粮食产量	25.00%	30.00%	45.00%	5.00%	20.00%	75.00%
（21）生态环境的改善	45.00%	55.00%	0.00%	60.00%	25.00%	15.00%
（22）民族文化保护	15.00%	25.00%	60.00%	45.00%	35.00%	20.00%

表 4.7　保护区建立前后村寨发展变化指数

项目	商业点数目	医疗点数目	教育设施及条件	交通状况	饮水条件	社会治安状况	卫生与健康状况	人口受教育程度
变化指数	0.65	0.35	1	0.65	0.45	-0.5	0.6	1
项目	人口总体素质	居民生活质量	个人能力	村寨能力	村寨发展空间	村寨扶贫强度	妇女地位	村寨参与程度
变化指数	1	-0.05	0.8	0.75	-0.35	0.6	0.3	0.2
项目	经济发展水平	科技应用水平	家庭收入水平	粮食产量	生态环境的改善	民族文化保护	—	—
变化指数	-0.15	0.6	-0.15	-0.2	0.45	-0.45	—	—

表 4.8　保护区村寨与其他村相比发展变化指数

项目	商业点数目	医疗点数目	教育设施及条件	交通状况	饮水条件	社会治安状况	卫生与健康状况	人口受教育程度
变化指数	-0.5	0	0	-0.6	-0.25	-0.25	-0.3	-0.5
项目	人口总体素质	居民生活质量	个人能力	村寨能力	村寨发展空间	村寨扶贫强度	妇女地位	村寨参与程度
变化指数	-0.45	-0.6	-0.4	-0.2	-0.4	0.2	-0.15	0.05
项目	经济发展水平	科技应用水平	家庭收入水平	粮食产量	生态环境的改善	民族文化保护	—	—
变化指数	-0.65	0.05	-0.8	-0.7	0.45	0.25	—	—

1）保护区周边村寨社会发展环境有所改善。表4.7表明：商业点数目、医疗点数目、教育设施及条件、交通状况、饮水条件、卫生与健康状况、人口受教育程度、人口总体素质、个人能力、村寨能力、村寨扶贫强度、妇女地位、村寨参与程度、科技应用水平、生态环境的改善发展指数为正值，表明与以前相比这些项目均得到一定的改善。村干部普遍认为，近几年，政府加大了对农村地区的基础设施和社会主义新农村建设的投入，交通状况和村容村貌均有大幅改变；自然保护区建立后，村民乱砍滥伐行为减少了，生态环境也有了好转；随着出去打工的人数增多，村民的总体素质和接受外界信息的能力增加，村寨能力、个人能力和妇女地位都得到提高；农业合作项目和技术培训也促进了村民们对新知识、新技术的了解和利用。

2）保护区周边村寨社会稳定与经济发展问题依然突出。社会治安状况、居民生活质量、村寨发展空间、经济发展水平、家庭收入水平、粮食产量和民族文化保护变化指数均为负数，比过去而言更差了。村干部认为，保护区进行封山后，应禁止村民到区内打竹笋、采药材。而仅每年3～5月份的打笋季节，就可以给每户村民带来3000～10000元的收入。由于采笋范围的减小，各村寨居民之间在彼此责任山、集体林中偷采、打笋的非法行为也增多了。此外，保护区的建立，也限制了村民对保护区资源的利用，村寨发展空间减少，在一定程度上影响到村寨经济发展、村民家庭收入；粮食产量也因野猪偷食而受到影响。在民族文化问题上，村干部认为，现在的民族传统活动比以前少多了，尤其是青年人基本上更喜欢外面的服饰。

3）保护区周边村寨社会经济发展与其他村寨比仍存在差距。从表4.8得出：商业点数目、交通状况、饮水条件、社会治安状况、卫生与健康状况、人口受教育程度、人口总体素质、居民生活质量、个人能力、村寨能力、村寨发展空间、妇女地位、经济发展水平、科技应用水平、家庭收入水平、粮食产量发展变化指数为负值。村干部认为，虽然近几年村寨的发展环境有所改观，但同其他村寨相比，还存在明显的差距。受地理环境、传统习俗和文化素质等影响，其他村寨在基础设施建设、新农村建设示范、项目推广工程等方面往往更容易获得机会（随行的一位乡镇干部谈到，他们在这里开展工作比较困难，经常被忽视，只有教师和赤脚医生最受当地苗族村民的尊重，所以经常请他们帮忙一起开展工作）。此外，这些苗族村民们市场经济意识不强，这也影响到他们的家庭经济收入，例如，村民们养殖的牲畜和禽类根本不喂饲料，是典型的原生态产品，市场需求较大，但很少有人到集市出售，主要用于自用。

2. 保护政策对村民利益影响情况

1）存在利益冲突且受地理环境约束。从村民调查表 4.9 情况看，有 32.86% 的村民认为保护区和他们存在利益冲突，另有 67.14% 的村民认为基本上没有什么冲突。认为有一定冲突的村民主要集中在距离自然保护区更近，海拔相对较高，气候条件较差的村寨，如紧靠自然保护区的黄沙地村寨，气候阴冷潮湿，对薪柴需要较大，经济资源依赖严重，许多村民主要是通过在保护区里采集野菜、药材以及放牧等来获取收益。而交通条件较好的三江口村寨，靠近三江口林场管理所，交通便利，与自然保护区冲突很少。

表 4.9 保护政策对村民利益影响调查情况

问 题	结 果
你家是否与保护区存在冲突	1. 是（32.86%） 2. 否（67.14%）
如果你家和保护区存在利益冲突，主要有哪些（主要选 3 项）	1. 土地权属问题（22.86%） 2. 砍伐木材、打柴（56.43%） 3. 牛马羊等放牧（68.57%） 4. 采取野菜、野生菌、草药等（63.57%） 5. 野生动物破坏庄稼（36.43%） 6. 风俗习惯、宗教信仰（8.14%） 7. 其他（0.00%）
如果你家林地（耕地）被占用过，得到了什么补偿（多选）	1. 金钱（68.57%） 2. 食物（46.43%） 3. 牲畜（1.43%） 4. 土地（3.57%） 5. 苗木（42.86%） 6. 安排工作（5.71%） 7. 没补偿（9.29%）
如果野生动物破坏庄稼，是否得到补偿	1. 是（38.49%） 2. 否（61.51%）
你认为补贴标准是否合理	1. 合理（26.43%） 2. 不合理（54.29%） 3. 说不清（19.29%）
保护政策实施后你使用了其他替代能源吗	1. 节柴灶（49.29%）2. 节柴炉（28.57%） 3. 沼气（5.00%） 4. 太阳灶（0.71%） 5. 煤（20.00%） 6. 没有（27.14%）

2）资源利用冲突问题尤其突出。从调查情况看，村民与保护区的冲突更多地集中在森林资源利用上。由于在没有实施严格自然保护管理前，当地村民们可以在相对区域内，进行一些传统的经济活动；而建立保护区后，依照《条例》村民进入保护区受到限制，一些资源利用活动也被禁止了。村民们认为和自然保护区的冲突主要集中在对森林资源的利用方面，如砍伐木材、打柴冲突占总人数的 56.43%，牛马羊等放牧冲突占总人数的 68.57%，采取野菜、野生菌、草药等冲突占总人数的 63.57%；其次是土地权属问题冲突占总人数的 22.86%，野生动物破坏

庄稼冲突占总人数的 36.43%；而风俗习惯、宗教信仰方面，仅有 8.14%的村民认为存在一定冲突。

3）补偿政策标准存在不合理。保护区内的集体林地以及区外的部分林地被划为生态公益林，还有些村民的旱地实施了退耕还林。这些村民大部分通过金钱、粮食、苗木等的方式得到一定补偿；还有少部分通过牲畜（养猪）、土地（主要是针对搬迁的家庭）、安排工作（聘请当护林员）等方式得到补偿；但还有 9.29%的村民认为并没有得到补偿。在"如果野生动物破坏庄稼，是否得到补偿"问题上，有 61.51%的村民认为并没有得到补偿，其原因在于村民们认为经济损失不大，而申报补偿途径困难，程序复杂，所以就放弃了。即便村民普遍得到生态补偿，也认为补偿标准较低，据统计，有 54.29%的村民认为标准不合理，没有达到期望值。

4）政策利益公平性难以保证。在有关"替代能源"问题上，村民们使用燃具及比率为：节柴灶（49.29%）、节柴炉（28.57%）、沼气（5.00%）、太阳灶（0.71%）、煤（20.00%）、没有（27.14%）。在对没有使用替代能源的家庭进行原因调查时，这些村民认为建沼气池等要花钱，虽然政府补贴一部分，但自己要出一部分，所以就不安装了。此外，在调查中发现，村寨中往往信息渠道灵通（如村干部、护林员），经济条件较好，知识文化水平较高的精英层次，更能从一些补偿政策中获取更大的利益。例如，政府或保护区管理部门在进行社会林业活动，推广林下中草药种植、发展经济林果项目时，往往更偏向于选择村寨中的精英阶层，这样相应的资金、技术补贴就更多地集中在这部分群体中，就会造成村寨居民贫富差距拉大，富者越富，贫者越贫的现象。

3. 村民保护政策认知及行为情况

1）村民对保护政策有所了解，但相关知识认识不深。随着对自然保护区的建立、管理和宣传，村民对保护区保护政策也有所了解，调查表 4.10 表明，基本上所有村民知道自然保护区的具体地点，或多或少听说过相关的法律法规，尤其是与村民活动相关的政策，例如 70%以上的村民都知道野生动物保护法、森林法、退耕还林、护林防火等相关政策，这些政策限制了村民狩猎、打柴、开垦农田、焚烧秸秆等活动。但对一些专业性知识较强的政策了解较少，例如有 80%以上的村民不知道"什么是生物多样性保护"或知道一点，不知道生物多样性保护还包括对生态系统的保护，尤其是外围的生境的保护；有 90%的村民知道一点或不知道"保护区保护哪些珍稀动植物"，如乌蒙山国家级自然保护区三江口片区的村干部谈到，以前村民们还将山上的国家一级保护植物红豆杉、珙桐当柴烧；此外，大多数村民只知道不能进到里面打猎、砍树及采集，其他的如在保护区可以或不可以进行哪些活动就不清楚了。

表 4.10　村民保护政策认知及行为调查情况

问　　题	结　　果
你知道这里有自然保护区吗	1. 知道（92.1%）　　2. 不知道（7.9%）
你听说过这些保护政策吗	1. 自然保护区管理条例（12.14%）　　2. 森林法（62.86%） 3. 野生动物保护法（72.86%）　　　　4. 退耕还林（77.86%） 5. 天然林保护工程（11.43%）　　　　6. 村寨共管（0.10%） 7. 护林防火（75.00%）
你知道什么是生物多样性保护吗	1. 知道（13.6%）　2. 知道一点（32.1%） 3. 不清楚（54.3%）
你知道保护区保护哪些珍稀动植物吗	1. 知道（10.0%）　2. 知道一点（62.9%） 3. 不清楚（27.1%）
你知道在保护区禁止哪些活动吗	1. 知道（25.71%）2. 知道一点（42.14%） 3. 不清楚（32.14%）
你知道在保护区可以进行哪些活动吗	1. 知道（8.57%）　2. 知道一点（22.14%） 3. 不清楚（69.29%）
你认为（生态）环境保护对农民有没有好处	1. 有（92.14%）　2. 没有（5.00%） 3. 不知道（2.86%）
你是否认为对环境的破坏对农民不利	1. 是（87.14%）　2. 否（10.71%） 3. 不知道（2.14%）
你认为该不该在这里设立自然保护区	1. 应该（91.43%）2. 不应该（5.71%） 3. 不知道（2.86%）
你参加过保护知识的培训吗	1. 参加过（29.29%）　　2. 没参加过（70.71%）
你愿意参加保护知识的培训吗	1. 愿意（94.29%）　　2. 不愿意（0.00%） 3. 无所谓（5.71%）
你遇见有动物在啃食农作物会怎么做	1. 赶跑（80.00%）　　2. 设置围栏（7.86%） 3. 抓捕（10.00%）　　4. 不管（2.14%）
你碰到受伤的动物会怎么处理	1. 治疗，放了（5.71%）　2. 通知或送到相关部门（63.57%） 3. 不管它（17.86%）　　4. 带回家吃掉或卖掉（12.86%）
你是否告知其他村民不要上山打猎、砍柴	1. 是（90.71%）　　　　　2. 否（9.29%）
你是否告知家人不要上山打猎、砍柴	1. 是（92.86%）　　　　　2. 否（7.14%）

续表

问　　题	结　　果	
你看见或知晓本村的人或好友在保护区内打猎、挖药或砍柴，你会怎么做	1. 阻止（28.57%）	2. 举报（5.71%）
	3. 不管或就当没看见（64.29%）	4. 不知道（11.43%）
你看见或晓得外村的人在保护区内打猎、挖药或砍柴，你会怎么做	1. 阻止（51.43%）	2. 举报（30.71%）
	3. 不管或就当没看见（15.00%）	4. 不知道（2.86%）
你支持当前的保护政策吗	1. 支持（72.86%）2. 不支持（17.86%）3. 无所谓（8.57%）	
你对当前保护政策满意吗	1. 满意（37.45%）2. 不满意（53.46%）3. 无所谓（9.09%）	

2）村民环境保护意识增强，但保护知识培训机会较少。在调查中发现，92.14%的村民认为（生态）环境保护对他们是有好处的，有87.14%的人认为环境的破坏对农民不利。有91.43%的村民认为应该建立自然保护区，尤其是在一些容易发生地质灾害的村寨，几乎所有村民都认为保护区建立后，"空气变好、水塘污染减少"，"泥石流、山体滑坡也因树木增多而减少"，"村民打柴、偷猎、放牧的行为明显减少"，"区内野猪、黑熊等野生动、植物明显增多"，"荒山秃地也少了"。总体上看，村民的环保意识较强，有94.29%的村民愿意参加保护知识的培训，但从调查情况上看，有70.71%的村民还没参加过保护知识的培训，村民有关保护知识方面的培训机会仍然较少。

3）村民行为能遵守政策规定，但在制止非法行为时有局限性。从调查问卷看，村民们基本上都会遵守保护政策规定，不在自然保护区内进行非法活动，如在"你遇见有动物在啃食农作物会怎么做"问题上，有80%的村民会将其赶跑，有7.86%的村民会设置围栏，防止动物偷食；在"你碰到受伤的动物会怎么处理"问题上，有63.57%的村民会通知或送到相关部门，更有5.71%的村民会选择治疗，放生；有90%以上的村民都会告知家人及其他村民不要上山打猎、砍柴。通过"你看见知晓本村的人或好友在保护区内打猎、挖药或砍柴，你会怎么做""你看见知晓本村的人或好友在保护区内打猎、挖药或砍柴，你会怎么做"这两个问题选择结果，可以看出，村民在制止非法行为时具有局限性，受到人情世故的影响。因为是外村人，所以有82%的村民选择阻止或举报；而如果是本村人时，更多的人会选择沉默，不管或当作没看见，仅有1/3的村民会选择阻止。

4）村民支持当前保护政策，但对政策满意度较低。保护区建立后，村民们对自然保护区保护政策都比较支持，从调查结果看，有72.86%的村民支持当前的保护政策,17.86%的村民并不支持。这些支持的村民认为保护政策对保护生态环境、保护野生动植物有很大帮助;而不支持的村民更多的是离自然保护区较近,存在土地确权纠纷,以及对自然保护区资源依赖较大的村寨居民。从"你对当前保护政策满意吗"这个问题可以看出,对当前政策满意的村民比例并不高,有53.46%的村民是不满意的,这在一定程度上也反映了村民虽然支持保护政策的执行,但对政策的某些方面,尤其是经济损失和失业问题解决并不满意。

4. 村民保护政策意愿调查分析

自然保护区保护与民族村寨发展应充分考虑当地村民的需求。表 4.11 表明:

表 4.11　村民保护政策意愿调查情况

问　题	结　果
关于自然保护与村寨发展的优先性,您的态度是	1. 自然保护优先（26.43%） 2. 村寨发展优先（58.57%） 3. 这是一对矛盾,很难说（15.00%）
保护政策还应加强哪些方面（最多选 3 项）	1. 帮助村寨发展基础设施（83.57%） 2. 允许村寨对保护区资源可持续利用（68.57%） 3. 村寨对保护区收益的利益分成（52.14%） 4. 民族传统文化保护（12.86%） 5. 村寨参与保护区政策制定和管理（15.00%） 6. 解决村寨劳动力就业问题（36.43%） 7. 劳动职业技能培训（28.86%） 8. 生态资金补偿（45.43%） 9. 其他

1）多数村民认为村寨发展优先。当前自然保护区保护政策更多实行的是一种生物多样性保护优先政策,资源管理上采用的是封闭式保护措施,没有考虑到当地村民的传统生活和发展问题。在这种情况下建设起来的保护机制,保护与发展问题突出。在关于"自然保护与村寨发展谁优先"问题上,有26.43%的村民认为自然保护优先发展;有15.00%的村民认为很矛盾,说不清;但更多的村民（58.57%）认为应该优先发展村寨。

2）基础设施建设需求迫切。在本次调查的村寨中,普遍性地存在基础设施建设落后的问题。有83.57%的村民认为保护政策应加强基础设施建设。在调查的村寨中,虽然每个村寨都修建了车路,但多数只能通行拖拉机,道路（含车道和人行道）均缺乏维修,进入雨季,绝大多数村庄不能通车,有的村庄的村中道路由于泥土较厚，缺少沙石垫层，经过牲畜频繁践踏后变成了稀泥塘，连行人都无法通行。村庄缺乏农田灌溉用水和人畜饮水，村民的生产生活受到较大制约；有的无小学，子女需要到离自己村庄较远的其他村庄读书。

3）希望扩大经济增长渠道。有 68.57%的村民希望保护政策允许村寨对保护区资源可持续利用，尤其是能在保护区打笋、采药、打草等；有52.14%的村民希望村寨对保护区收益的利益分成，他们认为保护区管理员或护林员会在区内搞一些经营活动，比如挖一些天然重楼、天麻，打笋自行出售，而普通村民难以参与进来，对他们不公平；有45.43%的村民希望能直接得到生态资金补偿，尤其是有部分集体林地或农地在自然保护内的村民；此外，还有36.43%的村民希望保护政策能解决村寨劳动力就业问题，比如当保护区的管理员或护林员。

4）技能培训、政策参与和文化保护需求相对较低。从调查情况看，相对其他政策而言，村民们对劳动职业技能培训需求较低，占总数的28.86%；受文化水平和认识差异，老年人和妇女这一选项较少，而青年人要更多些；此外，村民们更关心的是自身的生活水平，而对参与民族传统文化保护和保护区政策制定和管理方面的积极性也相对较低。但值得注意的是，当地的村干部希望能加大对技能的培训，尤其是希望能利用当地资源发展一些经济产业，如野生猕猴桃、金银花、漆树、蕨菜、桂花、黄贝，希望政策能在技术、资金和市场渠道方面给以帮助。

5. 村民参与保护政策情况调查

公众参与制度是公众及其代表根据国家法律赋予的权利和义务参与自然保护区的保护制度，它是政府或行政主管部门依靠公众的智慧和力量，制定政策、法律、法规，确定自然保护区开发建设项目的可行性，监督法律的实施，调处事故，保护生态环境的制度。对于保护区来说，村民参与是指当地群众集体有权平等地参与有关保护区立法、司法、执法、守法与法律监督事务决策的权利[89]。从表4.12可以看出，三江口自然保护区村民还存在参与程度较低、村民监督体系不健全、基层组织薄弱和村民素质不高等问题。

表 4.12　村民政策参与调查情况

问　题	结　果
你参与了生态保护政策的制定吗	1. 有（20.00%）　　　　2. 没有（80.00%）
如果上题回答"有"，你以什么方式参与（多选）	1. 公开的会议（19.29%）　2. 民意调查（0.00%） 3. 请愿与投票（0.00%） 4. 村寨基层组织（12.86%）　5. 协商谈判（0.00%） 6. 其他（0.00%）
你参与了生态保护政策（包括生态补偿）的监督吗	1. 有（20.00%）　　　　2. 没有（80.00%）
如果上题回答"有"，以什么方式参与（多选）	1. 选举自己的代表行使对政策的监控权（0.00%） 2. 通过媒体表达自己对政策的态度或批评（0.00%） 3. 通过上访或向有关部门写检举信等形式进行政策监督（15.00%） 4. 通过群众组织以合法途径有组织地向有关部门表达自己的利益、要求和批评等（22.14%） 5. 通过消极地抵制或者主动的行动来表达对现行政策的不满（48.57%）
如果可能，你是否愿意参与到保护政策的制定与监督活动中	1. 愿意（67.86%）　　　　2. 不愿意（32.14%）
如果"愿意"，存在哪些顾虑和阻碍（多选）	1. 缺乏基层组织和领导（67.86%）　　2. 个人能力不够（52.86%） 3. 没有精力和时间（58.57%）　4. 其他（0.00%）

1）村民参与保护政策制定程度较低。村民参与政策制定是村民利益保障的重要途径。从调查情况看，自然保护区主管部门往往会单方面地制定政策措施，很少考虑到其他相关利益主体的意愿。在针对村民的调查中，有 80% 的村民认为没有参与生态保护政策的制定；而参与过的村民主要是通过"公开的会议"（19.29%）或"村寨基层组织"（12.86%）两种方式参与制定，其他如民意调查、请愿与投票、协商谈判等方式基本没有开展过。这样的封闭式政策制定，虽然容易，但在执行过程中就会遇到很大的问题[90]。

2）村民对政策的监督体系不健全。村民监督是保护政策有效性的重要保证。从调查情况看，保护政策的执行缺少村民的有效监督，尤其是一些对村民有利的自然资源的利用政策或生态补偿政策，如何实施、补偿资金等都是由保护区管理者和村干部决定，普通村民只是被动接受。尽管有 31.57% 的村民认为是参与了部分政策实施的监督工作，但参与监督的内容和手段还比较简单，对保护区所开展管理活动、经费使用情况一无所知，更多的是对关系到自身切实利益的活动监督，如生态补偿资金、退耕还林等给予更多的关注。此外，对于村民参与监督方式，有 48.57%的村民通过消极地抵制或者主动的行动来表达对现行政策的不满；有 22.14%的村民通过群众组织以合法途径有组织地向有关部门表达自己的利益、要求和批评；有 15.00%的村民主要通过上访或向有关部门写检举信等形式进行政策监督。

3）基层组织和个人素质是影响村民政策参与的重要因素。村民保护政策参与能力较弱，除了相关部门不愿意放权外，还与村民自身能力建设有关。当被问及是否愿意参与到保护政策的制定与监督活动中时，有 32.14%的村民并不愿意。即使这些愿意参与的村民，也存在诸多的顾虑，其中，有 58.57%的村民认为，要做农活看家，没有精力和时间；有 67.86%的村民认为缺乏基层组织和领导，自己不想出头；有 52.86%的村民认为个人能力不够，担心做不好事情。因此，基层组织和个人素质是实施政策参与需要重点考虑的问题，也是保护管理部门与村民开展互动、互信与合作的基础。

三江口自然保护区苗族村寨居民及村干部对自然保护区保护政策认识调查情况表明：大部分村民认为基础设施建设落后，教育、医疗、卫生等发展水平较低，社会矛盾突出，村寨发展空间压缩；村民生产经营活动受限，生态补偿标准偏低，政策公平性难以体现。村民对保护政策有所了解，但相关知识认识不深；村民环境保护意识增强，但保护知识培训机会较少；虽然村民认为能遵守政策规定，但存在一定局限性；村民支持当前保护政策，但对政策满意度较低；村民认为政府及相关部门应考虑村寨发展，尤其是基础设施建设的改善、扩大经济增长渠道、解决村寨劳动力就业问题；当地的村干部希望能加大对技能的培训，尤其能利用当地资源发展一些经济产业；在政策参与方面，参与途径较窄，村民监督体系不健全；组织和个人守法观念存在偏差，基层组织和个人素质还有待提升。因此，应加强对三江口自然保护区苗族村寨的基础设施建设，改善公共卫生教育环境；大力发展绿色经济，加强生态补偿标准；成立农业产业合作社，开展林业技能培训；建立保护区社区共管机制，实现村民共同管理与监督；加强教育与宣传，提升基层及村民综合素质。

第 5 章　自然保护区与民族村寨发展关系研究

5.1　自然保护区复合生态系统

5.1.1　复合生态系统的相关理论

1. 复合生态系统的概念

20 世纪 80 年代初，我国著名生态学家马世骏和王如松在总结了以整体、协调、循环、自生为核心的生态控制论原理的基础上，提出了"社会－经济－自然复合生态系统"的理论，指出可持续发展问题的实质是以人为主体的生命与其栖息劳作环境、物质生产环境及社会文化环境间的协调发展，它们一起构成了社会－经济－自然复合生态系统。在复合生态系统中，人类是主体，环境部分包括人的栖息劳作环境（包括地理环境、生物环境、构筑设施环境）、区域生态环境（包括原材料供给区、产品和废弃物消纳区及缓冲调节区）及社会文化环境（包括体制、组织、文化、技术等），它们与人类的生存和发展休戚相关，具有生产、生活、供给、接纳、控制和缓冲功能，构成错综复杂的生态关系[91]。

复合生态系统与其他各类生态系统的区别在于，它内在地包括社会属性和意识作用，除了无意识的自然调节和控制以外，还存在有意识的社会调节和社会控制。人类生态系统作为科学概念，其核心思想是反映人与环境的统一、自然规律与社会规律的统一、物质和意识的统一。其科学意义首先在于它对科学研究的指南作用，即要求科学把有关自然规律和社会规律的研究统一起来，要求把人与自然作为物质运动的统一整体加以认识，以解决传统科学分别研究自然和社会所不能认识和解决的问题。复合生态系统理论强调以人为主体的生命与其栖息劳作环境、物质生产环境及社会文化环境间的协调发展，并凸显了自然资源的可持续利用对经济社会可持续发展的重要意义，体现了生态整体的理念，切合可持续发展的实质。

2. 复合生态系统的组成结构

复合生态系统是由自然子系统、经济子系统和社会子系统组成的多级复合体，其多级性表现为由小到大的序列，小如居民点，如区域人群和环境构成的总体；

大如包括人在内的整个地球生物圈[92]。

1）自然子系统。自然子系统由地球上的岩石圈、大气圈、生物圈、水圈和阳光组成，包括地形、矿产、气候、土壤、水体、生物、太阳能等基本要素。来自地球内部的内力和来自太阳能的外力是自然子系统形成和发展的根本动力，为生物地球化学循环过程和以太阳能为基础的能量转换过程所主导。自然子系统主要为人类生产、生活提供能源、资源和空间场所，决定和制约着人类经济活动的方式和规模，也影响着人类文化的发展。因此，自然子系统是复合生态系统存在、发展和分布的自然基础，也决定了复合生态系统的规模、特征和发展方向。

2）经济子系统。经济子系统包括一次、二次和三次产业，涉及生产、消费、流通等三个环节，同时由生产者、流通者、消费者、还原者和调控者五类功能实体相辅相成的基本关系耦合而成，为商品流和价值流所主导。经济子系统是复合系统中人类个体和集体谋求福利的系统，同时也是人类与自然子系统之间发生关系的重要媒介。一方面，人类经济活动的主要方式是人类从自然界获取资源，是对环境的破坏和影响的主要因素；另一方面，经济发展水平的提高也强化了人类社会与自然环境关系的能力。因此，经济子系统的水平和结构直接制约着人类与环境的关系，经济的发展也是促进社会进步和复合生态系统演进的主要动力。

3）社会子系统。社会子系统由人口状况、基础设施、科技文化、社会制度、政策法规、传统习惯等要素组成。这些要素的特殊组成构成了特定地区人类的社会环境，决定了人类的行为方式、经济类型、消费习惯，以及对自然态度和生态环境的影响。社会子系统为复合生态系统运行提供管理调控支持，通过计划、政策和市场等各种措施协调和维持系统平衡，从而实现人与人之间、地区与地区之间的平衡以及人类社会与自然环境的平衡。

复合生态系统具有复杂的经济属性、社会属性和自然属性，其中人类是关键因素。一方面，人是社会经济活动的主人，以其特有的文明和智慧驱使大自然为自己服务，使其物质文化生活水平以正反馈为特征持续上升；另一方面，人毕竟是大自然的一员，其一切宏观性质的活动，都不能违背自然生态系统的基本规律，都受到自然条件的负反馈约束和调节。三个子系统间通过生态流、生态场在一定的时空尺度上耦合，形成一定的生态格局和生态秩序。

3. 复合生态系统的主要特点

1）复合生态系统的发展方向是反自然的，即与自然生态系统的演进方向相反。表现在三个方面：一是自然生态系统的演进方向是成熟化的，即系统的净产量趋近于零，生物能流趋于彻底耗散，物质循环趋近于完全；而复合生态系统的发展方向是年轻化，复合生态系统的净产量越来越高，生物能流在系统内的耗散不充分，物质循环不完全。二是自然生态系统的演进方向是多样化的，成熟阶段也就是系统物种多样化程度最高的阶段，如此来确保系统能量流动和物质循环的完整性；而复合生态系统在人们的计划和控制下不断向简单化方向发展，养、种植单一且生物量庞大的动植物种群以保证更高的净产量，使大量的物种绝灭，形成极少数物种占优势的、环境单调的生态系统。三是由于前两个原因，自然生态系统的演进方向是稳定性不断增强，而复合生态系统却朝着不稳定性增强的方向发展。

2）复合生态系统运行的维持需要不断增强的人工能流的投入，不同于自然生态系统的运行完全是由生物能流推动的。复合生态系统是一个能量物质流通量很大、贮藏与转换时间较短、流动速度很快的系统。该系统自身消耗的能量大大超过其自身捕获、转化的太阳辐射能，靠消耗岩石圈中储存的太阳能及其他非初级生产的能量来维持。由于缺乏生产者（大量能量和物质需要它系统提供），人控复合生态系统永远无法离开自然生态系统而独立存在，依赖性很强。

3）复合生态系统具有不断发展的开放性，而自然生态系统具有相对的封闭性。与自然生态系统自身蓄积的生物量相比，该系统与外界进行能量与物质交换甚小。复合生态系统的开放性最初也不强，起码在人类社会发展之初是这样，后来，随着人口增长，经济活动规模扩大，商品经济和市场经济发展，系统的开放性越来越明显，到今天已经达到前所未有的程度。复合生态系统的高产出和高消耗的性质，加剧了物质循环的不平衡性，这种不平衡不能由系统内自行补偿，人工能量和物资的投入是必需的，为此，不同层次的复合系统之间寻求开放互补，以维持系统的运行[93]。

4. 复合生态系统的基本功能与发展模式

1）复合生态系统的基本功能。我国著名生态学家马世骏和王如松先生把复合生态系统的功能用八面体来表示，其 6 个顶点分别表示系统的生产加工、生活消费、资源供给、环境接纳、人工控制和自然缓冲功能，它们相生相克，构成了错综复杂的人类生态关系，包括人与自然之间的促进、抑制、适应、改造关系；人对资源的开发利用、储存、扬弃关系以及人类生产、生活活动中的竞争、共生、隶属、互补关系。其中，复合生态系统的生产功能不仅包括物质和精神产品的生产，还包括人的生产，不仅包括成品的生产，还包括废物的生产；复合生态系统的消费功能不仅包括商品的消费、基础设施的占用，还包括资源与环境的消费、时间与空间的耗费、信息以及人的心灵和感情的耗费。在人类生产和生活活动后面，还有一只看不见的手即生态服务功能在起作用，包括资源的持续供给能力、环境的持续容纳能力、自然的持续缓冲能力及人类的自组织自调节活力。正是由于这种服务功能，经济得以持续、社会得以安定、自然得以平衡。

2）复合生态系统的发展模式。复合生态系统的可持续发展不仅包括经济子系统的可持续发展，还含有自然和社会两个子系统的可持续发展。三个子系统之间相互作用、相互影响，三者之间的序位应该是自然→经济→社会的推进关系，即一定的社会和经济发展需要大量的自然资源为基础。构成这种序位的原因在于，自然资源和经济开发构成了社会可持续发展的物质基础，而自然子系统又为经济活动提供了物质条件和活动场所。所以要取得社会子系统的可持续发展就要在以经济建设为中心的同时，保护好自然资源和生态环境，因为三个子系统"三位一体"的结构决定了社会子系统的持续发展不可能脱离复合生态系统的持续发展。以往社会综合发展实验区的发展以提高人的生活质量和处理人际关系为目标，而置自然子系统承载力于不顾，仅仅强调经济和社会发展，无视生命承载系统所遭受的破坏，长此以往，三个子系统间的良性生态关系（比如循环、再生等）会失衡，最终使社会和经济发展失去物质依托，显然不利于和谐社会和小康社会的建设。因此，单纯追求经济和社会发展的发展模式是不可持续的，必须走向发展复合生态系统的可持续发展模式。

5.1.2 自然保护区复合生态系统

1. 自然保护区复合生态系统

复合系统是由不同属性的子系统相互关联、相互作用、相互渗透而构成的具有结构与功能统一的、开放的复合型动态巨系统。保护区自然区域内部及周边的民族居民在世代的居住生活中已经与当地的环境建立起一种密切的相互作用关系，形成一个共同体。在物质流、信息流、能量流及物种流的传输和交换作用下，自然生态环境、人类经济生产活动以及风俗文化底蕴有机组合为一个具有自然属性、经济属性和社会属性的多重复合系统。自然保护区作为社会—经济—自然复合生态系统的一部分，是人类赖以生存和发展的生态环境系统，是社会子系统、经济子系统及自然子系统通过耦合作用而形成的，在整个系统中发挥着重要作用。它不仅要保护这一区域的生态环境和自然资源，还为当地民族村寨提供生产生活与经济发展基础资料与生态服务。人类包括村寨居民和自然保护区管理者是主体，也是复合生态系统的一部分，在利用保护区资源和享受生态服务功能时，肩负起保护自然保护区生态环境的重任[94]。

（1）自然子系统

自然子系统是自然保护区复合生态系统的核心系统和最重要的组分，为其他子系统的合理运转提供原始物质能量，是其他子系统的天然本底。按照自然属性均可以进一步分为水生态系统、土壤生态系统两类基本生态系统以及森林复合生态系统、湿地复合生态系统。水生态系统主要指自然保护区内的河流、坑塘湖泊、地下水系统以及所组成的保护区范围内的水循环体系；土壤生态系统主要指自然保护区内的土壤圈内由土壤动物、植物根系、凋落物、土壤微生物等所组成的生态系统；森林复合生态系统则是自然保护区生态系统的主要组成部分，集中体现自然保护区的结构和功能的多样性，是自然保护区内动植物的主要存在系统；湿地复合生态系统存在于特定的自然保护区生态系统之内，由于其独特的结构与功能，具有含蓄水源、调节保护区小气候的重要作用。

（2）经济子系统

经济子系统是复合系统中人类个体和集体谋求福利的系统，同时也是人类与自然子系统之间发生关系的重要媒介。经济子系统主要是自然保护区及周边范围内人类生产经营活动所组成的系统，根据具体的生产经营活动类型可以分为农业林生产、工业产业和服务产业。农林业生产活动包括经济植物、药用植物、苗木及其他植物的种植活动；畜牧业和经济动物、珍稀动物的人工繁殖；传统森林蔬菜及昆虫采集、动物捕获以及林木资源收获等。工业产业活动包括矿产开采、水电开发、资源深加工、食品加工及其他工业生产。服务产业主要以旅游业为主，在自然保护区及周边开展生态旅游具有很大的潜力，如门票、食宿接待、旅游商品及歌舞表演等。旅游业的运行还可以拉动其他众多行业的发展，如交通、通信、旅馆、饭店、商店等，因此它可以多方位地带动当地的经济发展。除此之外，村民还可以通过签订协议划定生态公益林、天然林、退耕还林等方式进行生态保护活动，从而获取相应的经济补偿。

（3）社会子系统

社会子系统是由自然保护区周边民族村寨、保护区管理机构、行政部门机构等所组成的系统，涉及该区域人口、设施、制度、教育及习俗等。社会子系统可分为村寨社会系统和社会管理系统。村寨社会系统决定了对自然子系统的依赖程度等，如人口数量过多会超过当地的生态承载力，电能基础设施落后会加大对林木等生物能源的需求，教育水平落后会降低当地村民的生态保护意识、农业科技转化率及资源利用率，传统的生活习俗也会对生态环境产生巨大影响。社会管理系统是自然保护区复合系统中的决策者和调配者，由政府及各相关行业部门及市场组成，通过制定一系列政策、法令，加强市场监管等各种措施，协调和维持各系统的平衡，如通过制定生态保护政策来加强对自然保护区资源的保护和利用，以促进自然保护和经济的发展；通过建立完善的教育、卫生及社会保障体系等来改善村寨的社会发展等。因此，社会子系统对复合生态系统内的各子系统起调动统筹作用，直接控制着保护区复合系统的发展方向。

2. 自然保护区复合生态系统的运动规律

复合生态系统的相互作用源自于自然和社会两种作用力。自然力的源泉是各种形式的太阳能，它们流经系统，导致各种物理、化学、生物过程和自然变迁。社会力的源泉有三个方面：一是经济杠杆；二是社会杠杆；三是文化杠杆，三者相辅相成构成社会系统的原动力。自然保护区作为社会－经济－自然复合生态系统的一部分，是人类赖以生存和发展的生态环境系统，是社会子系统、经济子系统及自然子系统通过耦合作用而形成的，在整个系统中发挥着重要作用。自然保护区不仅要保护这一区域的生态环境和自然资源，还为当地社区提供生产生活与经济发展基础资料与生态服务。同时，当地社区作为复合生态系统的一部分，在利用保护区资源和享受生态服务功能时，肩负起保护自然保护区生态环境的重任。两者所构成的复合生态系统，在自然力和社会力的耦合作用下，相互影响，相互作用，形成一个复杂的大循环系统（图 5.1）。

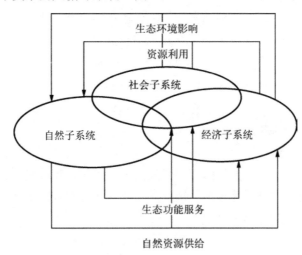

图 5.1　复合生态系统运动规律图

在这个循环系统中，自然子系统为村寨社会和经济提供优越的生态环境与自然资源，比如清新的空气、洁净的水资源、大量的林木资源以及农作物生长所需要的肥沃土壤，自然保护区周边人类的社会生产活动本身就是建立在对自然生态系统的物质资源的利用和改造之上的。如果说植物是生态系统中物质的初级生产者，那么自然保护区中的自然系统就类似于复合系统中的物质生产工厂。经济子系统在利用生态系统所提供的物质资源的同时也向生态子系统传递物质；生态系统从经济发展中获取的物质主要包含两类，一类是人类为了更好地改造、利用自然资源所输出的，比如化肥、农药、人工培育的新型物种等，尽管化肥农药等物质并不直接作用于天然的生态系统，但是它们却会通过人工的农田果园等系统间接流向天然生态系统中，即便是自然保护区的核心非开发地区，也能够找到人类作用的物质痕迹；另一类则是人类活动所产生的废弃物，社会系统从自然生态系统中输入天然的物质资源，而向生态系统中排放加工利用之后的废弃物质，比如生活垃圾、污水、废气等。社会子系统对复合系统具有重要的正负反馈作用，结果取决于在社会管理系统指导下，村民从自然系统中所获得的经济收益及村寨社会系统对自然子系统所产生的生态影响力。如果社区居民能够分享保护区生态系统的生态价值（生态经济产生的经济效益、生态农业收益以及环境的优越性带来的健康效益），那么社区子系统反馈给自然系统的将是废弃物排放的最小化，以及对生态系统环境保护的最大化。同理，自然系统得到了村寨社会系统的保护，那么反馈给社区子系统的将是更加优越的生态环境，从而吸引更多的村民参与生态经济发展和生态保护。

5.2　自然保护区与民族村寨的耦合关系

5.2.1　自然保护区对民族村寨的影响

1. 自然保护区对民族村寨的有利影响

1）生态环境得到恢复。村民传统上的毁林开荒发展农耕种植，对自然环境造成极大破坏，山体滑坡、泥石流、风灾等自然灾害发生频繁。自然保护区的建立，让当地森林植被得到较好的保护与恢复，使周边民族村寨的生态环境得到一定改善，尤其是在一些生态环境脆弱地区，不仅减少了自然灾害发生的频率，也为当地的居民提供了净化空气、涵养水分、防沙固土、吸收污染等功能。

2）改变民族村寨长期封闭的状况。自然保护区的建立，成为外界了解周边民族村寨的窗口，受到社会各界的广泛关注。据统计，2016 年开展生态旅游的自然保护区共 29 个，开展生态旅游的自然保护区总面积为 1369812.80 公顷，年接待游客总人数为 38214 万人次。保护区管理部门还通过林业科技培训和教育宣传，推动民族村寨调整产业结构，改变传统生产经营方式；增强村民生态保护观念，培养民族村寨的民主意识，转变村民的不良生活习俗和封建愚昧思想，改变民族村寨长期封闭的状况。

3）解决部分村民就业问题。民族村寨拥有的土地资源较少，闲散人员较多，对保护区管理和社会安全带来潜在威胁。自然保护区通过雇用当地村民作为护林员或开展林下资源种植，在一定程度上缓解了民族村寨居民的就业问题，也促进了生态环境的保护。截至 2015 年底，国家级自然保护区从业人员总数为 3823 人（包括长期聘用、临时聘用和志愿者，以下同），其中，在编人员 1279 人，长期聘用人员 1838 人，临时聘用人员 706 人；中专以上文化程度 1233 人；专业技术人员 295 人。省级自然保护区从业人员总数为 1769 人，其中，在编人员 482 人，长期聘用人员 837 人，临时聘用人员 450 人；中专以上文化程度 498 人；专业技术人员 139 人。州（市）、县（市、区）级自然保护区从业人员总数为 1504 人，其中，在编人员 405 人，长期聘用人员 722 人，临时聘用人员 368 人，志愿者 9 人；中专以上文化程度 330 人；专业技术人员 216 人。

4）改变传统经营方式。一些自然保护区管理站允许村民在自然保护区内种植草果、打笋、山葵、天麻等。种植果树、方竹以及核桃等坚果，在一定程度上改变了传统的粗放型生产方式。此外，随着生态旅游的发展，部分具有一定地理环境优势的村寨开展乡村旅游、农家乐等经营活动，促进了当地村民家庭经济的发展，提高当地人民生活质量，减少对保护区资源的依赖和生态环境的破坏。

2. 自然保护区对民族村寨的不利影响

1）可支配集体林和耕作地资源减少。由于社会历史原因，许多民族村寨家庭在建立保护区以前，开垦了大量的耕作地，发展农业（主要种植甘蔗、苞谷等）。这些民族村寨的集体林、自留山、责任山，甚至耕地、茶园在划为保护区时，缺少相应的补偿或补偿不到位。在划为保护地后，就实施严格的自然保护管理，村民无法使用其中的资源，如大山包黑颈鹤国家级自然保护区占地面积 19200 公顷，全部为村民集体用地，其中林地 15823.30 公顷，集体非林地 3376.70 公顷，2010 年至 2013 年间保护区有 1704.45 公顷耕地实施了退耕还林。

2）对放牧活动的限制。自然保护区周边民族村寨几乎家家都养有骡、马、牛等大牲畜，大都放养在保护区及周边，他们认为这是自古以来就有的养殖方法和场所。保护区和外围大片林地被划为生态公益林，禁止放牧活动，使当地民族村寨不得不减少牛、马、骡、羊等牲畜存栏数，严重影响到以传统养牧业为主的居民家庭经济收入，如高黎贡山国家级自然保护区西坡大蒿坪村回族社，在未实施生态保护前有 230 头左右的牛，山羊 400 多只，回民养牛最多的每户饲养黄牛 30 多头，少的养 10 多头，多数由回民饲养用于出售或自食。在实施严格生态保护后，全社仅剩余 15 头牛，100 多只山羊。

3）狩猎和采集的禁止。自然保护区周边可供农耕的地域狭小，千百年来当地各民族都靠在森林里进行狩猎和采集补充食物，或作为家庭收入来源。保护区拥有大量的森林蔬菜、中草药等资源，村民也经常到林区捕获野生动物。在调查中，高黎贡山傈僳族村民经常在保护区采集森林蔬菜和药材自用及出售，蔬菜种类有空桐菜、野苤菜、山辣菜、牛尾巴菜、苦菜、竹节菜、马鹿菜、红蕨菜、山蕨菜、水蕨菜、黄竹笋、刺竹笋、石竹笋、野毛竹笋、黑木耳、香菇、苦莲色、椿头等；药材有黄草、黄连、三颗针、癞头参、羌活、藁本、野百合、竹根七、独活、蜜芹、虫蝼、乌头、栽秧花、芦子、天麻等。保护区的严格保护在一定程度上限制了村民的森林蔬菜和药材的采集范围和采集种类。

4）打柴和采伐的限制。自然保护区周边许多村民的住房，以土木结构为主要构造形式，有部分竹木结构，其主要的建筑材料来源于周边林地。村民做饭、取暖、做猪食饲喂生猪、烘烤烟叶等对薪柴需求量较大，由于距离自然保护区较近，生活生产所需的薪柴很大部分来源于村民的自留山和保护区。保护区及周边林地采取严格生态管理后，村民打薪柴的数量也大为减少，建盖新房所需木材来源途径一是向管理机构购买风倒木，二是到木材市场上购买。

5）野生动物肇事频繁。建立保护区后，村民狩猎的行为得到有效控制。但随着野生动物种群的增多，大象、黑熊、野猪、狼等野生动物"肇事"也在增多，导致部分家庭遭受巨大损失，造成玉米、豌豆、蚕豆等经济作物的减产，甚至个人生命安全也受到威胁，但相应的补偿却难以落实到位。云南野生动物"肇事"主要发生在西双版纳、普洱、临沧、保山、怒江、德宏、迪庆、红河、大理、丽江等边疆少数民族贫困地区。其中，西双版纳州发生的亚洲象肇事最为严重。据景洪市林业局不完全统计，2010—2017 年以来，全市共发生亚洲象肇事 1737 起，野象平均每年肇事 248 起，受灾人口达 8 万多人。

6）对民族文化的冲击。民族文化是少数民族在长期共同生产生活实践中产生和创造出来的能够体现本民族特点的物质和精神财富总和。长久以来，保护区的少数民族居住相对封闭，民族文化保存较好，然而保护区的建立，对当地传统生产生活方式造成巨大影响，其民族文化不可避免地受到一定的冲击。此外，随着保护区公路的修通，外界信息和文化也不断涌入，当地民族文化也受到巨大冲击，许多传统民族村寨面临着建筑风格同化、民族语言消亡、服饰制度淡化、民族艺术失传的困境。

7）加剧民族村寨消失。保护区保护政策限制了农民从事森林资源采集活动，为了家庭生计和改变命运，民族村寨的青年人基本上都外出务工或经商。从调查情况看，当地劳动力外流现象非常严重，村里基本上都是老弱妇孺，受教育程度较低，现代劳动技术教育普遍不足。民族村寨大量劳动力外流虽然提高了村民收入，有利于保护区管理，但从长远角度看是不利于民族村寨的：大量青壮年劳动力的外出转移就业，带来大量留守儿童、农民工夫妻分居等社会问题；留置人员素质明显偏低，导致国家一些农村发展政策难以贯彻落实，行政组织的管理效率大幅度降低；"空心村""空心户"使村内房屋"破败"现象严重，这就必然会影响民族村寨的发展，这些村寨甚至可能逐渐消失。

5.2.2　民族村寨对自然保护区的影响

1. 民族村寨对自然保护区保护的有利影响

1）缓解森林资源保护力量不足问题。我国自然保护区面积较大，地形复杂，生活条件较差，护林防火和防止偷猎盗伐等工作主要依赖当地村民。据调查，保护区护林员基本上都是由当地村民组成，他们对当地的自然环境和资源分布情况较为熟悉，能很好地与当地村民沟通，有利于协调保护区与村寨之间的关系。许多村寨制定了相应的村规民约，并与保护区签订管护协议，协助保护区进行森林资源管理。2016 年，共签订管护协议 6698 份，其中数量较多的是新平磨盘山县级自然保护区（4300 份）、哀牢山国家级自然保护区（814 份）、文山国家级自然保护区（418 份）。

2）促进保护区资源持续利用。自然保护区野生动植物资源丰富，自然景观优美，保护区在进行野生动植物培育和驯养等活动时，尤其是在缓冲区进行旅游开发活动时，都需要当地的人力资源。此外，当地民族村寨的人文景观和民族传统文化也是不可或缺的旅游资源。在国务院印发的《"十三五"旅游业发展规划》中，云南民族文化旅游成为重点内容，如香格里拉民族文化旅游区、乌蒙山民族文化旅游区、茶马古道生态文化旅游带等，其中香格里拉风景道和西双版纳等民俗风情旅游目的地分别成为国家旅游风景道和国家特色旅游目的地。

3）缓解自然保护区经费紧张问题。自然保护区管理机构可以根据自己的情况，开展种植业、养殖业、商业、服务业等多种经营。在不破坏自然资源的前提下，自然保护区的居民，在自然保护区管理机构的安排指导下，可以在实验区从事一定的种植业、养殖业等生产活动。自然保护区在进行这些资源利用时，需要当地村民参与种养殖，可通过收取资源保护管理费的方式来增加收益，缓解经费不足压力。在实际调查中，许多自然保护区普遍存在收取资源利用管理费，如高黎贡山国家级自然保护区的当地村民在林子里种植草果需要按每年每亩 50～100元向保护区交纳管理费等；云南西双版纳国家级自然保护区实验区种植有茶园、橡胶和砂仁等药材，每年可收取 30 万～50 万元的资源管理费。

4）有利于自然保护区制度建设。自然保护区的制度建设，仅仅依靠国家行政部门自上而下的管理机制和单一的监督机制是远远不够的，还需要广大社会力量参与。村民世代居住在自然保护区内，对自然保护区的日常工作和基本情况较为熟悉，是实现自然保护区规范管理和法制建设的重要力量。社区共管是云南自然保护区管理的重要方式，截至 2016 年底，云南自然保护区共建立社区共管示范村177 个，其中药山国家级自然保护区是建立共管示范村最多的保护区，共有 34 个。

2. 民族村寨对自然保护区保护的不利影响

周边民族村寨对自然保护区的生态环境影响有很多形式，根据自然保护区受周边社会经济发展的威胁对象不同，分为保护区外围村寨居民活动的影响、保护区内村寨居民活动的影响、各种商业性资源所造成的影响[95]。

1）保护区趋于"孤岛"化。通常保护区外围的生态环境较好，植被覆盖率高，在保护区与周边民族村寨之间形成了过渡带或缓冲区。但近年来，由于人类活动范围的不断扩大，外围地带的植被受到严重破坏，许多集体林木被大面积砍伐，影响到动物的繁衍生息，逐渐使保护区成为"孤岛"。事实上，野生动物肇事频繁，其重要原因之一是保护区"孤岛"化，不能给大象、羚牛等动物提供充足的食物条件和活动范围，迫使它们到人类活动区去寻找食物、矿物质和新的领地。

2）农业面源污染。自然保护区外围土地属于周边民族村寨，民族村寨经济比较落后，在限制对保护区资源的利用后，村民为了增加收入，往往在一些气候条件较好的地带，开垦林草地，种植农业经济作物，作为增收的手段。这些地带作为农业用地后，不仅使自然保护区野生植物的缓冲、过渡功能消失，而且农业化肥、农药的使用也对当地动植物生活环境带来较大的破坏。一般来说，野生动物受有限的资源、气候等自然条件限制和疾病、天敌的控制，其种群数量很难无限增长。但人类长期使用农药，最终使处于食物链顶端的鼬科动物和猛禽类数量锐减，从而导致鼠害的猖獗和松毛虫等病虫害的大发生，给生态系统等造成极大的损失，严重影响了生态环境保护的成效。

3）外围过度放牧及种植。保护区周边民族村寨 85% 的牲畜放养在保护区边缘附近，林下放牧不仅严重损害森林的生物多样性，影响天然更新，还使野生动物受到感染各种疾病的潜在威胁。另外，村民在边缘林下种植药材或草果本无可非议，但大面积种植且无科学指导无疑会损害森林的生物多样性，加剧水土流失，同时也会使保护区内人为活动更加频繁。

4）保护区非法活动破坏。主要包括非法狩猎、猎捕灌丛动物、偷砍盗伐木材、非木质林产品过度采集、野外违规用火等一系列违法违规活动，对保护区的生态环境产生负面影响，威胁生物多样性保护行动。据云南省森林公安局相关负责人介绍，2015 年共查处各类涉林案件 2.3 万起，这些案件多由当地村民组织或参与，主要集中在盗伐森林资源、滥捕野生动物、非法占用林地改变林地用途、倒卖野生动植物及野外违规用火等案件。其中，2015 年 5 月在云南省昭通市盐津县破获一起非法猎捕、杀害珍贵濒危野生动物，非法收购、出售珍贵、濒危野生动物制品案件，抓获犯罪嫌疑人 10 名，查获大熊猫皮 1 张，大熊猫肉、骨头等制品若干，引起了社会的广泛关注。

5.3　自然保护区复合生态系统失衡的解释

5.3.1　村寨社会经济发展滞后使系统陷入困境

1.　村寨社会经济发展的不可持续性

1）产业生产结构不合理，经济效益低下。由于特殊的地理条件所限，自然保护区内交通不便，封闭性强，人类活动的基本目的仍停留在温饱自足阶段，经济主要依赖于农业，第二、三产业严重滞后。受自然经济的束缚，自然保护区周边民族村寨农业生产结构一直处于低级化发展阶段，农业生产的方针是以粮为纲，畜牧业、林果业长期处于从属地位，种植业和畜牧业收支普遍偏低。这样的生产结构，不但降低了农业生产的综合经济效益，而且在一定程度上破坏了自然界的生态平衡，既未能使丰富的自然资源得到充分利用，也未能满足社会对多种农产品的需求。

2）人口急剧膨胀，形成巨大的资源压力。区内人口多，基数大，人口绝对数增加得很快。人口的急剧膨胀，要求发展农业和增加农业生产，而增加农业生产又主要是依靠扩大耕地面积和提高单产来实现，但是，由于区内的可耕地面积非常有限，在这种情况下，村民通常所走的捷径就是对一些非农业地区进行开发利用，将林地、草原甚至水面改造为农田。此举往往带来水土流失、森林面积减少、土地荒漠化面积扩大、物种减少、生态环境恶化等一系列恶果，形成巨大的资源压力。

3）劳动力素质偏低，农业科技发展滞后。影响保护区农业经济发展的关键性因素是村寨劳动力素质偏低，农业科技发展滞后。周边民族村寨村民受教育程度普遍偏低，文盲、半文盲还占相当比例。农业科技发展滞后主要表现在农业基础研究落后，农业科技储备不足，突破性农业成果得不到及时有效的利用，科技成果转化率较低。这使得农业生产在很大程度上仍沿袭小农经济模式，种植上仍未能摆脱粗放经营、广种薄收的方式，生产力得不到充分发展[96]。

上述诸多因素综合作用，严重影响了自然保护区社会经济可持续发展，随着人口的增长、对资源需求的增加和生态保护的制约，复合生态系统的发展陷入困境。

2. 贫困使系统陷入 PPE 恶性循环

贫困相对于富足，类似于贫穷。因为贫穷而生活窘困，称之为贫困，是一种社会物质生活贫乏的现象，贫困是一种社会物质生活和精神生活的综合现象，其主要根源是物质生活条件缺乏与精神生活没有或缺乏出路。阿玛蒂亚·森认为，贫困的真正含义是贫困人口创造收入能力和机会的贫困，贫困意味着贫困人口缺少获取和享有正常生活的能力。经济理论表明，贫困落后只会让环境经济问题变得更加复杂。实践证明，贫困地区的社会经济发展对自然资源和环境的依存度更高。贫困程度越深，对赖以生存的环境和资源的索取更多，贫困加剧环境恶化，也带来人口过度增长；反过来，人口增长又加剧贫困，致使生态环境更加恶化，恶化的生态环境使贫困人口的生存条件更加恶劣，贫困程度进一步加深，周而复始，人们陷入了贫困与环境恶化的恶性循环之中。贫困（Poverty）、人口（Population）、环境（Environment）之间是一种互为因果的关系，这就是著名的 PPE 恶性循环现象。

自然保护区周边村寨的贫困，在一定程度上困扰了保护区资源的保护。周边居民对保护区自然资源和环境的依赖度高，而在没有解决他们产业结构调整、经济替代以及剩余劳动力就业问题的情况下实施严格的生态保护政策，又在一定程度上驱使当地居民通过非法的、破坏性的手段获取保护资源，这将对保护区的生物多样性保护行动带来更大的威胁。保护加剧了贫困，贫困威胁着保护（图 5.2）。

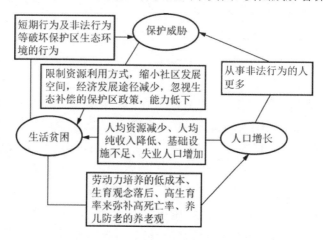

图 5.2 复合生态系统 PPE 恶性物质循环图

1）贫困威胁着自然保护区生态环境。贫困地区的人群由于缺乏经济发展能力，其生存更依赖周边环境，往往会采取些短期行为对环境产生破坏。保护区周边村寨的贫困对环境的破坏主要表现是，采用原始落后的"靠山吃山"的生产方式，对土地采用掠夺式经营，对自然保护区"公共品"采取短期行为，违法使用资源获取收益，这些行为导致保护区周边村寨生态环境更加脆弱，同时，也给具有重要的生态功能的保护区带来很大的威胁。

2）贫困导致人口增长。在贫困落后地区，往往会出现高人口出生率的现象，自然保护区周边村寨的贫困同样如此。低成本的劳动力培养、"越贫越生，越生越贫"的落后生育观念、高死亡率的现实、养儿防老的传统养老观、少数民族聚居等因素的存在，使得自然保护区周边村寨在我国实行严格的计划生育的大背景下，人口增长的速度仍然居高不下。

3）人口增长加剧贫困并进一步威胁保护区生态环境。保护区周边村寨人口的增加，导致人均资源减少、人均纯收入降低、基础设施不足、失业人口增加，贫困程度进一步加深。同时，人口的增加，必然会进一步扩张土地利用范围，加剧生态系统破坏，威胁到自然保护区的生态环境。

4）保护区严格的生态环境保护进一步加剧贫困。保护区的建立，使得周边村寨保护区资源利用受到了严格限制，村寨发展空间大幅度缩小，经济发展途径减少，同时，政府方面忽视对周边村寨生态补偿，缺乏对周边村寨替代生计能力的培养，进一步加剧了周边村寨的贫困。

保护区周边地区的居民也是"经济人"，为了摆脱贫困，他们更看重眼前利益，通过非法的行动或对资源的过度消耗增加经济收入，缓解家庭贫困。尽管自然保护区及周边地区的贫困不能使自然保护区的生态环境完全恶化，但是贫困不能解决，会一直威胁着保护区对资源和生态环境的保护，也不利于人与自然的可持续发展。因此，自然保护区保护不能仅仅依靠政策强制性手段，还需要利用市场经济手段，在保护区及周边地区生态环境承载力的范围内，合理利用当地资源，帮助当地居民发展替代经济，解决就业问题，使他们走出长期贫困陷阱，最终实现生态保护和经济发展"双赢"的局面。

5.3.2　社会调控机制不完善致使系统产生失衡

1. 市场配置资源机制不健全

合理的资源流量配置，能够促进有效利用已配置的资源，提高资源利用率，提高竞争能力与优势，改变资源再分配的流向、流量与资源利用效率。尽管民族村寨周边拥有十分丰富的自然资源，但由于缺乏资金、技术和人才，加之市场有待发育，资源开发尚不具备经济上的可行性，对外界的资金和技术没有吸引力，市场体系发育滞后，农产品市场数量不足。农产品市场中介组织发展缓慢，村民与市场对接难度大，对市场经济适应性差。受经济发展水平和农业市场化水平制约，农产品市场的基础设施建设一直没有引起相关部门重视，农产品市场基础设施匮乏，市场规模、仓储能力和交通运输能力比较小，影响了市场的发展壮大[97]。

同时，保护区的交通、通信、信息网络不畅，导致信息短缺，高度分散的保护区周边的少数民族村民不能适应市场主体的地位，他们往往没有能力去获取、分析市场信息以把握市场变化，或是由于自身拥有商品数量很少而没有热情去关注市场。由此造成村寨农产品商品率低，除粮食以外，菜、蛋、禽等商品都是自给自足，只有很远的乡镇才有商店和集市，这种低级的交换结构使保护区周边地区无法借助市场方式来实现资源的优化配置。农产品市场发育不足，尤其信息体系不完善，运转不灵，还容易使村寨陷于封闭和隔离状态，自我积累和自我发展能力弱，无力抗拒较大自然灾害的侵袭和来自市场的经济风险，也不利于聚集力量使村寨经济迅速发展起来。

多年来，我国对于边疆民族地区的扶持单纯依靠政府或其他地区的援助，采取的是"输血"模式。贫困地区缺乏"造血"功能，自我发展能力不足，经济运行机制脆弱，投入资金的效率不高，扶贫的收效甚微。实践经验证明，帮助贫困地区脱贫致富，必须从根本上转变扶持方式，由"输血型"变为以"造血"为主、"输血"为辅的帮扶模式，即通过资金扶持，提高村寨的自我发展能力，依靠自身的力量和积累来解决发展中遇到的经济问题。而这种扶贫和经济发展模式建立的首要任务就是大力发展山区的市场经济，发展林产品加工业，以带动山区经济的综合发展，使"三农"问题最终得以有效解决。

2. 保护与发展政策协调不足

（1）保护政策割裂了系统内部联系

自然保护区村寨居民的社会生产活动本身就是建立在对自然生态系统的物质资源的利用和改造之上的。自然保护区作为社会—经济—自然复合生态系统的一部分，是人类赖以生存和发展的生态环境系统，是社会子系统、经济子系统及自然子系统通过耦合作用而形成的，在整个系统中发挥着重要作用。它不仅要保护这一区域的生态环境和自然资源，还为当地社区提供生产生活与经济发展基础资料与生态服务。然而我国自然保护区政策是以生物多样性保护为目的，采取的是严格的保护措施。保护区建立后，实施禁止放牧、狩猎、开矿等政策，同时对砍伐林木和林间产品采集也有严格规定，给周边社区居民带来极大不便，在相当程度上对其生产生活方式产生影响，直接减少了他们的收入来源，切断了其维持生计的主要途径，使风险提高。

自然保护区的建立减少了周边村民的土地面积和基本生活物资来源，给他们的生产生活带来许多不便，使得复合系统内部联系强行割裂。自然子系统不能为经济子系统提供自然资源，经济子系统也不允许在自然子系统中实现资源利用，而又缺乏相应的政策弥补，必然出现复合系统的失衡现象。

（2）村寨经济发展政策协调不到位

政策措施是协调和维持复合生态系统平衡的重要途径。长期以来，由于片面强调自然保护区建设和保护的重要性，保护区民族村民的权利没有得到应有的重视，承担了不应由其承担的保护区的建设成本，却没有获得相应的生态补偿和社会经济发展措施，这对村民是不公平的，也是导致保护区复合生态系统失衡的主要原因。自然保护区的建立尽管使当地生态环境和森林资源得到了很好的保护，但也使得最贫穷的社会群体承担了保护的成本并丧失了部分的发展机会。虽然国家行业部门制定了有关退耕还林、生态公益林、野生动物肇事补偿等措施，但由于林地边界不清、补偿资金偏低等原因，村民没有为此得到相应的足额补偿。尤其是受地理环境、历史原因及地方财政不足等综合因素影响，国家和地方政府并没有在当地建立相应的替代生活保障体系，劳动力转移也难以在短时间内完成，从而挤压了村寨居民的生存空间，危及了村民的生计，使村寨无法走上自我发展的道路。

因此，制定完善的自然保护区村寨发展政策，保护当地少数民族居民权利，是平衡复合生态系统的重要环节。国家及政策相关部门在建设和发展自然保护区、保护好生态环境的同时，也应认真分析保护区居民权利保护中现存问题的制度性原因，制定相应的计划、措施和办法，采取各种手段，通过资金、技术、政策扶持等方式，解决村寨经济发展和就业等难题，促进自然保护区复合生态系统的可持续发展。

第6章　自然保护区民族村寨发展路径选择

6.1　自然保护区民族村寨经济可持续发展路线设计

6.1.1　自然保护区民族村寨可持续发展的约束条件分析

1. 生态环境对经济发展的约束

（1）生态环境与经济发展的关系

1955 年，西蒙·史密斯·库兹涅茨（Simon Smith Kuznets）在研究世界贫富差距问题时，提出了人均收入与收入不均等的关系假说。库兹涅茨研究发现，随着人均收入的增长，人均收入分配不均等的差距先扩大再缩小，人均分配不均等的程度与人均收入的关系呈现倒 U 形曲线,该曲线后来被称为库兹涅茨曲线[98]。

1991 年，经济学家格罗斯曼（Grossman）和克鲁格（Krueger）在研究经济发展与环境保护的关系中，首次引入了库兹涅茨的"倒 U 形"假说思想，提出环境质量与经济发展的长期关系呈倒 U 形曲线关系，即环境质量在国民经济水平较低的时候，呈现较好的状态，但随着国民经济的发展，环境质量会下降，当经济增长到一定水平，即人均国民收入达到 4000～5000 美元时，环境质量下降到最低程度，然后就会随着国民收入的增加而逐渐上升[99]。1993 年，帕纳约托（Panayotou）将经济学中的倒 U 形曲线引入环境中，并将这种环境质量与经济发展的关系称为环境库兹涅茨曲线（EKC）[100]（图 6.1）。

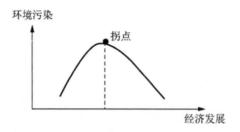

图 6.1　环境库兹涅茨曲线

EKC 揭示出当一个国家经济发展水平较低的时候，环境污染的程度较轻，但随着经济的增长，环境质量不断恶化，而当经济发展到拐点时（实现小康，迈入发达阶段），环境又随着经济的继续发展不断改善，直到发展到理想状态。环境质量与经济发展之间是呈倒 U 形关系。这条曲线是先以牺牲环境发展经济，待经济发展到一定水平时，通过投入资金来治理环境。

环境库兹涅茨曲线提出以后，国内外学者纷纷通过实证对该曲线进行验证，进一步深入研究环境质量与经济发展之间的关系，得出环境与经济的关系除了倒 U 形关系外，也存在单调上升型、单调下降型以及 N 形等多种情况。在图 6.2 中，环境质量与经济发展的关系最初也是呈现环境库兹涅茨曲线的倒 U 形，即环境随着经济发展到一定阶段时开始变好，但当经济发展到一定水平后，环境质量与经济发展又呈现反方向变化，这主要是出现在环保节能清洁技术完全被充分利用后，要减少环境污染，就需要付出更大的经济代价[101]。

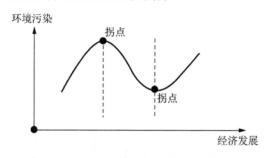

图 6.2 N 形曲线

在现实生活中，经济发展与质量的关系是复杂多变的，不是用一条曲线就能表现出来的。但可以肯定的是，环境质量必然会在一定程度上约束经济发展，而发展经济也必然会对环境造成破坏，关键是要把握好二者之间的度。在环境可承受的范围内发展经济，就需要在思想、生产方式、技术等多个方面进行改革。

（2）生态环境承载力与经济发展的关系

承载力是用以限制发展的一个最常用概念，是人们普遍认可的资源、环境可持续发展的基础。所谓承载力，是指一个生态系统能够支持和维持一个健康有机体持续下去的最大容量。生态承载力的概念是通过承载力在生态学中应用后提出来的，主要包括两层含义：一是支持部分，主要指生态系统的自我调节与维持能力，以及资源与环境子系统的供容能力；二是压力部分，主要指生态系统内社会经济子系统的发展能力[102]。生态环境承载力主要用于衡量生态系统所能承受人类活动的最大能力，即在不破坏生态系统服务功能的前提下，生态系统所能承受的人类活动的强度[103]。

生态环境可持续承载力是指社会经济活动和人口数量与生态系统阈值之间的

相互协调关系，只要这种协调关系没有被破坏，就可以认为是生态的可持续承载力。生态环境可持续承载力的利用，主要是为了告诉人们环境存在着某种顶级的界限，我们在利用生态环境时，应该为其留有足够的安全余地。因此，我们在实现经济可持续增长过程中，就一定要充分考虑生态环境可持续承载力，不能超过生态环境可持续承载力，必须是在社会经济活动与可持续承载力的阈值范围内。

依据生态环境承载力的概念，自然保护区周边民族村寨生态环境承载力是指自然保护区周边民族村寨生态系统自身的维持能力、更新能力及调节能力，是在生态系统服务功能不被破坏的情况下能支持周边民族村寨的经济和人口数量的供容能力。自然保护区周边民族村寨因与自然保护区连接，生态环境相对其他地区更加脆弱和敏感，因此，生态环境承载力供容能力更小，在发展经济过程中，对环境质量的要求更高（图6.3）。

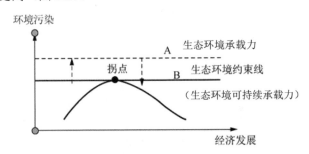

图6.3　自然保护区周边民族村寨生态环境承载力与经济可持续增长

在图6.3中，分别有A、B两条线，A线代表生态环境承载力，B线代表生态环境可持续承载力，它们之间的区别是：A线指自然保护区周边民族村寨生态环境承载力的最大供容能力，B线是生态环境最佳供容能力线，也是生态环境承载力报警线，更是生态约束线。A线和B线之间有一个容量区，在这个容量区中村寨经济活动也没有超过生态系统阈值。在生态承载力即A线以下表示始终实现生态盈余，即人类的生产活动强度始终没有超过生态系统最大的承受范围，越靠近B线及以下，生态盈余值越大；而在A线以上将会出现生态赤字，表示社会经济活动已超过生态系统能支持的重大供容能力，此时生态系统受到破坏且很难恢复。生态盈余可以用以下公式来表示：

生态盈余=生态足迹-生态承载力

上述公式中，生态足迹是指将人类消费的资源和能源折算成全球统一、具有同等生态生产力的地域面积，以进行不同区域的比较。生态足迹的计算一般由生态足迹的需求和能供给的生物生产土地面积（生态承载力）两部分组成来解释，区域的生态足迹如果超过了区域所能提供的生态承载力，就出现生态赤字；否则将表现为生态盈余。

尽管在 AB 容量区也还存在生态盈余，但因为自然保护区生态功能的重要性，生态环境更为脆弱和敏感，对其生态环境承载力限制就更为严格，为实现自然保护区生态功能绝对安全性，当自然保护区周边民族村寨生态足迹达到生态环境可持续承载力时，此时就应出现拐点。自然保护区生态环境可持续承载力等于生态承载力减去 AB 容量区，而 AB 容量区就是自然保护区生态环境安全弹性区，建议弹性系数在 0.1～0.5 之间，即自然保护区生态环境可持续承载力等于其承载力的一半，以完全确保自然保护区生态环境的安全性。

总之，自然保护区重要的生态功能、脆弱的生态环境、有限的环境容量是制约自然保护区周边民族村寨经济社会发展的重要因素，也是周边民族村寨经济发展不能逾越的红线。因此，周边民族村寨只能走经济可持续发展的道路，这就要求自然保护区周边社区实现适度人口增长、环境友好的经济发展，选择自然保护区生态系统能承受的经济方式和利用模式，实现保护与发展"双赢"。

2. 自然资源对经济发展的约束

（1）自然资源与经济发展的关系

经济学中的自然资源是指能够在经济上为人类带来价值，且能提高人类当前和未来福利水平的一切自然要素和条件的总和。自然资源按其利用限度可分为再生资源和非再生资源，再生资源是指在一定程度上循环利用且可能更新的水体、气候、生物等资源，非再生资源是指储量有限且不可更新的矿产资源。自然资源的特征主要表现为：一是空间分布不平衡，有的地区富集，有的地区贫乏，地域差距很大；二是在数量上有限，但随着时间变化和科学进步，其生产潜力可以不断地扩大和提高；三是各种资源间相互影响和相互制约。

自然资源与经济发展的关系在不同的经济发展水平阶段呈现出不同，在经济较为落后的阶段，经济发展对自然资源的依赖程度高，经济增长通过增加自然资源的数量积累完成，增长方式为粗放型。当经济进入相对发达阶段，经济发展对自然资源的依赖程度降低，这主要是因为随着经济的增长，一个国家的生产技术和水平大大提高，其经济增长方式转变为集约型，相比粗放型经济增长方式，明显地减少了对自然资源的依赖。当然，随着对自然资源的利用，可利用的自然资源也越来越有限，获取资源的成本提高也是一个非常重要的原因。

针对自然资源在不同阶段对经济发展的影响，寿嘉华在其主编的《国土资源与经济社会可持续发展》一书中用图的形式进行了比较直观的描述（图 6.4）。在图中，人类历史发展阶段被分为 5 个阶段，即农业社会前期、农业社会、工业社会前半周期、工业社会后半周期及信息社会。

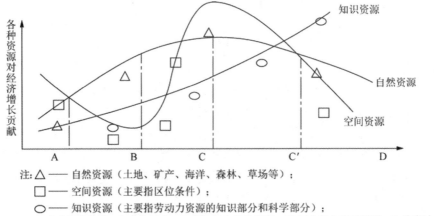

注：△ —— 自然资源（土地、矿产、海洋、森林、草场等）；
　　□ —— 空间资源（主要指区位条件）；
　　○ —— 知识资源（主要指劳动力资源的知识部分和科学部分）；
　　A-农业社会前期；B-农业社会；C-工业社会前半周期；C'-工业社会后半周期；D-信息社会。

图 6.4　各种资源在不同经济发展阶段贡献示意图

在农业社会前期，解决人类生存问题是人类全部社会问题，在这个时期，对人类影响最大最重要的是人类居住地的条件，由于人类利用自然能力低，自然资源对经济的作用没有特别凸显。在农业社会时期，自然资源利用已成为经济增长的最主要因素，空间资源作用下降，知识资源的作用慢慢显现。在工业社会前半周期，自然资源和空间资源对经济增长的作用均达到历史顶峰，此时，通过大量消耗自然资源来支撑经济的快速增长。知识资源也逐渐显现优势。在工业社会后半周期，自然资源对经济增长的贡献开始下降，但仍呈现一种高水平，空间资源的作用再度下降，而知识资源的作用再次上升。在信息社会阶段，自然资源、空间资源对经济增长的作用均降至次要地位，此时，知识资源作用发挥最大，已主宰经济增长。

寿嘉华在书中还提出，在 21 世纪初，自然资源还是支撑我国经济增长的主要因素。人类社会发展要以一定的经济增长为基础，经济增长离不开资源的消耗。但人类在利用自然资源的过程中，要坚持合理、适度原则，实现自然资源的可持续利用。

（2）自然资源对民族村寨经济发展的约束

自然保护区周边民族村寨最大的自然资源就是保护区的资源，包括森林资源、土地资源、水资源、林下各类资源，这些资源曾经是支撑民族村寨经济发展的重要因素，在生产上为周边村寨提供赖以生存的土地资源、林地资源、作物资源、牧场和饮料资源，在生活上为周边村寨提供各类林下蔬菜、肉食、薪材，通过在这片资源地放牧、狩猎、采摘林下产品获取日常经济收入。但自然保护区建立后，这些资源全部划为保护资源，周边民族村寨对这些资源的使用也受到约束。相比过去，周边民族村寨可用资源严重减少，而新的替代资源又没有出现。此外，因为自然保护区的建立，周边民族村寨对保护区外的资源利用也会受到限制。

　　自然保护区周边民族村寨因自然历史原因，经济发展缓慢，长期处于以农业为主的经济阶段。当然，由于周边民族村寨是位于自然保护区这一重要的生态功能区，地理位置具有特殊性，不适合通过进入工业社会及信息社会来发展经济，自然保护区周边民族村寨经济发展只能且需要长久地处于以农业为主的经济阶段。按照寿嘉华描述的自然资源在不同经济发展阶段的作用，在农业经济阶段，自然资源是经济发展的最主要的因素，因此，自然保护区建立后，自然资源成为自然保护区周边民族村寨经济发展的重要约束（图6.5）。

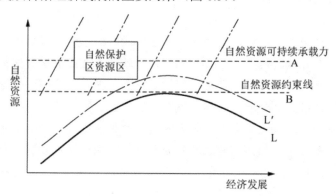

图 6.5　自然保护区周边民族村寨经济发展的资源约束图

　　在图中，A 线代表自然保护区的自然资源可持续承载力。所谓自然资源可持续承载力是指自然资源在实现可持续条件下能够支持人类活动的最大供容能力，而要实现自然资源可持续承载力，就需要满足资源消耗量小于资源再生率的条件。

　　自然保护区周边民族村寨经济发展受到自然保护区自然资源的约束，B 线代表自然保护区自然资源约束线。B 线以上区域代表自然保护区资源区，是不被允许使用的自然保护区资源。自然保护区一旦经国家或省政府批准建立后，就必须按照《中华人民共和国自然保护区条例》进行管理，对其包括的自然资源进行严格保护，通过制度形式约束周边民族村寨对自然保护区内资源的利用。而在国家功能区划中，把国家级自然保护区列为禁止开发区，更是为限制资源利用加了制度双保险。

L 线代表目前自然保护区周边民族村寨自然资源与经济发展的关系线，即周边民族村寨的经济发展是受到严格禁止使用保护区资源限制的，即受到自然资源约束线 B 的约束，只能依靠保护区以外的资源发展经济。

L′ 线代表理想自然保护区周边民族村寨自然资源与经济发展的关系线，即在自然保护区的自然资源可持续承载力范围内，适当合理利用保护区内资源发展社区经济。这条关系线充分体现了"保护优先，发展兼顾"的治理模式，是实现保护与发展"双赢"目标的路线选择。

前面部分提到，根据寿嘉华的描述，在农业发展阶段，自然资源是随着经济的发展不断上升，是经济发展的主要因素。自然保护区周边社区因历史发展特点，以及所处的特殊地理位置，正是处于农业社会阶段，当然，未来发展过程中，这一特殊区域因位于重要的生态功能区也必将长期维持在农业社会阶段。因此，自然保护区周边民族村寨经济发展也将长期需求大量自然资源，其需求量还将随着周边民族村寨经济的发展不断上升。

面对保护区资源的约束，自然保护区周边民族村寨经济发展最为重要的就是突破约束。一种方法就是走 L′ 理想路线，即政策上适当放松对保护区资源利用的限制，特别是在缓冲区，在环境可持续承载力范围内，适度对村寨居民进行开放，允许他们在该区域开展一些与环境相适应的农业生产活动，或参与保护区内相关活动，增加经济收入。另外一种方法是寻找替代资源来减少资源需求。这里的寻找替代资源，更多的是需要政府引导和支持，如为牺牲发展机会的村寨居民进行生态补偿、生态移民、劳动力转移，帮助其传统农业升级，发展替代产业等。

6.1.2　自然保护区民族村寨经济可持续发展路线

经济可持续增长包括三个方面，一是自然资源的可持续增长，二是生态的可持续承载力，三是经济发展的可持续性。根据对自然保护区周边民族村寨与村民家庭经济困境的实证分析，自然保护区民族村寨的经济发展更多的是受到制度和自然环境的约束。一方面，被划定为保护区后，对生态环境的要求相对一般地区要更为严格，生态功能是其主要功能；另一方面，严格的保护政策限制了周边民族村寨对自然资源的利用，可用的自然资源变得更少。因此，自然保护区周边民族村寨要实现经济可持续增长，最大的约束就是自然资源约束和生态环境约束。

1. 自然保护区周边民族村寨经济发展的现实路线

目前，自然保护区建立后，自然保护区周边民族村寨所走的路线，是绝对环境保护路线，如图 6.6 中曲线①，在图中 A 点是尚未达到温饱阶段，但环境状况良好；B 点是刚刚脱离贫困，解决了温饱，环境破坏还不严重；C 点是环境逐步恶化，经济发展到高水平，并且经济具备解决环境问题的能力；D 点是高度发达的经济和优良的环境，是人与环境和谐发展点。

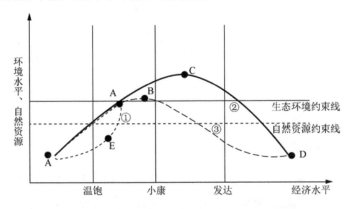

图 6.6　保护区民族村寨经济可持续发展路线图

这条路线强调环境保护，以牺牲经济发展环境。在曲线①的 A 点，政府将该区域划定为自然保护区，以生态功能作为该区域的主体功能，实行禁止开发的政策。这种政策有效地保护了该地区的生态功能，生态质量不断提高，目标是达到 A 点的理想状态。但同时，这种政策也限制了周边民族村寨的经济发展，经济水平不断降低，原本的贫困没有得到改善，反而是加重了周边民族村寨的贫困，当地老百姓重新回到贫困状态或继续保持贫困状态。

这条路线对于美国的"荒野地"保护区模式是非常有效的。在这种自然保护区模式下，保护区周边是无人居住的，也就不需要考虑民族村寨经济发展问题，更不用考虑反贫困的问题。但我国自然保护区具有人口密度大、贫困人群集中的特殊国情，走"荒野地"保护区模式是行不通的。所以，我们现在选择的曲线①代表的路径也存在很大的问题，不利于周边民族村寨贫困问题的解决。贫困对自然保护区保护会造成很大威胁，只有解决了周边的贫困问题，才能更好地对自然保护区重要的生态资源和生态环境进行保护。

2. 对环境库兹涅茨曲线的再认识

环境库兹涅茨"倒 U 形"假说提出环境质量与经济发展的长期关系呈倒 U 形曲线关系，即先以牺牲环境发展经济，当经济发展到一定程度，环境污染也达到可承受的最高峰，环境又随着经济的继续增长不断改善，最终发展到高经济水平、低环境污染的理想状态，现在一些发达国家就在走这条路线（如图 6.6 中曲线②）。

但是，以环境库兹涅茨曲线作为路径应用在自然保护区民族村寨是不适用的，最主要的原因是基于自然保护区重要的生态功能。环境库兹涅茨曲线路径通过牺牲环境发展经济，当经济发展到一定水平时再治理环境。而保护区具有重要的生态功能地位，其生态资源和环境相当脆弱，一旦受到破坏就是不可逆的，对保护区、对地方、对国家乃至世界都是巨大的损失。因此，不能为了发展当地经济，就对自然保护区重要的生态系统和生态资源造成破坏。显然，环境库兹涅茨曲线代表的路径不适合自然保护区民族村寨。

3. 自然保护区民族村寨经济可持续发展路线

鉴于自然保护区生态功能的重要性，以及保护区内及民族村寨贫困的现实性，自然保护区民族村寨选择路径应既要保护生态环境、生态资源，又要兼顾经济发展，帮助民族村寨脱贫致富。图 6.6 中曲线③是自然保护区民族村寨经济可持续发展路径的理想选择。

在曲线③中，在民族村寨经济发展过程中，环境质量降低到 B 点（实现温饱，进入小康阶段）时进入拐点，此时也是达到了环境承载力的报警线，需要政府的保护政策提高环境质量，控制和规范不适合保护区开展的行为。随后，环境质量不断改善，而与此同时，在保护中兼顾社区发展，政府通过多途径帮助民族村寨摆脱贫困，发展生态经济，在发展经济过程中，环境水平始终控制在环境承载力的报警线以下，直到发展到 D 点的理想状态。在 D 点，民族村寨经济进入发达水平，自然保护区完整的生态系统得到有效保护。曲线③自然保护区的生态环境得到良好的保护，环境质量相比库兹涅茨标准曲线（曲线①）要好，在保护中兼顾社区经济发展，经济发展水平不断提高，相比曲线②不断倒退的经济要优越得多。

自然保护区民族村寨贫困最为根本性的因素是当地居民对自然资源的低水平、掠夺式的原始利用方式。而保护区严格的保护政策对资源利用的限制制约了当地社区社会经济的发展，加剧了民族村寨贫困，而贫困不利于保护，贫困会驱使社区居民非法获取保护区资源、破坏保护区内生物多样性，保护加剧了贫困，贫困威胁着保护。因此，要实现保护区的保护，走绿色发展之路，就需要对曲线①②

进行改进，充分吸取两条曲线的优点，摒弃不利于保护或不利于发展的弱点，改进后的曲线③的发展模式是保护区民族村寨经济可持续增长的理想选择，在保护环境的同时，跟进经济发展，突破贫困陷阱，实现环境保护与经济的和谐发展，最终达到"双赢"局面。因此，适合保护区民族村寨经济发展的最佳路径就是走自然保护区民族村寨经济可持续发展的路径。

6.2　自然保护区民族村寨发展路径 AHP-SWOT 分析

当前自然保护区保护政策过多强调对生物多样性的保护与恢复，但忽略了自然保护区资源对当地村寨社会经济发展的重要作用。因此，本节从自然保护区周边民族村寨发展角度，利用 AHP-SWOT 分析法探索其可持续发展路径选择，为进一步完善自然保护区保护政策，促进自然保护区保护与民族村寨发展提供参考。

6.2.1　研究方法

1. 条件分析及数据获取方法

在进行模型分析前，通过前面对自然保护区民族村寨进行数据收集、实地调研，了解自然保护区周边民族村寨的社会经济发展现状、发展政策，分析制约当地社会经济发展存在的问题及原因。针对这些问题及原因，结合当前我国生态保护及林业经济发展政策，从村寨发展环境具有的内部优势（S）、劣势（W）和外部机会（O）、威胁（W）4 个方面确定影响村寨发展的关键因素。构建模型时，按照 SWOT 分析模型，从村寨发展的角度确定相应的优势、劣势、机遇和挑战等各项条件。根据 AHP 要求，选择一定数量的从事自然保护区管理和农村区域发展相关领域研究的专家学者进行问卷调查，以明确影响自然保护区周边民族村寨发展的因素以及各个因素之间的关系，为进一步探讨民族村寨发展战略选择提供重要的参考依据。

2. AHP-SWOT 分析模型及判断矩阵构建

AHP 方法通过将系统分解为若干层次和若干因素，进行简单的比较和计算，得出不同方案的权重，从而为提供最佳方案的配置提供依据[104]。SWOT 分析法通过调查，列举与研究对象密切相关的内部主要的优势、劣势、外部机会和威胁，然后用系统分析的思想进行决策[105]。将上述两种方法进行结合可以系统评估决策过程中各要素的优先权数，现已应用于不同领域，而应用于自然保护区民族村寨发展方面的分析则不多见。本书将两种方法结合，并利用 Yaahp 软件进行模型构建及数据处理。

1）AHP-SWOT 分析模型构建。AHP-SWOT 分析模型构建，可将"自然保护区民族村寨可持续发展"作为层次结构模型的决策目标层，将内部因素和外部因素作为中间层，将发展环境的优势、劣势、机会以及威胁作为一级评价指标，将影响自然保护区周边民族村寨发展的各项因素作为二级评价指标。从而完成自然保护区周边民族村寨发展战略选择 AHP-SWOT 分析模型的构建（图 6.7）。

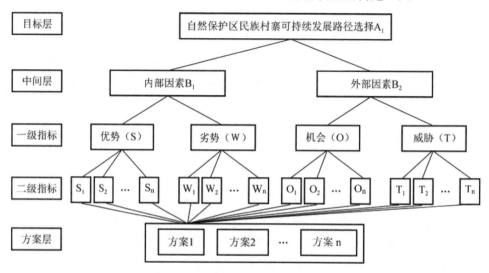

图 6.7　自然保护区民族村寨可持续发展 AHP-SWOT 分析模型

2）判断矩阵构造。为了从判断矩阵中提炼有用信息，达到对事物的规律性的认识，为决策提供出科学依据，就需要计算判断矩阵的权重向量。根据此 AHP-SWOT 分析模型，从第 2 层开始，对于从属于（或影响）上一层每个因素的同一层诸因素，用成对比较法和 1～9 标度构造成对比较矩阵，直到最下层。对于每一个成对比较矩阵计算最大特征根及对应特征向量，利用一致性指标、随机一致性指标和一致性比率做一致性检验。若检验通过，特征向量（归一化后）即为权向量；若不通过，需重新构造对比矩阵。

3）因素权重系数求解。按照步骤 2），逐步求出下一级别因素权重系数，并进行一致性检验，使其满足 $CR < 0.10$。

3．可持续发展路径定位分析

1）环境总强度计算。自然保护区民族村寨发展环境中的总优势度（S）、总劣势度（W）、总机会度（O）和总威胁度（T）分别由各强度的子因素权重求和平均得到，其强度的计算公式为

$$S(W,O,T) = \sum_{i=1}^{n} S_i(W_i,O_i,T_i) / n \qquad (6\text{-}1)$$

2）战略向量及重心定位计算。建立平面直角坐标系，以优势、劣势、机会和威胁 4 个变量作为坐标系的 4 个半轴。根据环境总优势度（S）、总劣势度（W）、总机会度（O）和总威胁度（T）的计算结果，在平面直角坐标系上进行标注，连接相邻的点，构成一个发展战略平面四边形，计算其四边形的重心定位 $P^{[106]}$。四边形重心坐标计算公式为

$$P(X,Y) = \left(\frac{\sum\limits_{i=1}^{n} X_i}{n}, \frac{\sum\limits_{j=1}^{m} Y_j}{m} \right) \qquad (6\text{-}2)$$

3）战略方位角及策略选择。根据战略重心定位 $P(X, Y)$ 在坐标系方位角（θ）确定策略选择。如果 $\theta \in [0, 90]$，采取 SO 策略：依靠内部优势，利用外部机会；$\theta \in [90, 180]$，采取 WO 策略：利用外部机会，弥补内部劣势；如果 $\theta \in [180, 270]$，采取 ST 策略：利用内部优势，规避外部威胁；如果 $\theta \in [270, 360]$，采取 WT 策略：减少内部劣势，规避外部威胁。

6.2.2　民族村寨可持续发展的 SWOT 分析

1．优势（Strength）分析

S_1：生态环境良好，环境资源丰富。自然保护区及周边村寨生态环境良好，拥有特殊的地质地貌，丰富的土地资源、森林资源、水资源和洁净的空气资源。此外，许多村寨所在区域还拥有气象景观、江河景观、生物景观、人文景观等丰富多样的景观资源，也是当地村寨发展的优势资源。

S_2：民族传统悠久，文化遗产丰富。民族村寨在适应、利用当地环境和资源的实践过程中保持长期和谐、稳定的关系。不同村寨分布区域的自然资源、土壤、气候等环境要素，构成特有的农耕文化、建筑文化、饮食文化、医药文化、民俗文化和信仰文化。各民族村寨拥有各具特色的民族文化，不仅是人类文明的象征和宝贵财富，也是当地发展民族文化产业的重要基础[107]。

S_3：林地面积较多，生物资源丰富。自然保护区及周边地区林地面积多，生物资源丰富。林地及其生物资源是山区村民发展改善林业产业结构，发展绿化经济，提高当地居民收入的重要基础资料。

S_4：劳动力成本低，人力资源丰富。自然保护区周边民族村寨大多与外界交流范围小，受信息化影响小。大多数民族村寨中少数民族占主要的人口组成，其受国家计划生育政策约束小，故这些村寨的人口自然增长率高于全国平均水平，人口的绝对数量多，劳动力资源丰富。但是由于受到自然条件的限制，民族村寨交通通信发展滞后，工业化、农业产业化和城镇建设缓慢，又因为远离经济发达地区和人才集聚中心，所以大多数当地居民只能从事一些简单、低收入的工作。

2. 劣势（Weakness）分析

W_1：思想观念保守，文化素质不高。从实际调查的情况看，尽管村寨村民对摆脱贫困现状的意愿强烈，但受传统观念束缚和受教育程度普遍不高，对新政策、新观念认识不强，难以有效配合地方政府和保护区管理部门的社区发展工作，比如在调查中，许多村民不愿意建沼气池，对推广核桃等经济林也持怀疑态度。此外，受文化知识水平影响，村民们在短期内也难以掌握现代农业技术。

W_2：地理交通不便，基础服务设施差。许多民族村寨分布在偏远山区，地理环境恶劣，交通等基础设施建设相对滞后。尽管许多民族村寨改变了过去不能通水、通电、通路和通信的状况，但发展依然相对落后，许多通村或通组道路等级较低、下雨天道路泥泞，基本无法通行；水利基础设施建设滞后，大部分农田水利设施严重老化，许多旱地根本不宜农作物种植；饮水安全设施建设滞后，居住在高海拔地区的村寨主要以引入山泉为主，供应和卫生得不到保障，遇到旱季则面临断水困难。

W_3：缺乏管理能力，基层组织薄弱。自然保护区周围的民族村寨人口受教育程度偏低，村寨中小学以下学历人口达到总人口的80%。封闭的少数民族村寨结构，使许多村寨内在的管理方式落后，对于国家出台的政策积极性不高。基层部门人员大多也以就近原则从当地选拔，由于当地文化及习俗已经融入村民的生活当中，所以基层管理人员在很大程度上对于科学先进的政策的推广能力有限。

W_4：生产力水平低，资源粗放型利用。自然保护区民族村寨大多分布在偏远的山区，当地居民的资源依赖性强，机械化耕作得不到普及，技术水平在很大程度上还表现为刀耕火种的耕作方式。对于自然保护区的资源，当地居民的主要资源有耕地资源、林地资源和矿产资源等。随着经济增长的加快，能源、水土资源的消耗也不断增加，保护区周边民族村寨逐渐暴露出破坏和侵占耕地、矿产资源滥采乱挖、用水无节制的恶性发展问题。这种粗放型发展模式亟须得到调整。

W_5：缺少资金来源，资本积累不足。古典政治经济学家认为资本积累在经济发展中起着最为关键的作用。资本积累往往指的是物质资本积累，它来源于储蓄，并通过投资和生产，转化为耐用资本。自然保护区周边少数民族村寨贫困的主要原因之一就是因自身积累能力有限，长期以来资本积累不足，尤其是长期过低的储蓄率难以形成经济增长必需的资本供给。

3. 机会（Opportunity）分析

O_1：生态文明建设与可持续发展战略。党的十八大报告明确提出"加强生态文明建设"，把生态环境保护摆在更突出的位置，强调人与自然和谐发展。习近平总书记提出的"绿水青山就是金山银山"，为自然保护区民族村寨转变经济发展模式，开拓人与自然、人与社会良性运行的和谐发展模式提供保障[108]。

O_2：林业产业发展与新农村建设。林业生态建设对于社会主义新农村建设和方针的实施发挥着独特的作用，自然保护区的建设对于保护林业，建立完善的防护林体系，以及构建优美的人类居住环境都有着巨大的推动作用，是认真贯彻落实国家发展方针的有效方式，是顺应社会发展需求的措施。

O_3：林权改革与土地流转制度。集体林权制度改革是农业生产责任制在林地上的延伸，将有利于激发山区林农投身林业建设的积极性，将林业蕴藏的巨大经济和生态效益发掘出来。而土地流转制度有利于鼓励农民将承包地向专业大户、经济合作社等流转，有利于发展农业合作组织和现代农业。

O_4：居民消费观念转变，生态产品需求巨大。随着人类对健康与食品安全的重视，对来自山区的生态产业需求也日益扩大，这为发展山区林业经济提供了良好的机会。无污染、纯天然的绿色食品等生态产品受到广大社会群体的青睐，同时乡村旅游、自驾游、个人游的兴起也给村寨发展特色乡村旅游提供了机会。

4. 威胁（Threat）分析

T_1：自然灾害频繁，野生动物肇事。自然保护区大多分布于偏远山区，地形地势上不占优势，雨雪冰冻灾害时常发生，使保护区森林植被遭受重创，生态系统严重受损，造成巨大的林业损失，如高黎贡山国家级自然保护区对自然灾害的抵御能力弱。风灾、火灾、冰雹、有害生物经常对其造成无法估量的伤害。随着自然保护区内对狩猎行为的限制，保护区内野生动物激增，由于人类活动频繁，野生动物的活动范围正在逐渐缩小，频繁发生与人类争食争地的矛盾。处理好人与动物之间的矛盾也是建立自然保护区的一大挑战。

T₂：生态环境脆弱，自然资源流失。有着大量民族村寨分布的自然保护区，大部分分布在我国西南、西北一带，草甸、湿地、冻土、荒漠居多。生态环境的承载力和环境容量小，动物物种对外界的抵抗力低。生态极易受到破坏且无法恢复。当地居民长期对当地自然资源的无节制开采，如随意开采砂石、盗猎等已经造成了保护区内自然资源的严重流失。

T₃：外来文化冲击，民族文化逐渐消失。随着外出打工的村民日益增多，电视、广播、网络、手机、摩托车等宣传娱乐、通信及交通设备的普及，外界许多村寨在以前很少接触到的思想文化也随之涌入村寨，潜移默化地影响着当地村民，尤其是在房屋建筑、穿着服饰、语言交流等方面。这些地区的中小学也没有开设相关的民族语言课程，会民族语的教师严重不足，这在一定程度上使下一代不会使用传统语言交流。在传统生活方式不断发生变化，传统民族文化不能得到有效保护和传承的背景下，许多民族村寨逐渐失去了部分原有的特色。

T₄：城乡差距扩大，人力资源流失严重。严格的生态保护政策，让当地居民失去了就业机会，在现代文明的影响下，村里有文化的年轻人，希望能改善自己的生活环境，纷纷走出山村，寻求新的就业渠道和发展机会。从实地调查的情况看，村里青年人初中或高中毕业后，除了少数继续升学外，基本上都随叔伯兄们外出务工。真正留在农村的，尤其从事农业的村民，大多是五六十岁以上年迈体衰者，或是拖儿带女的妇女[109]。这部分群体整体文化素质不高，接受新事物、新信息能力较低，对新技术的掌握和应用能力普遍较差。村寨人力资源流失严重、留村人员素质偏低，党和国家许多新农村建设项目、惠民政策以及现代化农业种养殖模式难以普及（比如不愿按比例出钱接自来水、建沼气池），宝贵的水土资源和森林资源的低水平利用，以及农业生产资料的不合理使用，使生态环境保护和村寨经济发展受到极大限制，并由此产生"恶性循环"。

T₅：保护政策严格，资源利用受限。我国在《中华人民共和国自然保护区条例》等诸多保护性条例中，都明确提出禁止诸多类型的经济活动，如采药、放牧等。这样的保护政策稍显极端，因为这样的条例很难把握保护区保护的力度，力度稍大就会造成动物繁殖过多的情况，更不利于生态效益的提高。另外，保护政策限制了保护区内经济产业的发展。很多资源有着巨大的经济带动力，适当开发能够达到双赢的效果，但保护政策使得当地资源完全不能够为当地带来经济收益。

T_6：政策信息不透明，贫富差距加大。政策信息不透明也造成了村内农户与农户之间的贫富差距。从调查结果看，村寨中信息渠道灵通（如村干部、护林员）、经济条件较好、知识文化水平较高的精英层次，往往更能从一些补偿政策中获取更大的利益。政府或保护区管理部门在进行推广示范项目时，往往更偏向于选择村寨中的精英阶层，这样相应的资金、技术补贴就更多地集中在这部分群体中，就会造成村寨居民贫富差距拉大，富者越富，贫者越贫的现象。

6.2.3　基于 AHP-SWOT 分析的路径选择

1. 判断矩阵建立及一致性检验

围绕 SWOT 的优势、劣势、机会以及威胁 4 个因素，请从事自然保护区管理、农村区域发展研究领域的 6 位专家，按 1～9 标度进行因素赋值，并对不同层面要素之间的重要性进行比较打分。利用 Yaahp 软件进行数据分析，结果显示，从层次结构模型的第 2 层开始，对二级指标中的 SWOT 4 个要素进行两两比较，建立两两比较的矩阵，以得出每层次中两两因素的相对重要程度（表 6.1）。通过计算，得出 $CR=0.0596<0.1$，结果说明组间判断矩阵通过一致性检验（表 6.2），因此通过分析，得出的结果是可取的。

表 6.1　各组内因素优先权数

组别	SWOT 因素	RI（n）	CR	各组内因素优先权数
S	S_1	0.90（4）	0.0797	0.0249
	S_2			0.0046
	S_3			0.0455
	S_4			0.0073
W	W_1	1.12（5）	0.0742	0.1546
	W_2			0.2207
	W_3			0.0606
	W_4			0.0423
	W_5			0.0373
O	O_1	0.90（4）	0.0501	0.0067
	O_2			0.0268
	O_3			0.0767
	O_4	0.90（4）	0.0501	0.0151

组别	SWOT 因素	*RI*（*n*）	*CR*	各组内因素优先权数
T	T_1	1.24（6）	0.0969	0.0794
	T_2			0.0142
	T_3			0.008
	T_4			0.0188
	T_5			0.1233
	T_6			0.0332

表 6.2 组间优先权数及排序表

SWOT 组	*S*	*W*	*O*	*T*
组间优先权数	0.0823	0.5155	0.1251	0.2770
排序情况	4	1	3	2

2. 确定自然保护区民族村寨可持续发展的 SWOT 因素权重

利用 Yaahp 软件进行数据分析，结果表明，影响自然保护区周边民族村寨可持续发展的众多因素中，其影响程度从大到小依次为 W_2：地理交通不便，基础服务设施差；W_1：思想观念保守，文化素质不高；T_5：保护政策严格，资源利用受限；T_1：自然灾害频繁，野生动物肇事；O_3：林权改革与土地流转制度；W_3：缺乏管理能力，基层组织薄弱；S_3：林地面积较多，生物资源丰富；W_4：生产力水平低，资源粗放型利用；W_5：缺少资金来源，资本积累不足；T_6：政策信息不透明，贫富差距加大；O_2：林业产业发展与新农村建设；S_1：生态环境良好，环境资源丰富；T_4：城乡差距扩大，人力资源流失严重；O_4：居民消费观念转变，生态产品需求巨大；T_2：生态环境脆弱，自然资源流失；T_3：外来文化冲击，民族文化逐渐消失；S_4：劳动力成本低，人力资源丰富；O_1：生态文明建设与可持续发展战略；S_2：民族传统悠久，文化遗产丰富（表 6.3）。

表 6.3 基于 AHP 的自然保护区民族村寨可持续发展的 SWOT 因素矩阵

目标层	一级指标	二级指标			三级指标		
内容	内容	内容	权重	CR	内容	权重	总排序权重
自然保护区民族村寨可持续发展战略选择 A_1	内部因素 B_1	优势（S)	0.0823	0.0797	S_1: 生态环境良好，环境资源丰富	0.3022	0.0249
					S_2: 民族传统悠久，文化遗产丰富	0.0561	0.0046
					S_3: 林地面积较多，生物资源丰富	0.5528	0.0455
					S_4: 劳动力成本低，人力资源丰富	0.0889	0.0073
		劣势（W)	0.5155	0.0742	W_1: 思想观念保守，文化素质不高	0.2999	0.1546
					W_2: 基础服务设施差，地理交通不便	0.428	0.2207
					W_3: 缺乏管理能力，基层组织薄弱	0.1175	0.0606
					W_4: 生产力水平低，资源粗放型利用	0.0821	0.0423
					W_5: 缺少资金来源，资本积累不足	0.0724	0.0373
	外部因素 B_2	机会（O)	0.1251	0.0501	O_1: 生态文明建设与可持续发展战略	0.0532	0.0067
					O_2: 林业产业发展与新农村建设	0.214	0.0268
					O_3: 林权改革与土地流转制度	0.6126	0.0767
					O_4: 居民消费观念转变，生态产品需求巨大	0.1203	0.0151
		威胁（T)	0.2770	0.0969	T_1: 自然灾害频繁，野生动物肇事	0.2868	0.0794
					T_2: 生态环境脆弱，自然资源流失	0.0514	0.0142
					T_3: 外来文化冲击，民族文化逐渐消失	0.029	0.008
					T_4: 城乡差距扩大，人力资源流失严重	0.0677	0.0188
					T_5: 保护政策严格，资源利用受限	0.4452	0.1233
					T_6: 政策信息不透明，贫富差距加大	0.1199	0.0332

3. 自然保护区民族村寨可持续发展路径定位

通过 AHP-SWOT 对自然保护区民族村寨可持续发展路径选择进行分析,根据总优势、总劣势、总机会、总威胁强度计算公式,得出结果:S=0.0206,W=0.1031,O=0.0313,T=0.0462。以上述 4 个变量构成坐标系,在坐标轴上的对应点分别为 S、W、O、T,依次连接上述 4 个点即得到发展战略四边形,同时,获得其重心坐标 P=(−0.0206,−0.0037)(图6.8)。

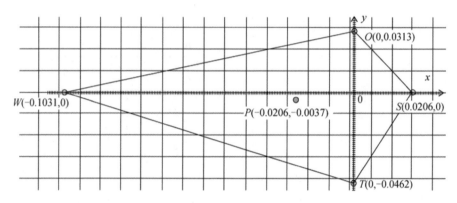

图6.8 自然保护区民族村寨可持续发展路径定位四边形

重心坐标 P 位于第三象限,即 W 和 T 均为负值,表明自然保护区民族村寨可持续发展路径应采取 WT 策略,即减少内部劣势,规避外部威胁。根据周边民族村寨发展存在的劣势与威胁,制定相应的策略,解决制约发展的因素,如地理交通不便,基础服务设施差;思想观念保守,文化素质不高;保护政策严格,资源利用受限;自然灾害频繁,野生动物肇事;缺乏管理能力,基层组织薄弱;生产力水平低,资源粗放型利用;缺少资金来源,资本积累不足;政策信息不透明,贫富差距加大;城乡差距扩大,人力资源流失严重;生态环境脆弱,自然资源流失;外来文化冲击,民族文化逐渐消失等主要因素。同时,也应抓住机遇,发挥优势,结合当地森林资源、人力资源和文化资源优势,制定政策措施,发展生态旅游和林业经济。

第 7 章　自然保护区民族村寨的经济发展模式

　　自然保护区的建立对于保护自然资源、维系生态系统具有重要意义，然而周边民族村寨的经济发展却会在一定程度上受到影响。国内对自然保护区管理模式主要关注自然保护，对有效发挥自然保护区经济功能的一面还不够重视。大量的研究表明，自然资源得不到有效保护的原因之一就是忽略了周边村寨的经济发展，保护区的建立给周边以森林资源为主要收入来源的村寨带来了很大的影响。生物多样性保护给当地社区带来的发展制约是十分明显的，特别是在短期内，村民承担着生物多样性保护造成的诸多不利影响。因此，解决生态保护与经济发展的矛盾，关键是在不破坏保护区及周边生态环境的基础上，寻找适合的经济发展模式。

7.1　生态农业模式

　　生态农业是按照生态学原理和生态经济规律，根据土地形态制定适宜土地的设计、组装、调整和管理农业生产和农村经济的系统工程体系。它要求把发展粮食与多种经济作物生产，发展大田种植与林、牧、副、渔业，发展大农业与第二、三产业结合起来，利用传统农业精华和现代科技成果，通过人工设计生态工程，协调发展与环境之间、资源利用与保护之间的矛盾，形成生态与经济两个良性循环，实现经济、生态、社会三大效益的统一。云南自然保护区是生物多样性保护重点区域，其最大的资源禀赋就是"绿色"资源，因此，在该区域发展生态农业能够保护和改善生态环境，防治污染，维护生态平衡，提高农产品的安全性，实现农业及农村经济的持续发展。发展现代生态农业应在充分调研的基础上，根据地理环境现状和实际需求差异，建立适宜的农业发展模式，并依照不同模式的特定优势，进行合理布局配置。

7.1.1　农林复合经营模式

　　农林复合经营，又称农用林业、混农林业或农林业，是指为了一定的经营目的，在综合考虑社会、经济和生态因素的前提下，在同一土地经营单元上，遵循生态学原理，以生态经济学为指导，有目的地将林业与农业（包括牧业、渔业）

有机地结合起来，在空间上按一定的时序安排以多种方式配置在一起，并进行统一、有序管理的土地利用系统的集合，是一种充分利用自然力的劳动密集型集约经营方式，有复合性、系统性、集约性、高效性、尺度的灵活性等特点。农林复合经营可一地多用、一年多收，能在相应的时间内收获2～3种以上产品，这在数量和品种上都较单一种植优越得多。自然保护区周边呈现林农交错的景观格局，村民人均农地面积较小，采用农林复合经营模式，不仅可以充分利用林地空间、气候和土壤等资源，以短养长，取得近期经济效益，还可以改变因树种、作物单一而过分消耗地力的状况。农林复合经营模式根据各类土地利用类型组合形式可分为四大类，即林农复合型、林牧（渔）复合型、林农牧（渔）复合型和特种农林复合型[110]。

1. 林农复合型

云南自然保护区民族村寨林地资源较多，农地以山坡地为主，宜采用林农复合型模式，即在同一土地单位上，通过时间序列、空间配置，进行结构搭配，相继把林木与农作物结合在一起的种植方式。可分为以下几类：①林农间作型。这是一种最为常见的林农结合的农林复合经营形式。根据其经营目标又分为以农为主（如大面积的核桃与农作物的间作）、农林并举（如枣粮间作）和以林为主（如多数类型的果农间作）。②绿篱型。绿篱在农田、果园和庭院的周围都是常用的，主要起防护、美化或生产的作用，如很多果园周围的花椒绿篱，主要是起保护果园的作用，但同时也生产部分花椒供食用。③农林轮作型。有些地区长期被开垦，造成土壤贫瘠化或沙化，为了改良土壤，实行林木和作物轮作，在休闲期种植某些能改良土壤的优良树种，一方面获得了木材，另一方面也改良了土壤。等到一定时期后，土壤已经得到改良，全部砍伐林木和清理林下植物，重新种植农作物，这样反复实行的轮作制也是农林复合经营的一种形式，比较适合农地质量较差、人多地少的区域。

2. 林牧（渔）复合型

林牧（渔）复合型是指在同一经营单位的土地上，林业与牧业或渔业相结合的经营模式，适合草地资源丰富的区域，如云南滇西北迪庆藏区，主要有以下几种形式：①林牧间作型。这在牧区中是十分普遍的，就是在牧场或生产牧草的草场上间作某些用材或经济林木，有时还形成乔、灌、草三层结构。②牧场饲料绿篱型。在牧场周围营造绿篱，一方面起到围栏和防护的作用，另一方面大部分绿篱树木还可提供一定数量的饲料。③护牧林木型。在牧场周围营造防护林，可保护牧草的正常生长和为畜牧创造良好的生态环境。④林渔结合型。主要是在鱼池周围种植适宜的林木，如在鱼塘周围种植丹桂、罗汉松、玉兰、石楠等经济树种。在鱼塘周边种树，既美化了环境，又提高了鱼塘综合利用率，更重要的是，种树能带来可观的收益。

3. 林农牧（渔）复合型

林农牧（渔）复合型在注重农业、林业的同时，不放弃牧业与渔业的发展。按照地势高、中、低和空间上、中、下不同生态位，建立多层次的生产结构，山顶防护林、山腰杂果林、林下放牧、山下基本农田、洼地种水田、沟谷水池养鱼，达到土不下山，涵养水源，充分合理利用山地资源。其可选择类型如下：①林农牧多层种植型。这种多层结构的种植形式在山区较为多见，如在林地间种草果，下面是草场供放牧。②由林农型转变为林牧型。即早期为林农型，当树木逐渐长大，树冠逐步扩展，使林下的农作物逐渐生长不好，而改种牧草或放牧。③林农渔或林牧渔结合型。林农渔结合型在云南比较普遍，在鱼池周围常种一些比较矮干的经济林木，如番石榴、香蕉等，在鱼池岸边设置畜舍饲养鸭、鸡、猪等，禽畜排出粪便为鱼提供了饵料。

7.1.2　循环农业模式

现代生态循环农业是将种植业、畜牧业、渔业等与加工业有机联系的综合经营方式，利用物种多样化微生物科技的核心技术在农林牧副渔多模块间形成整体生态链的良性循环，力求解决环境污染问题，优化产业结构，节约农业资源，提高产出效果，打造新型的多层次循环农业生态系统，成就一种良性的生态循环环境；同时，因地制宜，依托当地生态资源搭建独立成熟的单一或多种复合农业模块的经营方式，也为农业生态环境治理及结构调整提供全新的系统化解决方案。在自然保护区及周边地区发展循环农业，通过严格控制外部有害物质的投入和农业废弃物的产生，最大限度地减轻环境污染，实现"低开采、高利用、低排放、再利用"，达到经济发展与资源、环境保护相协调，并符合可持续发展战略的目标[111]。

1. 以沼气为纽带的发展型

对资源的节约和环境的保护是农业循环经济的主要特征。作为一种发展模式，以沼气为纽带的生态农业循环经济模式强调的是一种"资源—农产品—废弃物—

再生资源"循环经济模式。以沼气为纽带，把养殖业和种植业以及加工业紧密结合起来，把"植物生成—动物转化—微生物还原"的生物链连接起来。通过沼气发酵来处理大量的农业废弃物，包括人禽兽粪尿、农作物秸秆、农产品加工废弃物等，不仅防治了环境污染，而且有机物厌氧发酵产生的沼气，还可以用于炊事、照明、储粮、保鲜、发电等多项生活、生产活动；同时，沼气发酵的残余物沼液和沼渣，可以种稻、种菜、种果、浸种育苗、饲养畜禽、养鱼等，起到改良土壤、提高生物产量和质量、生产无公害和绿色食品等作用，从而实现农村和农业废弃物的循环利用。自然保护区民族村寨对能源依赖较大，近年来随着沼气池的推广，比较适宜"猪（牛）—沼—果（稻、菜、鱼）"三位一体的以沼气为纽带的资源利用型的循环农业发展模式，一方面通过化肥、农药使用量的减少，降低对自然保护区自然环境的污染；另一方面优化农业经济结构和增加农民收入，大大改善农民的生产、生活环境，减少疾病的发生率，从而形成良性互动的新格局。

2. 农村庭院型

云南自然保护区民族村寨几乎家家户户都有大小不等的庭院可以利用，发展庭院经济有很大潜力，可以利用院落占用的土地资源、利用闲散劳力和不宜到大田劳动的劳力，通过系统组合，使生产中的各种废弃物得到充分利用，用较少的投入获得较高的效益。利用农村庭院这一特殊的生态环境和独特的资源条件，建立高效农户生态系统，以种植业、养殖业为主，辅之以加工业，通过立体经营的种植业、链式循环的养殖业和技术密集的加工业，进行综合发展，多次增值利用，独立地形成一个无废弃物的循环式结构。该模式的特点是以庭院经济为主，把居住环境和生产环境有机结合起来，充分利用每一寸土地资源和太阳辐射能源，并运用现代的技术手段经营管理生产，以获得经济效益、生态效益和社会效益的协调统一。一般来说，该模式又可分为庭院花果立体种植模式，以蔬菜为主的庭院立体种植模式，以果树为主的庭院立体种植模式，以食用菌为主的庭院立体种植模式，以畜禽为主的立体养殖模式，庭院水体立体混养模式，以葡萄为主的庭院立体种养模式，庭院种、养、加立体配置模式等。

3. 观光生态农业型

这种模式以生态学、系统科学和环境美学为指导，以绿色农业为基础，构建集农业种植、养殖、农业观光、度假、销售于一体的生态观光农业，应用生态农业和循环经济技术，合理构建不同功能区之间和生态系统内部的物质再生循环和能量多级利用模式，建立起具有良好持续再生能力的综合生产结构，达到合理利用资源、改善生态环境、提高农业综合效益的一种循环农业模式。自然保护区林地资源丰富，可以利用农村田园景观、农业生产活动和特色农产品为旅游吸引物，开发农业游、林果游、花卉游、渔业游、牧业游等不同特色的主题旅游活动，满足游客体验农业、回归自然的心理需求，让游客观看绿色景观，亲近美好自然。

7.1.3　生态林业模式

自然保护区及周边森林资源是民族村寨的重要生产资源，各种林产品是当地村民赖以生存和增加经济收入的重要来源，村寨要实现脱贫致富奔小康的目标，必然要走靠山吃山、吃山养山、兴林致富之路。治穷之本在治山，治山之本在兴林，兴林之路在产业。森林资源保护的目的不能只停留在"绿起来"和森林生态效益好，更重要的目标是在确保生态安全的前提下，充分利用森林资源，加速林业产业发展，使山区经济"活起来"、村民"富起来"。因此，应根据自然保护区的地区经济发展状况、资源特点和产业优势，结合正在实施的林业重点工程，以市场为导向，集中力量帮助周边民族村寨规划和发展一批市场前景好、投资少、见效快、受益面广、对群众脱贫致富起示范带头作用的特色经济林、林下经济等绿色生态林业，积极发展林业第二、三产业，延伸产业链条，优化产业结构。通过林业项目帮扶、林业产业结构调整，提高民族村寨自我生存与发展的能力，尽快实现稳定脱贫的目标。

1. 特色经济林

云南地貌多样，海拔悬殊，立体气候明显，森林植物种质资源丰富。地方特色和产品优势的乡土经济林树种以及部分通过引种栽培试验、具有推广价值和市场前景的国外品种的特色经济林木较多，包括干果类的核桃、板栗、银杏、果梅、云南皂荚、澳洲坚果，香料饮料类的八角、花椒、肉桂、酸木瓜，木本油料类的油茶、油橄榄，工业原料类的棕榈、青刺尖、油桐等。其中油橄榄、澳洲坚果为国外引进树种，其余都是云南乡土树种。此外，还包括茶、桑、水果、橡胶、咖啡，以及列入林化工产业的紫胶、白蜡、五倍子、印楝、红豆杉等资源。特色经济林是云南林业产业的重要组成部分，也是广大山区群众重要的经济来源。自然保护区周边拥有大量的集体林地和山坡地，可充分挖掘林地资源潜力，通过在集体林中大力发展以木本粮油、干鲜果品、木本药材和香辛料为主的特色经济林，不仅有利于为城乡居民提供更为丰富的木本粮油和特色食品，也有利于调整产业结构，促进村民就业增收和村寨经济社会全面发展[112]。

1）核桃。云南核桃因其产品质量高，产量大，不仅在省内是名副其实的第一经济林果，在全国核桃产量的排名中也位列第一。全省 124 个县，海拔 700～2900 米都有其分布。比较适宜的海拔范围是 1800～2200 米。年产量在 300 万公斤左右的核桃主产县有漾濞、凤庆、永平、云龙、昌宁、大姚；年产量在 100 万公斤以上的县（市）有楚雄、南华、南涧、巍山、景东、新平、宾川、洱源、华宁、会泽、丽江等。滇西漾濞、永平、下关一带现已形成全国最大的核桃集散地，每年交易量在 2000 万公斤左右，年交易税近千万元。此外，以大理漾濞核桃有限责任公司为龙头的一批股份制或民营企业，还对核桃进行深加工，生产饮品以及精加工核桃仁等产品。

2）板栗。云南板栗种植历史悠久，已在全省广为分布，122 个县都可找到。中心产区在滇中的昆明、玉溪、楚雄、曲靖等州（市），是云南排名第二的干果。云南早板栗成熟于 7 月下旬至 8 月中旬，较国内其他板栗产区早 1～2 个月，可提前占领市场。虽然产量在全国只排在第 11 位，但由于坚果色泽好、含糖量高、风味香甜、肉质细糯，仍受到国内外客商的欢迎。每年约有 50 万公斤分散加工成糖炒板栗在省内销售，经济效益很好。

3）八角。我国栽培八角约有两千年历史，面积和产量约占世界的 90% 以上。主产区在北回归线以南的北热带、南亚热带海拔 500～1600 米的湿润山地，适生范围相对有限。云南的适生区面积广阔，种植历史悠久，产量仅次于广西，在国内排名第二。省内主产区为文山州，近年来，屏边、河口、新平、腾冲、盈江等县也开始成片种植。经烤制的八角干果及从叶和果皮中提取的八角油（茴油），是我国传统出口的大宗土特产品。云南富宁县的八角早已为国内外客商广泛认同，主要销往东北、华北、西北各省，国外主要销往日本、韩国及部分欧洲国家。

4）果梅。云南果梅栽培历史悠久，种质资源丰富，地理分布广。但长期以来，果梅作为野果不被人们重视，处于野生或半野生状态。20 世纪 80 年代初，随着果梅市场价格回升，云南果梅的需求量大增，经筛选认定的丽江照水梅、大理盐梅等优良品种已逐步普及推广种植，形成了以丽江市和大理州为中心产区的云南果梅种植基地。云南果梅鲜果的加工基地主要集中在丽江市、大理州和保山市等地区，其中丽江、大理区域的果梅加工由于起步较早，已初具规模，共拥有 20 余个果梅加工厂家，个体梅胚加工户达千余户，产品多达数十种。仅丽江、大理周边区域，2002 年就加工果梅 2.1 万吨。随着丽江、大理"品牌"的升温，果梅产业将会取得更加良好的经济效益。

5）棕榈。棕榈属亚热带树种，在云南除高寒山区外，海拔 800～2500 米的广大地区均有分布。棕榈主产品棕片，全省年产量约 1 万吨，位居全国之最。但大多零星种植和采收，商品率很低。目前在红河州红河县已开始规模种植，产业中心正逐步形成。全县有棕片初加工企业 100 余家，其中红河县棕麻制品厂具有一定的生产规模和实力，生产多种家庭生活用品。拳头产品为红河迤萨天然山棕床垫，年产量 2 万余床，远销上海、广东、福建、浙江、北京等地，是红河县今后重点发展的支柱产业之一。

6）花椒。花椒在云南海拔 1800～2700 米的暖温带和亚热带岩溶地区生长较好，椒果质量和单产较高，省内主产区为昭通市。较好的栽培品种有大红袍、青椒等。云南花椒的质量和产量在全国并不占优势，但由于其分布面广，容易种植，产品销售前景好，在局部地区仍是重要的经济林造林树种。

7）青刺尖。野生青刺尖主要生长在滇西海拔 2300～3200 米的山区和半山区，面积约 3 万亩，其果实油脂的应用在民间已有悠久的历史，可在保健、美容护肤、医药等领域开发应用。目前已在丽江市成片人工种植，是高寒山区不可多得的特色经济林造林树种。目前，云南丽江青刺果天然营养植物油有限公司等企业，正在按"公司+基地+农户"的模式建设原料基地。已初步形成了从种植、加工到销售的产、供、销一条龙，科、工、贸一体化的产业建设格局。

8）澳洲坚果。澳洲坚果也叫夏威夷果，为山龙眼科乔木果树，是世界公认的名贵食用干果和木本油料。它的种仁脂肪含量达 78% 以上，其中不饱和脂肪酸占 84%；果油清香美味，是一种高级食用油。由于其主根系不发达，怕大风，所以非常适合在云南种植。截至 2015 年底，全省澳洲坚果种植面积达 160 多万亩，其中镇康、盈江等 5 个县种植面积超过 10 万亩。根据 2021 年云南省林业和草原局印发的《云南省澳洲坚果产业发展规划》，2020 年，全省澳洲坚果林面积达到 353 万亩。

自然保护区在发展特色经济林时应妥善处理生态环境保护与发展特色经济林产业的关系，坚持以实现生态修复目标为主，协同推进生态建设与绿色富民。要兼顾经济效益，充分尊重农民意愿，引导群众科学选择搭配林种、树种。按照"生态保护、适地适树、突出特色、规模发展"的基本要求，发挥资源禀赋优势，科学发展适宜树种，优化区域布局，壮大各具特色的经济林产业。

2. 林下经济

发展林下经济不仅有利于改善林业经济周期长、林业附加值低的现实，也有利于促进山区农民发展绿化循环经济，增加林业收入，是实现林业可持续发展的重要途径。自然保护区及周边区域具有林业资源丰富的优势，是发展林下资源的理想选择。通过在森林类型自然保护区实验区和周边地带因地制宜开发林花、林草、林药、林菜、林菌等林下种植业，以及充分利用林下立体空间发展立体养殖，大力发展林畜、林禽、林虫等林下养殖业，不仅能够克服当地村民经营林地投入高、收益周期长和风险大等缺点，还能突破环境资源约束，发挥森林资源优势，变山为宝，促进农民增收。从资源的利用种类和效益模式来看，林下经济主要包括以下几种典型模式：林药模式、林菌模式、林禽模式、林畜模式、林虫（蜂）模式、林花模式、林菜模式等。上述模式均是通过利用林下空间或时间交错来发展适宜的短周期种植或养殖业，长短结合，持续获得生态与经济效益[113]。

1）林药模式。云南省拥有丰富的药材资源，是我国中药资源最丰富的地区之一，也是我国中药材的地道产区和主产区之一。林药模式是在林下种植与其环境相适应的药材的一种产业模式，尤其适用于地理条件特征特别适宜种植药材的自然保护区山区，对保护区居民摆脱长期贫困有非常重要的意义。适宜林下种植的药材种类很多，有草果、人参、刺五茄、甘草、黄芩、黄精、七叶一枝花、桔梗、五味子、板蓝根、铁皮石斛、三七、田七、朱砂根等。

2）林菌模式。森林类型自然保护区周边社区的森林覆盖率高，具有气候多样性和生物多样性的特点，为野生菌的繁殖和培育提供了得天独厚的自然环境，是周边社区依托资源优势发展的理想产业模式。食用菌生性喜阴，林地内通风、凉爽，为食用菌的生长提供了适宜的环境条件。可降低生产成本，简化栽培程序，提高产量，为食用菌产业的发展提供广阔的生产空间。而食用菌采摘后的废料又是树木生长的有机肥料，一举两得。

3）林禽模式。在速生林下种植牧草或保留自然生长的杂草，在周边地区围栏，养殖柴鸡、鹅等家禽。树木为家禽遮阴，是家禽的天然"氧吧"，通风降温，便于防疫，十分有利于家禽的生长，而放牧的家禽吃草吃虫不啃树皮，粪便肥林地，与林木形成良性生物循环链。在林地建立禽舍省时省料省遮阳网，投资少；远离村庄没有污染，环境好；禽粪给树施肥营养多；林地生产的禽产品市场好、价格高，属于绿色无公害禽产品。

4）林畜模式。林地养畜有两种模式：一是放牧，即林间种植牧草可发展奶牛、肉用羊、肉兔等养殖业。速生杨树的叶子、种植的牧草及树下可食用的杂草都可用来饲喂牛、羊、兔等。林地养殖解决了农区养羊、养牛的无运动场的矛盾，有利于家畜的生长、繁育；同时为畜群提供了优越的生活环境，有利于防疫。二是舍饲饲养家畜，如林地养殖肉猪，由于林地有树冠遮阴，夏季温度比外界气温平均低 $2\sim3℃$，比普通封闭畜舍平均低 $4\sim8℃$，更适宜家畜的生长。

5）林虫（蜂）模式。刺槐、椴树、柑橘林下养蜂、养金蝉，女贞林下养白蜡虫，盐肤木林养五倍子，黄檀林下养殖紫胶虫，对森林植物本身来说基本上没有不利影响，值得推广。养育以上昆虫，收获昆虫产品，只需根据各种资源昆虫的特点选择不同的树种或森林，按照专业养殖方法操作即可，对森林不会构成损害。养蜂还能促进植物授粉，利于植物繁殖和天然更新。

6）林花模式。林下阴湿、温凉、厚腐殖质的自然环境是大多数兰花和阴生植物花卉最适宜生长的处所，如春兰、蕙兰、剑兰、兜兰、石斛、花叶芋、铁线蕨、马蹄莲、虎眼万年青等。在林下栽培这类植物对林地自然生境的影响甚微。这种模式基本上不受交通、水源等条件影响。

7）林菜模式。一般蔬菜对阳光、水、肥要求高，必须选好自然条件合适的地段。目前，林下种蔬菜，基本上是采取农林间作的方式，不是真正意义上的林下种植。不过，像紫萁、鱼腥草、蕨菜、楤木之类的栽培，对土壤条件要求不高，且能在密度较小的林下进行，是一种经济效益较高的模式。林下可种植菠菜、辣椒、甘蓝、洋葱、大蒜等蔬菜，一般亩年收入可达 700~1200 元。

发展林下经济有利于农民在相对短的时期内获得更多经济收益，"不砍树也能致富"，实现近期获利、长期获林，提高广大农民造林护林积极性，对巩固集体林权制度改革成果、转变林业发展方式、优化林业产业结构、促进农民增收、满足城乡居民绿色消费需求、建设生态文明，具有十分重要的意义。

7.2　生态工业模式

生态工业是根据工业生态学基本原理建立的、符合生态系统环境承载能力、物质和能量高效综合利用以及生态功能稳定协调的工业新型组合和发展形态。在实际工业生产活动中，主要是指实现资源节约和综合利用，实施清洁生产，发展循环经济，培育绿色和环保产业，建立以低消耗、低（或无）污染、高效率为基本特征的工业发展与生态环境协调为目标的工业发展新模式。自然保护区周边民族村寨拥有丰富的生物资源，在这一区域发展以本地绿色产品为特色的生态工业，不仅有利于生态环境保护与资源利用，也有利于调整产业结构，促进产业经济可持续发展。

7.2.1 发展森林食品加工业

自然保护区及周边生物质资源丰富，森林食品多样，主要包括蔬菜、水果、干果、肉食、粮食、油料、饮料、药材、蜂品、香料和茶叶等，许多森林食品营养素含量要高于普通产品，有较高的人体所需的营养素，是功能性食品的最好原料，具有非常高的开发价值。民族村寨经济相对落后，如果村民单纯依靠粮食、畜禽、果蔬、菌虫等初级农产品实现增收致富，则效益较低，容易产生资源浪费。在以市场需求为导向的前提下，用工业的技术和设备，对初级农林产品进行加工，使多种价值和潜在价值都能很好地得到开发利用，能够大幅提高农产品的附加值，获得更高的利润空间，并将产品的质量上升到一个全新的高度，以统一的产品质量去面对市场。

1. 森林蔬菜加工

云南森林蔬菜按主要采食部位及民间食用习俗分为茎叶菜类、根菜类、花菜类、果菜类、菌菜类、竹笋类以及地衣、苔藓类 7 大类别。这些风味独特的森林蔬菜营养丰富，人体所需的蛋白质、脂肪、碳水化合物、微量元素、维生素的含量普遍高于一般蔬菜，并具有保健和营养的双重功效。大多数的森林蔬菜资源尚未被开发利用或利用率极低，资源浪费严重，如食用菌资源利用率不到 10%。同时，森林蔬菜的利用方式也较为单调，多为村民自采自食，或充当饲料。在交通方便的地区，往往以鲜菜的形式就近销售，或在家庭作坊中按传统做法腌制、干制成罐装或袋装食品销售，品种十分单调。因此，可开展森林蔬菜深加工，以市场为导向，重点选择储量大并独具特色的森林蔬菜，开发具有特色的深加工产品和中高档产品，如保鲜森林蔬菜、速冻森林蔬菜、复合方便菜、森林蔬菜脆片、森林蔬菜晶或粉、营养口服液、复合森林蔬菜汁、饮料等，以及适合不同消费者需要的系列保健食品和功能食品，使资源优势转为商品优势。

2. 森林药材加工

云南是我国中药材主要产区之一，药用资源多达 1260 种，通常中药材 80% 都来源于森林之中的野生植物资源。自然保护区森林药材资源丰富，当地村民采收后，绝大多数森林药材尚呈鲜品，但因药材内部含水量高，若不及时加工处理，很容易霉烂变质,其药用的有效成分亦随之分解散失,严重影响药材质量和疗效。而在制作时,全草类药材需要重新打湿、润透、切段、干燥,根茎类药材需要闷润,透心后切薄片或者厚片,干燥,这些环节势必会损失中药材有效成分的含量。因此,比较适合在村寨及周边建立药材加工基地,实现"产地加工与中药制作的一体化",不仅可以更好地保证中药材的质量,降低中药材加工成本,同时也能解决村民就业问题,带动村寨经济的发展。

3. 森林昆虫加工

自然保护区周边村寨的产业结构调整,还应打破传统观念,不断开拓新生资源的开发利用,使增加农民收入、促进农村经济发展的机会持续增加,而昆虫加工利用业就是其中最具生命力的"绿化"生态工业。云南昆虫资源丰富,在全国150万种昆虫生物资源中,云南拥有的昆虫种类就占全国的55.3%。昆虫体内含有丰富的蛋白质、氨基酸、维生素类物质、微量元素等,营养十分丰富。如蚕蛹和蚕蛾中均含有18种氨基酸,并且含有人类必需氨基酸的比例,相当于世界卫生组织和联合国粮农组织制定的理想蛋白质模谱,铜(Cu)、铁(Fe)、锌(Zn)、硒(Se)含量分别比大豆高26.2%、2.3倍、4.5倍、4.4倍,还含有大量的胡萝卜素、核黄素,比肉蛋类高10倍以上。昆虫体内的蛋白质含量多在50%~70%,大于猪牛羊肉。在全球资源日益匮乏的形势下,昆虫资源的合理开发无异于雪中送炭。因此,利用森林昆虫生产新型的营养保健食品、药品具有广泛的发展前景,如通过加工,可以把那些蛋白质含量高、大众不易接受直接食用的昆虫开发成高蛋白的营养食品或营养添加剂,以满足人类对营养食品的需求。

4. 野茶及古茶树产品

作为世界三大饮料之一的茶叶,其利用历史可以追溯到3000多年前的商朝。云南独特的地理环境和生态环境,孕育了丰富的茶树种质资源。云南省至今仍有数百年以上古茶园和数千年以上野生茶树分布,是云南作为茶树原产地、茶树驯化和规模化种植发祥地的"历史见证"和"活化石",是未来茶叶产业发展的重要种质资源库。目前,国际上对有机茶产品的需求极为旺盛,呈现供不应求的状况,有巨大的市场空间,优质有机茶产品在国际市场上价格高达千元以上,而野茶和古茶树的鲜叶是制作有机茶产品的最佳原料。因此,对自然保护区民族地区存有的野生茶或古茶园的有效保护和有机茶的合理加工,将有力地推动云南传统优势产业的创新,并为重新打造云南茶叶世界性品牌提供新的契机,如腾冲市高黎贡山生态茶业有限责任公司依托国家级自然保护区高黎贡山及周边的古茶树资源，发展生态茶叶产业，带动茶农 5 万多户，直接受益茶农 18 万多人。

7.2.2 发展林产品深加工业

林业既是国民经济的重要基础产业，又是关系到生态环境建设的公益事业。林业肩负着优化环境与促进经济发展的双重使命，在实现区域经济社会可持续发展方面具有不可替代的重要作用。自然保护区所在行业部门应充分发挥林业产业链长、环境相容性好的优势，引入绿色提取、深加工技术，重视林业资源应用技术研究，着力发展林产化工品种系列，拓宽林产化工产品应用领域，加快安全、健康林业精细化学品的开发和产业化。

1. 竹藤产品加工

竹藤是两种最重要的非木质林产品，都属于可再生资源，生产周期短，容易加工，用途广泛，由于加工工艺设备相对简单，投资小，在保护生态、消除贫困和产业发展领域具有巨大潜力。云南竹藤植物资源丰富，栽培利用历史悠久，发展竹藤加工产业前景广泛。竹产品加工，除了建筑用的竹竿架、竹木地板、竹筷、竹制家具用品和竹笋等农产品的传统加工产业外，还包括竹子的延伸产业，如竹炭产业、竹纤维产业、竹醋产业、竹盐产业等。发展竹藤产业，其产品附加值高，市场容量大，能够不以牺牲资源为代价，变废为宝，可持续发展，极大地提升资源效能，获得极高的经济效益。市场上的竹产品涉及竹笋、竹日用品、竹工艺品、竹胶板、竹地板、竹材家具、竹碳、竹纤维纺织、竹浆造纸、竹化工产品 10 大类 3000 多个品种。

2. 木本油料加工

近年来，随着社会进步和经济发展，人们对核桃和油茶的营养、保健等功能的认识逐步深化，促成了消费观念的转变，市场对木本油料的需求量逐年增加，这为山区农村大力发展木本油料产业带来了极好的市场发展机遇。云南省现有核桃、澳洲坚果、油茶、油橄榄、油牡丹、辣木、印加美藤果木、膏桐、油桐等木本油料植物 200 多种。据云南省林业厅统计，截至 2013 年底，云南省木本油料作物种植面积达 296.7 万公顷，其中核桃和澳洲坚果的面积、产量和产值均居全国之首，油茶居全国第 10 位，已成为全国最大的木本油料基地。基地可依托当地资源，进一步发展木本油料深加工产业，开发高附加值产品，延长产业链，如针对核桃产业，可发展核桃果、核桃仁、核桃粉、核桃油、核桃饮料、核桃壳深加工等。自然保护区周边民族村寨，地少人多，集体林地面积较大，发展植油料加工产业，对增加农民收入，缓解油粮争地矛盾，确保粮食安全，改善生态环境均具有十分重要的意义。

3. 林产化学加工

自然保护区周边地区工业基础薄弱，经济落后，人民生活水平较低。而林产化工产业以森林资源商品培育，并以此为原料进行化学或生物化学加工，属于可再生资源利用型产业，其生产周期短，投资回收快，在国民经济发展中具有重要的地位，是广大林农脱贫致富的重要途径。云南地理环境特殊、气候多样，丰富的光、热、水资源，为林产化工产业造就了十分丰富且具有特色的植物资源，如以思茅松、云南松为原料的松脂、松香、松节油生产及其深加工产业；以植物为寄主的紫胶、白蜡、胭脂虫等资源昆虫的开发利用产业；以竹、木及其加工、采伐剩余物为原料的竹（木）炭、活性炭生产加工产业；以桉树、山苍子为代表的天然香料生产加工产业；以塔拉、五倍子为商品原料的栲胶产业等。尤其是林木本药材如红豆杉、灯台叶、血竭等作为我国中医药材的重要组成部分和现代药业的重要原料，为林产化工产业提供了新的发展领域，发展前景广阔，终端产品产值利润高，是今后开发的重点。

7.3　生态服务业模式

随着我国经济实力的不断增强，服务业对经济发展的影响越来越大，逐渐受到人们的重视。生态服务业是生态循环经济的有机组成部分，包括绿色商业服务业、生态旅游业、现代物流业、绿色公共管理服务等部门，是指在充分合理开发、利用当地生态环境资源基础上发展的服务业。其发展在总体上有利于降低城市经济的资源和能源消耗强度，发展节约型社会，是整个循环经济正常运转的纽带和保障。自然保护区周边民族居民贫困面广量大，贫困程度深，基础设施薄弱，市场体系不完善，生态服务业的良好发展能有效改善地区的产业结构问题，提升片区经济水平，同时创造更多就业机会，提升居民收入，增加整个地区的幸福感。

7.3.1　发展生态旅游业

1993 年，国际生态旅游协会将生态旅游定义为承担着保护自然环境和维护当地人民生活的双重责任的旅游活动，相对一般的旅游，它更强调对自然景观的保护，是可持续发展的旅游[114]。我国大部分自然保护区主要是为了保护生态系统和野生动植物及其栖息地，其拥有的独特的自然资源和多元的民族文化，深深吸引着国内外的广大游客，这为开展生态旅游提供了条件。自然保护区具有独特的生态旅游资源，因此，在自然保护区开展生态旅游是保护区周边村寨第三产业比较理想的选择。开展生态旅游，既能给生态旅游者提供非凡体验的机会，又能使环境变化维持在自然保护区可接受范围内，同时，获得的生态旅游收入可增加保护区管理经费，保证了自然保护区事业的可持续发展。

1. 森林生态旅游

(1) 森林生态旅游的内涵

森林生态旅游是指在被保护的森林生态系统内，以自然景观为主体，以区域内人文、社会景观为对象的郊野性旅游，是一种科学、高雅、文明的旅游方式。旅游者通过与自然的接近，达到了解自然、享受自然生态功能的好处，产生回归自然的意境，从而自觉保护自然、保护环境。森林生态旅游的内涵更强调的是对自然景观的保护，其发展应与自然和谐，并且必须使当代人享受旅游的自然景观和人文景观的机会与后代人相平等；此外，在森林生态旅游的全过程中，必须使旅游者受到生动具体的生态教育。森林生态旅游必须强调以生态效益为前提，以经济效益为依据，以社会效益为目的，力求达到三者结合的综合效益最大化，实现旅游目的和旅游业的可持续发展。

森林生态旅游能把文化、民族、林业、旅游、科技等方面有机地结合起来，把生态资源优势转化为经济优势，是一种非消耗性的林业产业发展方式。森林生态旅游不仅是一种旅游形式，它还是国家政府机构用以实施可持续发展战略的有效工具。由于森林生态旅游在资源利用、开发经营上具有可持续发展的特性，已经成为国际旅游的主要潮流。随着世界经济的高速发展，人们的旅游观念正发生巨大变化，将有更多的时间和费用投入休闲旅游活动中。据世界旅游理事会估算，生态旅游年平均增长率为20%～25%，是旅游产业中增长最快的部分。21世纪将是以森林生态旅游为主体的生态旅游世纪，并成为前景光明的新兴产业。

(2) 自然保护区森林生态旅游

云南自然保护区森林景观资源丰富，保护区内森林茂密、沟谷纵横、奇峰耸立、湖光山色、气象万千，发展森林生态旅游有着得天独厚的环境与条件。按照资源所在旅游地的属性和类型划分，云南166个自然保护区中，13个国家级自然保护区均为特品级旅游资源；在 50 个省级自然保护区中，有 9 个自然保护区为特品级旅游资源，有 40 个自然保护区为优良级旅游资源，有 1 个自然保护区为普通级旅游资源；在 55 个地市级自然保护区中，除 2 个人工水库景区为普通级旅游资源外，其他 53 个均为优良级旅游资源；在 48 个县级自然保护区中，除 1 个水源林景观为普通级旅游资源外，其他 47 个均为优良级旅游资源[115]。

从理论上讲，自然保护区发展森林生态旅游业利大于弊。其正效益不仅会给自然保护区和当地带来经济收入，对环境建设也有好处，游客还能在游山玩水中增强环境保护意识，形成不以牺牲环境为代价的与自然环境相和谐的旅游，朝可持续发展的方向发展。但如果过度无序开发，会对目的地的环境造成过大的压力，破坏生态旅游赖以生存的环境，造成一些生物繁殖率的降低和一些珍稀植物的消失。当前，我国自然保护区开展的生态旅游还良莠不齐，主要体现在缺乏合理规划，市场秩序混乱，盲目、恶性竞争严重，重开发、轻保护等，民族村寨在生态旅游方面参与度不高，参与能力弱。不仅如此，甚至在开展旅游过程中还存在资源破坏、环境恶化、生态失衡和管理混乱等问题[116]。因此，应加强对自然保护区森林旅游资源的科学管理与利用，确定合理的保护措施和开发序位，坚持先保护、后开发，建立科学、严格的管理制度和相应的保护开发机制，以保障森林生态旅游资源的永续利用。近年来，自然保护区旅游区的建设，大大推动了森林生态旅游产业的发展，缓解了保护与发展之间的矛盾，走出了一条不以消耗森林资源为代价的林产业可持续发展之路。森林生态旅游产业的快速发展带动了一系列相关产业，如交通业、餐饮业、加工业、种养殖业、零售业等的发展，推动了林区产业结构的合理调整，有效缓解了林区的就业压力，并且极大地带动了地方经济的发展，成为林区群众脱贫致富的重要途径。

（3）保护区森林生态旅游产品类型

1）珍稀动物观赏旅游产品。云南素以"动物王国"和"鸟类的天堂"而闻名海内外，全省珍贵稀有的保护动物有 164 种，鸟类 792 种。在国内，仅见于云南的鸟类就达 115 种，云南成为鸟类的荟萃之地，并素有"鸟类王国"的美誉。自然保护区观赏性珍稀动物资源丰富，可开发珍稀动物观赏旅游产品。白马雪山、丽江老君山自然保护区，主要观赏的鸟类为淡腹雪鸡、藏马鸡、金雕等单型属、单型种的高山珍贵鸟类；南滚河、西双版纳的亚洲象、野牛；白马雪山、老君山的滇金丝猴；金平分水岭、绿春黄连山、红河阿姆山、景东哀牢山、无量山的黑长臂猿等，这些珍稀动物很有吸引力，可在其活动区域开发观赏珍稀野生动物的精品线路。

2）珍稀植物观赏旅游产品。云南森林资源丰富，森林环境原始，森林类型和生物物种多样，素以"植物王国"和"天然花园"而闻名海内外，仅高等植物就有 17000 种，珍贵保护植物 151 种。各种花卉植物、特有树种之多，在全国名列前茅，如南滚河、西双版纳国家级自然保护区主要观赏考察热带雨林、季雨林、望天树、热带兰、空中花园等；景洪、勐海、澜沧、西盟、双江、沧源主要观赏考察古茶树、古茶园等；高黎贡山、苍山洱海国家级自然保护区主要观赏考察野生兰花。

3）大森林生态观光旅游产品。云南是全国重点林区之一，全省森林面积 1.41 亿亩，森林覆盖率 44.3%。特殊的地理位置，形成复杂、多样化的环境和丰富的生物多样性，且具有原始、古老、独特过渡性的特征。为满足人们回归自然，返璞归真的愿望，要组织好森林生态系统内美感质量较高的森林、水体、湿地以及各种特殊地貌和生物资源，打造大森林生态观光旅游产品，如西双版纳、临沧、思茅热带雨林观光，无量山、哀牢山亚热带常绿阔叶林观光，高黎贡山（包括怒江、保山、腾冲）高山珍稀植物、森林垂直景观观光，腾冲湿地景观观光，梅里雪山、白马雪山、哈巴雪山、玉龙雪山高山针叶林、大果红沙林、高山杜鹃林观光等。

4）探险旅游产品。云南探险旅游资源丰富，可组织开展包括名山大川、高山峡谷、高山湖泊、高山洞穴、叠水温泉、高山瀑布、雪山冰川、石林怪石、溶洞暗河的爬山登高、雪地娱乐、森林摄影等软式和硬式森林生态旅游探险活动。可设计塔城、维西、白济汛、利沙底三江穿越探险，贡山、巴坡、独龙江乡独龙江峡谷探险，老窝河峡谷、六库、双腊瓦底嶂谷、知子罗、马吉、丙中洛、青那桶、西藏察瓦龙怒江大峡谷探险，以及轿子雪山、鸡足山、苍山、梅里雪山、哈巴雪山和玉龙雪山探险等森林生态探险旅游产品。

5）科普及夏令营旅游产品。自然保护区是发挥科学普及功能，进行科学探索的基地，也是对民众普及科学知识，进行启智教育的最好课堂，可开展一系列以森林生态系统科学知识普及教育和环境保护教育为目的科普及夏令营森林生态旅游活动。通过对自然保护区地质地貌、生物资源、气候资源、原生态文化资源的野外实地观察和多媒体场馆展示，培养游客特别是青少年游客的科学素养和环境保护意识。

2. 民族村寨旅游

（1）民族村寨旅游的内涵

民族村寨旅游是指以少数民族乡村社区为旅游目的地，以目的地人文事象和自然风光为旅游吸引物，以体验异质文化，追求纯朴洁净，满足"求新、求异、求乐、求知"心理动机为目的的旅游活动。这里的旅游目的地是指具有发展旅游业的资源和条件的民族村寨及其周围环境，其旅游吸引物既可以是少数民族乡村的自然风光，也可以是人文景观；既可以是少数民族乡村建筑、服饰、饮食、节庆、婚丧嫁娶、乡土工艺等显性的文化要素，也可以是居民的思维方式、心理特征、道德观念、审美情趣等非显性的文化特征，因此上至寨容寨貌、礼仪习俗，下至村寨居民本身及其生产生活方式都可成为民族村寨旅游的吸引物[117]。

作为民俗旅游类型，它既体现了民俗文化旅游的基本特征（观赏和体验民族文化），又不仅仅限于民俗文化旅游。它还是一种生态旅游形式，既以和谐的自然生态和人文生态为旅游吸引物，又以促进和发展人与自然之间、传统民族文化与现代化之间的和谐与平衡为目标。同时，它也具有乡村旅游的特征和功能。

（2）民族村寨发展旅游的意义

民族村寨发展旅游业可以成为展示民族文化的窗口。为了迎合旅游者的需求，各地村寨会尽可能地去表现自己的文化中具有特色的、本质的部分，在一定程度上创造了一个特殊的保护和宣传空间，旅游获得的收益还可以增加文化保护的资金投入，更重要的是村寨旅游可以唤起当地人对自己民族文化的强烈自豪感，培养他们保护民族文化的意识。具体说来，民族村寨旅游作为一种重要的旅游产业形式，对民族村寨自身的建设具有重要的促进作用。

1）经济方面，可以拓宽村民增收渠道。民族村寨旅游依托的是民族村寨的自然景观、田园风光和民族文化资源，这些都与当地农民有着密切的联系，在旅游活动过程中，农民可以将一般的生活资料和生产资料转化为经营性资产，为游客提供服务，从而增加收入。

2）社会方面，可以增加民族村寨社区农民的就业机会。民族村寨旅游业是一项劳动力高度密集的行业，可以直接吸纳较多的劳动力。就业空间得以提升，人们的收入水平提高，人们生活幸福指数就能大大提高。实践证明，许多云南少数民族旅游村寨通过发展旅游经济，生产条件得到改善，靠旅游实现了脱贫致富。

3）文化方面，由于独特的民族文化是民族村寨旅游的灵魂、生命源泉和提升动力，所以发展民族村寨旅游，有利于积极发掘、保护和传承民族文化，挽救濒临边缘化的民族文化，唤醒村民的文化自觉。同时，城市游客通过旅游将比较先进的文化带到乡村，有利于去除农民一些固有的落后思想，无形中增长了人们的知识，提高了人们的文化素质。最重要的是，发展村寨旅游能有效提高农村人力资本存量水平，增强农民自身发展能力。为了满足游客的多样化消费需求，农民会自觉接受教育和再教育，边干边学，努力提高职业技能水平，从而不断增强其发展能力和改造世界的本领。

民族村寨旅游带来的益处虽多，但我们也要清醒地注意到其存在的弊端。旅游在吸引人们对民族民间文化挖掘和开发时，其商业性质使得相关的旅游企业为追求商业价值，盲目迎合游客的趣味而不惜扭曲民族民间文化的本来面貌，导致许多优秀文化变味，一些民俗被改造、夸张，而导向奇异甚至低俗，市场商业气息完全侵蚀了民族文化的内涵。这必然破坏少数民族的文化生态。可见，民族文化村寨的打造，应当对民族文化采取保护与开发利用相结合的办法，使民族文化在保护中利用，在利用中保护，最终实现保护民族文化与促进旅游业发展的双赢。

（3）民族村寨旅游的发展模式[118]

1）村寨观光旅游。观光旅游是最基本形式的旅游产品，也是生命周期无限长的旅游产品。村寨开发观光旅游系列产品具有低成本优势，利用现有的纯乡村自然、人文景观或农业产业园区，稍加改造设计，甚至无须任何修饰，就可开发出各具特色的观光系列产品。具体项目有：田园观光、水乡观光、特殊乡村景观观光、水果农园观光、种植花卉与野生花卉观光、茶园观光、竹园观光、特殊林地观光、中草药园地观光、村落观光（含古村落、特色村落和新农村观光）和乡村博物馆等，而乡村主题博物馆是乡村景观遗产保护的一种重要方式。

2）村寨生活体验游。民族地区拥有广袤的土地空间和丰富的文化传承，可为不同层次、不同类型的个性化户外活动及文化体验提供场所和条件，因此村寨生活体验旅游是顺应这种趋势，对乡村旅游资源进行深层次开发的最佳选择之一。多数为观赏开发的旅游景点都很难维持长久的生命力。而生活体验旅游的目的不仅仅是供人欣赏，而且是在乡村这一特定的地域内，利用独特的生产方式、特有的生产工具、劳动创造物、民俗文化传承和乡村地理环境等体现出的人与自然的紧密关系、人与社会发展的密切联系，创造旅游体验。

3）村寨民俗风情游。民俗即民间风俗习惯，是广大中下层劳动人民所创造的民间文化，包括饮食、服饰、居住、节日、民间歌舞等各方面的民俗风情。民俗旅游是一种对文化的感知，民俗文化存在于民族生活中，包括宗教信仰、民族歌曲、民族舞蹈等，如傣族的"泼水节"。旅游者通过开展民俗旅游活动，才可能亲身体验和触摸到旅游地的民众生活事项，体会到当地的民俗事项，体会到当地人民的生活的方式和思想意识、审美情趣，实现审美提升与自我完善的旅游目的，从而达到良好的游玩境界。从某种意义上讲，民俗旅游属于高层次的旅游，在不久的未来将成为现代旅游的主流之一。

4）乡村体育冒险游。城市游客工作学习的压力日益增大，强化运动和冒险性运动是释放这种压力的有效方式之一。乡村广阔的天地和相对自然的环境为强化运动创造了足够的空间，乡村旅游应充分利用这一优势，针对强运动和冒险性运动爱好者开发系列体育冒险产品，如乡村定向越野、乡村野外生存游戏、乡村漂流、空中滑翔、野外障碍赛会、龙舟赛会、乡村攀岩、团队激励拓展训练。这类活动技术性强，经验要求高，因此操作中须与专业机构和组织者合作，对参与者进行必要的培训教育，提供足够的安全保障。

7.3.2　发展农村服务业

农村服务业是指服务于农村经济社会发展，通过多种经济形式和经营方式在农村地区生产和销售服务商品的部门和企业的集合。长期以来，云南自然保护区周边民族村寨服务业发展滞后，结构不合理，生产性服务业水平不高，尚未形成对产业结构优化升级的有力支撑，生活性服务业有效供给不足，不能满足当地村民的消费需求。因此，需要进一步发展生产性服务业，以促进民族村寨经济发展方式转变、产业结构调整，壮大生活性服务业，以保障和改善民生，不断满足广大人民群众日益增长的物质文化生活需要。

1. 农村生产性服务业

农业生产性服务是指为农业的产前、产中、产后环节提供的中间服务，贯穿农业生产的整个链条，是现代农业的重要组成部分。从具体服务范围看，农业生产性服务主要包括农业物流配送服务、农产品营销服务、农业信息化服务、农业科技服务等。

1）农业物流配送服务。农业物流是以满足顾客需求为目标，对农业生产资料与产出物及其相关服务和信息，从起源地到消费地有效率、有效益的流动和储存进行计划、执行和控制的全过程。它包含两个物流流体对象——农业生产资料和农产品。农业生产的地域性，以及生产的季节性与常年性消费需求之间的对立，造成了中国农产品供需的时空矛盾，解决这个矛盾的基本途径就是发展中国现代农业物流。农产品物流只有做到农产品保值，才能实现农产品的价值与使用价值，进而才可能使农产品在物流过程中增值。长期以来，自然保护区民族地区农业生产粗放，劳动生产率低下，专业化水平不高，优质产品少，市场化程度不够，农业结构性矛盾突出，其原因是农业缺乏高效的服务体系。只有通过物流体系的确立，健全农业服务体系，才能果断地调整产业结构，实行产业化经营[119]。

2）农产品营销服务。山区农业生产者（农户）生产规模小、经营分散，对市场的把握能力较差，经常根据上一年农产品的价格和收益情况来决定当年的种植品种和种植数量，造成农产品销售的季节性、年度性、结构性的过剩，从而造成农民的增产不增收。农产品营销强调通过农业生产经营的企业化、组织化和一体化，增强农户对市场的把握能力，有效地引导农户作出合理的种植决策，从根本上解决农产品市场的结构性过剩，促进农产品市场的均衡发展。因此，农产品营销服务有助于降低农产品市场的信息不对称，生产适合销路的产品；有助于延长农业的产业链，增加农产品的附加值；有助于降低农产品运销的成本，提高农产品营销的效率。

3）农业信息化服务。农业信息化服务通过建立提供政策、市场、资源、技术、生活等信息的网络体系，及时准确地向农民提供政策信息、技术信息、价格信息、生产信息、库存信息以及气象信息；提供中长期的市场预测分析，指导帮助农民按照市场需求安排生产和经营，解决分散的小农生产和统一的大市场之间的矛盾。不同村寨可根据当地特色产业不同，建立特色专业信息服务站点，如建立禽蛋信息服务站、森林蔬菜信息服务站、森林药材信息服务站等，将专业市场信息传递至农户。可采用"信息站、农技站、协会"相融合的服务模式，有效扩大农业信息服务覆盖面。

4）农业科技服务。农业科技服务有利于促进农业增长方式转变，快速发展现代农业；有利于加快农业科技成果的转化应用，提高科技对农业增长的贡献率，促进农业高效生产、集约生产、清洁生产、安全生产和可持续发展。农业科技服务具有很强的公益性，应建立以农业科研院所、农业企业、农业专业性服务组织、各类农民中介组织为补充的新型农技服务体系。按照"强化公益性职能，放活经营性服务"的要求，改革现有基层农技推广服务体系，构建一支高效、精干、稳定的公益性农技推广服务队伍，提高服务水平。扶持农业企业、农民专业技术协会、经济合作组织，开展技物结合型的技术推广活动以及产后的加工、运销、信息等经营性服务，拓宽服务领域。充分发挥农业科研院所的人才与技术优势，加强对农业发展有重大影响的关键技术攻关，加快技术成果转化应用，走产学研相结合的路子。

2. 农村生活性服务业

生活性服务业主要是指为适应居民消费结构升级趋势，继续发展主要面向消费者的服务业，如教育、医疗保健、住宿、餐饮、文化娱乐、旅游、房地产、商品零售等行业，扩大短缺服务产品供给，满足多样化的服务需求。生活性服务业是直接接触顾客的行业，按主体不同可以划分为两类：一类是有形产品服务类，即以餐饮、超市为典型代表的"服务＋产品"类；另一类是无形产品类，即以旅游为典型代表的"服务＋环境"类。

云南自然保护区民族村寨受地理环境及历史因素影响，生活服务市场相对滞后，当地村民消费结构单一，消费成本较高。发展生活性服务业，能够增加就业岗位，提高从业人员收入，改善居民生活质量，对全面提升山区农村生活服务水平，有效增强农民的获得感和幸福感具有非常重要的意义。一是深度开发从衣食住行到身心健康、从出生到终老各个阶段各个环节的生活性服务，满足大众新需求，适应消费结构升级新需要，积极开发新的服务消费市场，进一步拓展网络消费领域，加快线上线下融合，培育新型服务消费。二是充分利用现有农村服务资源、场所，建立村级养老服务中心，完善浴室、文化室、娱乐室等综合服务设施，集中提供健康管理、助餐、助浴、理发、文化等服务。三是鼓励县城或乡镇有实力、信誉好的市场主体直接到乡村设立服务网点，结合日常生活、婚丧嫁娶、节日庆典等需求，提供理发、照相、家电维修、养老护幼、厨师、帮工、信息中介、典礼司仪、摄影摄像、活动策划等服务。

随着党的十九大提出"乡村全面振兴"和"精准扶贫"战略，社会各界和企业对农村发展的高度重视，为自然保护区村寨经济发展提供了有利条件。自然保护区民族村寨的经济发展需要国家、自然保护区、地方政府、企业、集体及个人共同参与。国家要在政策上予以倾斜，改善投资环境，吸引发达地区的资金、技术、人才向这些地区转移，激活本地经济。保护区管理部门应发挥其经济功能，为村寨经济发展作出全面贡献，如提供市场信息、技术培训、启动资金等。企业集团应积极参与，用培育产业结构、提高市场适应能力的方式，巩固村寨经济基础并提升其生产力，缓解因自然灾害、经营能力和市场变化对村寨经济发展带来的冲击。当地政府部门也应积极配合，落实相关政策和制度安排[120]。最后，还要不断提高村民素质和劳动技能，开展继续教育和知识更新培训等跟踪服务工作，引导农民走上职业化发展道路，打造一支懂生产、会经营的新型职业农民队伍，实现产业经济的良性发展。

第8章　自然保护区民族村寨的制度保障机制

中共中央、国务院印发的《关于加快推进生态文明建设的意见》要求，"加快建立系统完整的生态文明制度体系，引导、规范和约束各类开发、利用、保护自然资源的行为，用制度保护生态环境。"自然保护区拥有丰富的自然资源，与周边的人类社会和经济活动共同组合成为生态功能统一体。在社会—经济—自然复合生态系统中，人类是主体。然而，受当前严格的生态保护政策影响，这一复合生态系统出现失衡，村寨社会经济发展明显滞后，制约了当地生态文明建设可持续发展。生态文明理念决定了自然保护区地区不能长期实行封闭式保护，只有通过制度创新，建立系统的保障体系，平衡环境保护与社会发展之间的关系，才能破解资源环境约束，促进经济发展方式转变，使生态文明建设进入制度化、有序化的轨道。

8.1　保护地管理与国外发展启示

"他山之石，可以攻玉。"近年来，世界各国对保护区建设和发展都相当重视，在保护区保护与社区发展方面积累了丰富的经验。了解这些国家和地区的自然保护区与社区发展的管理机制与模式，对我们开阔视野、拓宽思路、启发思维都具有重要促进作用，对完善我国自然保护区管理机制，促进自然保护区与民族村寨发展具有重要的借鉴意义。

8.1.1　南非：以社区为基础的保护地管理

南非是自 19 世纪现代意义上的保护区概念出现后最早一批建立本国保护区的国家之一，亦是非洲大陆最早建立保护区体系的国家。南非自然保护区建设与中国的自然保护区建设有着相似的背景，两国都属于发展中国家，大多数保护区建立在边远贫困的地区，当地居民对资源的依赖度高。据统计，南非已建有自然保护和国家公园 403 个，总面积达 660 万公顷，占国土面积的 6%[121]。

南非最开始的自然保护区管理模式是借用美国的"荒野地"管理模式，在建立保护区时实行人与自然分离，建立无人居住的荒野地。尤其是 1913 年《土著土地法》和 1936 年《土著托管和土地法》颁布后，占南非人口 80%的黑人原住民被迫离开传统聚居的土地，被安置到面积远远不够原住民定居的小块地域。政府从而建立保护区。但这种模式带来了一系列严重的后果，南非原住民被限定在自然保护区边缘有限的地带上生活，生产生活资料无法保障，生活也更加艰难。在生活资源无法得到保障的情况下，他们不得不通过掠夺式方法来侵占自然保护区及周边的自然资源，给南非生态保护造成严重破坏。"荒野地"管理模式使南非居民付出了沉重的代价，也让世界知道这种管理模式不是适合全世界的保护模式，特别是在发展中国家，会加剧当地人的贫困。发展自然保护区不能忽略国情和民族本土居民的利益。

南非政府开始吸取教训，在建立保护区过程中重视当地居民的利益，将"保护与发展"有效结合起来。2003 年，南非政府颁布《国家环境管理：保护区法》，提出国家环境事务和旅游部可以通过购买土地所有权获得私有土地来建立保护区，明确地鼓励保护区可以包含私有土地，从而也推动了以社区为基础的保护项目的开展。该法案还授权国家环境事务和旅游部通过与社区和私人土地所有者谈判的方式来获取他们的土地，以确保建立保护区过程的公正性。法案反映出南非保护区管理者认识到人民是土地的管理者，人民需要参与保护区的管理，并且应该从中获得利益。2003 年的《南非落实以社区为基础的自然资源管理导则》及 2004 年的《南非支持以社区为基础的自然资源管理相关项目的修订法律和政策》是南非国家环境事务和旅游部近年来重视、鼓励原住民社区参与保护而出台的重要法律，指导其可持续发展的保护区管理理念落实到切实的可操作层面上。在地方层面上，政府依据法律鼓励非政府组织、私人保护团体、原住民社区参与保护区的管理。

同时，南非政府强调在国家层面上优先解决贫穷问题和给弱势群体提供机会，没有将保护环境或是解决贫穷、发展经济放在优先的位置，而是将保护环境作为发展过程中的一个结合部分。南非还有许多因未统计登录而没有获得分类的私人或社区保护区，这说明南非政府根据国情在地方层面大力发展社区保护区。这些尚未统计登录的私人及社区保护区为原住民创造了工作机会，在一定程度上缓解了贫穷，促进了乡村发展。

南非自然保护区管理经验体现在以社区为基础进行管理和借助私营力量发展旅游、与保护区合作等。

1）政府和社区共同管理自然保护区的经验：①允许社区接近之前禁止靠近的自然资源区域；②与社区分享利用自然资源所获得的收入；③使保护能够补偿管理成本和社区发展；④社区参与决策；⑤承认社区历史上的土地所有权和资源所

有权；⑥努力确保实现收益超过成本和支撑生计的目标。

2）旅游、私营部门与保护区合作的经验：①提出"解决贫穷优先的旅游"（旅游业产生的净收益是为了解决贫穷）的发展机制，特别强调旅游发展不能剥夺贫困者的机会，不能只是扩大旅游业的整体规模；②重视鼓励私营部门在保护区有责任地运作旅游企业，向社区说明国家对私营部门作用的期望，从而实现社区参与合作投资旅游；③允许周边的居民参与商业性自然旅游项目，为当地居民创造工作机会，这对乡村发展和缓解贫穷有积极意义；④鼓励私营部门制定立足于当地的自然资源管理和优先发展贫困农村地区经济的非政府组织项目，将以营利为动机的项目纳入社区受益体系，这样就更容易取得政府和民间机构的支持[122]。

8.1.2 巴西：自然保护区分类细化管理

巴西共建立了各种自然保护区近 700 处，占国土面积的 8.2%。保护区按照土地的管理权而非重要程度分为联邦级、州级和市级。联邦土地上建立的保护区为联邦级，州土地上建立的保护区为州级，市土地上建立的保护区为市级，不同级别的保护区同等重要。为加强保护区建设和管理，巴西于 2000 年颁布了自然保护区的专门法规——《全国自然保护区系统》，2002 年又对该法规作了补充和完善[123]。

巴西对自然保护区主要实行分类管理方式，分为整体保护保护区和合理利用保护区两大类。整体保护保护区的基本宗旨是保护自然，对其自然资源仅可以间接利用（指对自然资源不消耗、不损害的利用），共包括 5 种类型：①生态站，宗旨是保护自然和进行科学考察；由政府所有和管理，在其界线范围内的私人区域是被征收的。②生物保护区，宗旨是整体保护生物及其他在其范围内现存的自然属性；管理要求与生态站相同。③国家公园，宗旨是保护具有重大意义和美丽景色的自然生态，可供科学考察、开展教育活动和生态旅游；国家公园由政府所有和支配，在界线内的私人区域是被征收的。④自然的纪念性建筑，宗旨是保护罕见的、独特的或具有著名美景的自然地区。它可以由私人区域组成，该区可以同时是保护区，也可由业主利用其土地和当地的自然资源。如果业主私人活动和资源利用与区域宗旨发生矛盾，该区域应被征收。⑤野生生命庇护所，宗旨是保护自然环境，确保当地的植物物种的繁衍和生活在那里或外迁的动物种群的生存和繁殖条件。它可以由私人区域组成，业主可利用其土地和自然资源。如果业主私人活动和资源利用与区域宗旨发生矛盾，该区域应被征收。

合理利用保护区，其基本宗旨是在保护自然的同时，对其部分自然资源可以合理利用，共包括 7 种类型：①环保区，一般是很宽阔的区域，有一定程度的人群占据，有人类生活所需的非生物的、生物的、重要的审美或文化属性，基本宗旨是保护生物的多样性，并确保自然资源利用的合理性。区内的私人业主可以有条件地利用资源；在私人业主区域内进行科学考察和公众参观，在遵守法律规定的要求和限制的基础上由业主确定。②重要生态意义区，一般是指小面积的区域，有少数或没有人群占据，有特殊的自然特点或有地区稀奇的生物物种，基本宗旨是保持有地区意义的自然生态和调整区域资源的利用，区内的私人业主可以有条件地利用资源。③国家森林，指由大多数当地物种组成的森林覆盖区域，基本宗旨是对森林资源进行合理利用和进行科学考察，重点是寻求对当地森林合理开发的方法。由政府所有和管理，界线内的私人区域应被征收。允许建立前的原住民继续居住，并允许公众参观和科学考察。④采掘用保护区，指传统采掘人群利用的区域，基本宗旨是保护这些人群的生活环境和文化，并确保保护区自然资源的合理利用。由政府支配，界线内的私人区域应被征收。允许科学考察和公众参观，并允许木材资源合理开发，但禁止开发矿产资源和狩猎。⑤动物保护区，是拥有当地物种的自然区域，适于对动物资源合理的经济管理进行科技研究。由政府所有和支配，界线内的私人区域应被征收。允许公众参观，但禁止狩猎。⑥合理开发的保护区，基本宗旨是保护大自然，同时要确保传统人群生产和生活及开发自然资源所需的条件和环境，以及评价、维护和改进这些人群在环境管理方面的知识和技术。⑦自然遗产个人保护区，是一处私人的、永远赋税的区域，基本宗旨是保护生物的多样性。允许进行科学考察以及旅游性质、娱乐性质和教育性质的参观。

巴西自然保护区的管理经验体现在对保护区进行分类管理。在建立一个保护区的文件条例中应明确指出保护区管理类别和区域。例如，建立为采掘用的保护区和合理开发的保护区时，应指出，可以通过合同来处理受益的传统群体对所占区域进行的占有和利用；所涉及的人群有义务参加保护区的保护、恢复、守卫和维护；利用自然资源时，应禁止利用当地濒临灭绝的物种，禁止毁坏其栖息地，禁止从事影响自然生态再生的活动。执行机构可与评估机构签署合同，就传统群体利用保护区自然资源的方式开展考察和评估。而由于保护需要，保护区内的传统人群不能继续在原区域居住时，这些人群应得到赔偿或来自政府慈善机构的补偿，并被迁移。对所取得的或开发的自然资源、生物资源、景色或文化资源的产品、副产品或服务的商业开发，以及对保护区的形象开发，应事先取得批准（环保区域和自然遗产个人保护区除外），开发者还应支付费用。整体保护组的保护区收取的参观费用与其他保护区收藏、服务和活动所得收益的25%～50%，应当用于保护区的建设、维护和管理。

8.1.3 尼泊尔：建立缓冲区协调社区发展

尼泊尔和喀麦隆是世界上仅有的两个制定了缓冲区法律的国家。尼泊尔的缓冲区受到联合国开发计划署（UNDP）、世界自然基金会（WWF）、马亨德拉国王自然保护区信托基金（KMTNC）、"关注尼泊尔"项目和挪威政府等组织的援助，在依托当地社区进行缓冲区生物多样性保护和可持续发展方面积累了很多经验[124]。尼泊尔的缓冲区管理经验对于中国自然保护区缓冲区管理有很大的借鉴意义。缓冲区主要具有两个功能：一是生态缓冲与资源保护，将外来影响限制在保护区外；二是社区发展与协调，向区内居民提供利益补偿[125]。

最初，尼泊尔在建立保护地后，社区传统的资源利用活动被中止，居民迫于生计开始从事违禁活动，如违法放牧、走私木材、捕杀野生动物等，导致保护地"一分为二"的管理模式受到质疑。为此，尼泊尔国家公园和野生动植物保护局（DNPWC）逐步允许在保护地进行有限的社区发展活动，但收效甚微，因此人们开始考虑在保护地周边建立一个新区域，用于开展各种资源利用活动，从而缓解和转移保护与发展之间的矛盾，这个新区域就是缓冲区。尼泊尔共有11个缓冲区，其中8个与国家公园相邻，3个与野生动植物保护区相邻。缓冲区的规模差别较大，并且普遍存在跨县级行政区的情况，同时包含大量村庄和居民。

尼泊尔国家政府还针对缓冲区进一步制定了《缓冲区管理法规》和《缓冲区管理操作指南》。主要内容包括：缓冲区范围划定的依据、缓冲区管理规划制定、管理机构即使用者委员会的权利和义务、缓冲区禁止开展的活动、森林保护与发展、社区发展、补偿机制及各类事件纠纷等。

尼泊尔缓冲区的管理经验是：①缓冲区管理委员会的职责是协调社区发展，统筹各使用者委员会提出的社区发展计划；使用者委员会由督察员组建，主要成员为当地居民；管理缓冲区细分成若干管理小区。②建立"居民管理+政府监督"的管理模式，以社区居民为管理主体，辅以督察员；资源使用者同时也成为资源的保护者，这种"合二为一"的做法更有利于当地居民与政府互相沟通，实现共赢。③缓冲区内的各使用者委员会和使用者小组也需要由督察员协助制定有关社区发展、资源保护和森林资源利用的工作计划，并予以实施；最终成果需参会人员署名并提交使用者委员会统筹送交各有关部门征求意见。④政府将缓冲区公共林地管理权下放给当地社区居民以解决居民生产生活的问题，也有利于调动地方保护资源的积极性。居民团体或者组织如果想申请社区林地管理权，申请的有效期为 5 年，同时还限制了社区森林的利用。如林产品不得销往缓冲区范围之外，未经授权不碍砍伐树木，收入的 40%应当用于林地的再投资等。⑤《保护法》规定保护地的部分收入应当用于支援当地社区的发展。支援额度的上限为收入的30%～50%，确定分配给缓冲区内部各使用者委员会的财政支援金额，需要考察：使用者委员会的位置和人口、社区发展的需求和必要性、国家公园或自然保护地在该地域的影响程度、当地对野生动物和森林资源保护的贡献、当地居民参与社区发展的积极性，以及具体项目实施地区的投资预算等。⑥在缓冲区内开展的社会发展项目，使用者委员会需向督察员递交账户报告并接受核实；至于从社会发展项目中获益的居民，则需要为项目提供劳动力支持，在实施过程中支付相关的养护费，并为项目的实施和完成提供必要的帮助。

在缓冲区开展经济开发活动是被允许的，这是因为尼泊尔政府的资助并不足以解决资源保护和社区发展的矛盾，保护地的旅游收入也极为有限，收益仅限于旅游区附近的居民点。因此在缓冲区开展一定形式的经济活动可以转移保护地内部由于资源保护造成的利益损失，保证当地居民的正常生活。

8.1.4　英国：将社区纳入国家公园保护体系

英国国土面积小，人口密度大，并且拥有悠久的人类聚居历史，因此其国土范围内几乎没有完全的荒野。由于英国大部分土地被分块切割划归私人所有，因此不可能按国际模式通过集中国有的、未开垦的、落后乡村的土地建立大型保护区。英国自然保护区星罗棋布，散布全国，共有不同级别、不同大小的自然保护区 8817 个，涉及 36 种类型。尽管英国的自然保护区数目众多，一般来说面积都是非常小的，但是对于保护当地的生态环境具有极其重要的作用[126]。

1949 年英国正式通过了《国家公园与乡村进入法》，确立了包括国家公园在内的国家保护地体系，并于 1951 年指定了第一批国家公园。虽然国土面积并不大，但是英国竟然拥有 15 处国家级森林公园，涵盖了其最美丽的山地、草甸、高沼地、森林和湿地区域，总面积占国土面积的 12.7%。英国的国家公园不是用围栏围起的，其面积广大，包括各类自然景观、保护区及村镇，如 2010 年成立的南唐斯丘陵国家公园总面积 1624 平方公里，包括各种类型保护区 165 个，共有 12 万人口居住。英国的国家公园管理采取政府资助、地方投入、公众参与相结合的方针，由政府任命的管理官员会同环境学家、生态学家、地理学家等及地方行政长官和公众代表组成的国家公园委员会实施对国家公园的管理。在国家公园内进行的经济活动,如修建工厂、建造民房和土地经营等都必须经过国家公园委员会的批准。

尽管国家公园内很多土地都是私人所有或者归慈善机构所有,英国政府没有采取没收土地变为国有的形式,而是采取了较为温和的政策——通过灵活而复杂的"分权制"管理模式,鼓励利益相关者对话,协调国家公园的管理,形成了独特的国家公园管理方式。土地私有的权属关系也形成了英国社区对公园管理参与度高的特色。公园内众多社区及其生产和生活方式是国家公园价值得以形成并保持的基础,因此维持并推动当地社区发展是公园管理的重要工作。在苏格兰,国家公园设立的 4 个目标之一是"促进当地社区可持续的经济和社会发展"。根据1995 年《环境法》,英格兰和威尔士的公园管理局也有这个职责。社区发展具有两面性,不当的发展方式可能会破坏公园的价值。《环境法》规定在保护与社区发展出现矛盾的情况下,优先考虑保护。因此,需要正确处理生物多样性和社区发展之间的关系。在国家公园内鼓励村民发展现代化可持续农业,提高土壤恢复力和生产力,丰富农产品种类,发展食品加工业及其销售。受市场驱动,国家公园内的土地不断由农耕向畜牧业转化,其旅游业目前已成为国家公园的中心产业。小镇也是国家公园重要的旅游服务点,多是沿一条主路或者沿河的线性格局,镇内临主路建筑基本是家庭旅馆、酒店、咖啡厅、户外用品店或者纪念品店。管理局通过严格控制镇内规划建设项目的申请与审批,考虑个体建筑的体量、外观和用途,使城镇整体风貌在漫长历史发展中得以保存,纪念品店和餐饮店中多包含当地生产的有机或特色食物[127]。

英国建立的大型国家公园,不仅包含自然资源,还存在社会、经济和文化等方面的因素,体现了对自然与人长期作用而形成的复合生态系统的保护。在不破坏风景资源的前提下,英国不断丰富与优化国家公园社区产业发展类型,通过改进耕作模式,丰富农产品类型,进行农作物加工和特色有机农产品售卖,引导当地居民发掘地方传统文化等方式,使社区的社会、经济和文化成为国家公园价值体现的重要组成部分。

8.2 创新自然保护区管理机制

8.2.1 建立自然保护区多元化管理模式

当前,自然保护区保护实行综合管理与分部门管理相结合的管理体制,并按自然保护区级别分级管理,由自然保护区管理局代为进行自然保护区建设和管理。显然,这种管理体制不仅不能体现村民管理工作的主体性,难以发挥村民对森林资源保护、管理和监督的重要功能,而且也不利于自然资源的可持续利用和林业产业经济的发展。因此,可以结合自然保护区类型、重点保护目标、地理环境以及周边人口现状,针对自然保护区及周边地区的森林资源,实现经营主体多元化的管理新模式,以有效提高自然保护区的管理水平[128]。

1)社区共管模式。周边人口密度较大的森林生态系统、内陆湿地和水域生态系统等类型的自然保护区,可由自然保护区管理人员、当地乡镇政府人员、村寨小组干部和村民共同组成自然保护区共管机构,协调保护区与村民关系,引导和动员村民参与自然保护区管理。社区共管有利于体现村民在保护中的主体作用,使他们通过参与自然保护区及民族村寨森林资源管理、各类保护项目和林业生产经济活动,从单纯的生态保护承受者变成生态保护的共同利益者。民族村寨共管模式可以更好地管理自然保护区及其周边的自然资源,不仅使当地村民参与和协助保护区的管理工作,分担了保护责任和义务,也使民族村寨的自然资源管理成为保护区综合管理的一个重要组成部分,使区内外的资源管理能够统一协调。

2)社区集体管理模式。对于非营利性的自然保护区,属于集体土地权利的森林、灌木草地、湿地、神山圣境、古树名木等保护地,可以开展政府购买管护服务的委托管理示范,将保护工作委托于农村集体等单位。尤其是那些保护地范围小、地方偏远、交通不便的地区,可以就近委托农民或其他个人进行管理。环保部门和行业部门执行对集体管理的技术支持、业务指导和行业监管工作。这样不仅可以解决事业编制人员或政府公务人员开展野外巡山护林积极性不高、效率低下的问题,还可以解决当地农民就业问题,降低生物多样性保护的社会成本。

3)NGO 组织管理模式。在当前地方性自然保护区管理体系不完善,人力、财力和技术不足情况下,可以将保护区委托于 NGO 组织进行公益性、非营利管理。通过建立 NGO 保护地管理示范区,指导当地村民开展多种形式的生物多样性保护和利用。NGO 组织拥有人员、技术和热情,其服务内容多样、服务范围广泛、执行速度迅速,与政府和民众交流广泛,是政府和民众之间沟通的桥梁,在很大程度上弥补了政府在社会管理中存在的缺陷。通过 NGO 对自然保护区进行管理和组织化传输民众的利益需求,不仅有利于降低政府采集环保信息的成本、保护环境,而且从长远来看有利于社会的稳定和持续发展[129]。事实上,在德国,许多自然保护区都是由 NGO 组织进行管理。

4)市场化规范管理模式。针对事业单位、政府单位管理这些区域活力不足等问题，充分利用市场手段，引入竞争，吸引企事业法人机构参与森林资源保护与利用，积极探索自然保护事业和当地民族村寨经济可持续发展的有效途径。倡导以自然生态条件、人文条件、自然化设施为主体，进行自然资源的合理利用和经营管理，禁止开展容易造成生态景观破碎化、环境污染、栖息地和野生动植物受到破坏的经营管理活动。

8.2.2 制定科学的森林资源利用政策

自然保护区蕴涵着丰富的资源，当前政策规定自然保护区允许的资源利用方式主要是开展生态旅游和野生动植物繁殖驯养等。开展生态旅游对地理位置和风景资源要求较高，而野生动植物繁殖驯养也需要大量的资金投入和技术支持，显然，对许多地处偏远山区的自然保护区和村民们来说并不实际。我国自然保护区周边贫困人口众多，在补偿经费投入不足的情况下，保护与开发的矛盾也日益突出。因此，利用自然保护区与周边森林资源，适度开展资源利用活动，不仅有利于解决经济建设对资源的需求，也有利于解决自然保护区和村寨发展经费不足的问题。因此，要实现自然保护区资源有效开发利用，首先应解决保护政策中有关资源利用方向不明确、资源利用范围严格，以及缺少相应的利益分配机制和过度开发风险监督控制机制等问题。

1）坚持保护优先，适度利用原则。自然保护区拥有丰富的资源，但生态环境脆弱，人们往往受利益驱使，容易使保护局面失控，造成无法挽回的后果。因此，在制定资源利用制度上，首先应强调保护是第一位的，避免盲目开发影响到资源的保护和生态安全。同时，自然保护区生态系统是动态的，适度利用，不仅能带来经济效益，解决当地村民的生产生活问题，也有利于避免个体、种群过度发展带来的生态系统多样性稳定性问题。

2）限定并规范资源利用方式。自然保护区拥有丰富的自然资源，包括生物多样性资源、生物景观资源等可更新资源，以及（空气、水等）环境资源、人文资源和非生物景观资源等不可更新资源。当前保护政策应明确各类资源利用方式，如对生物资源的收获、发展旅游、林产品加工、水电开发和无形资产利用等，并在条款中进一步规范利用方式，如限定活动的范围、种类、规模、方式等；规定实施这些活动在自然资源及环境保护方面的义务；严格规定实施这些活动的审批程序等。加强自然保护区无形资产、知识产权的保护与利用，允许自然保护区与市场部门、企业和团体合作，利用自然保护区的名称、图标、资源名称等开展商业性活动。

3）制定合理的资源利用范围和级别。我国多数自然保护区分为核心区、缓冲区和实验区三大功能区，实施不同级别的森林资源保护，这种"一刀切"的刚性管理规定，从资源利用的角度显然存在不合理性。一是我国自然保护区按类型可分为 6 个类别，这种分类也应在其资源利用方式层面有所体现，如生态系统类型自然保护区可以不必如野生生物类型自然保护区一样采取严格的资源保护；二是根据自然保护区的功能分区不同，如核心区、缓冲区和实验区以及外围区域 4 种分区，也可采取不同的资源利用方式；三是还应考虑自然保护区的级别不同，如国家级、省级、市级甚至是县级自然保护区 4 个等级，其资源保护的重要性也有所不同。各自然保护区可以根据这些不同保护范围编制保护资源利用技术指南和指导手册，确定资源利用方式等级，如从禁止一切人为活动到开展不同形式生产经营活动等。

4）完善资源获取利益共享制度。保护区森林资源利用，涉及诸多利益主体，其中农村村寨群众是最主要的受益群体。只有当他们从项目中获得收入时，非法采集利用生物多样性资源、破坏生态环境的行为才会减少，森林资源也才能得到持续化发展。因此，应建立自然保护区森林资源利用惠益共享监督管理机制，让各相关利益主体通过入股、参与经营等多种形式实现利益共享。政府加大对互惠互利的监管力度，确保生物多样性资源保护与利用协调与可持续发展。

5）建立资源利用监督管理机制。完善的监督管理机制是避免非理性资源利用和有效保护生物多样性破坏的重要保障。建立资源利用申报机制，自然保护区管理机构组织制定的资源利用规划、计划和实施应报上级主管部门批准和监督实施。对于自然保护区的资源利用项目，要建立定期资源保护与利用评价制度，特别是大型旅游业的开发、水电站建设、森林经营、农牧渔业的生产等项目要实行定期检查，评估资源利用的社会、经济和生态效益。实时动态监督。利用地面定位摄像设备、卫星遥感技术等现代信息化技术，加强对森林资源的动态监控，防止违规资源开发活动。建立绩效考核办法和奖惩措施，对于在生态保护和资源可持续利用方面成绩突出者应给予认可和奖励，对于违反规定的资源利用项目以及造成生态环境破坏者应进行制止并追究法律责任。

8.2.3　完善自然保护区森林产权制度

虽然自然保护区保护政策对自然保护区及周边森林资源所有权、使用权以及权属变更作出了明确的规定，但这些条例更多的是强调土地的资源性质，强调自然保护区管理的公权性质，而对土地的财产性质，即对物权重视不够。土地使用权是一种物权，也是私权，划入自然保护区的土地，村民不能直接拥有控制和使用的权利。自然保护区集体所有土地资源对当地农民的生产生活具有非常重要的意义，这一规定必然会引起私权与公权的冲突，造成自然保护区管理部门与当地村民之间的矛盾。

1）明确森林资源界限和产权关系。自然保护区的建立涉及周边地区村民的森林资源产权问题，无论是对其产权进行征用、管理还是生态补偿，都必须要求所有的森林资源的界限明确，所有权和使用权要清晰。尤其是自然保护区内传统村民，在历史上形成对国有或集体森林资源的使用权利，虽然没有明确规定，但一直长期存在，应给予认可。要依法进行森林资源的勘界、登记，做到数据准确无误，确保图、表、册一致，人、地、证相符[130]。

2）制定多种形式的森林资源管理权属。自然保护区面积广泛，周边居住较多村民，完全依靠政府现有的管理力量和手段显然难以维持森林资源使用权的有效管理。根据森林资源所在区域和使用权等级，制定多种形式相应的管理权属：一是完全由自然保护区管理，如保护等级最高的森林资源应由自然保护区管理机构管理；二是完全由当地村民管理，如对于实验区或者外围地带保护等级相对较弱的区域，其森林资源可由所有权所属集体或个人进行管理；三是对于保护区内有人口居住区域的森林资源，可实行保护区与村寨共管的形式；四是承包给社会组织、企业或者个人管理，如一些森林资源可以长期承包给当地村民管理（对于没有林权的传统村民尤其重要）。但无论采取何种形式的管理方式，自然保护区管理部门、森林资源所有权者、使用权者和管理权者都应签署具有法律效力的管理契约或托管协议，明确各方的责权利。

3）建立合理的森林资源使用权属制度。对自然保护区内集体土地应考虑所有权者对森林资源的使用权，如允许当地村民在自然保护区管理机构的监管下依法从事生产经营活动，自然保护区管理机构及经营单位在集体土地上开展经营活动，村民们有权获得这些收益。集体森林资源限制的补偿，要根据当地同类土地资源的收益水平确定。此外，在实际森林资源管理中，即使规定了使用权限和管理协议，但人的本能在占有更多资源等这类机会主义行为中起着很重要的作用，因此，还需要建立完善的森林资源使用监督机制，降低契约双方因逃避义务而产生的风险，增强彼此互利合作的习惯，达到抑制这类本能性机会主义产生的目的。应对森林资源管理者进行监督评估，根据评估结果给予相应的奖罚，激发管理者更好地进行森林资源保护与利用。对于管理者超出使用权等级或者侵占他人利益的森林资源使用活动，必须加大打击力度，从法律上避免这种机会主义行为的存在，减少管理者对森林资源管理的排他性成本。

8.2.4　建立合理的自然保护区生态移民机制

自然保护区内的村寨大多属于自然环境恶劣、生态脆弱地区，山体滑坡、泥石流等自然灾害频繁发生。在自然保护区实施生态移民政策，可以使这些少数民族的生存现状发生重大改观。但在移民过程中，如果以"一刀切"的形式开展异地移民模式，一方面会增加政府负担，另一方面没有考虑原住民的传统生活方式和其对原居住地的情感，会加剧原住民与保护区的矛盾，既不利于保护生态环境，又不利于解决贫困问题。

1）保护区核心区——以异地移民模式为主。核心区是自然保护区所要保护对象的关键地带。从保护区保护的角度来看，核心区内居住的人口如果不迁移，生产活动肯定会对保护区内完好的生态系统及资源带来威胁，核心区是严禁任何生产活动的。因此，从严格生态保护角度来看，保护区的核心区是适合以异地移民模式为主的。当然，在不影响自然保护区保护对象的前提下，针对核心区范围较大、人口较多的情况，可采用就地移民模式，吸纳当地居民转为保护区管理人员，保持适量人口规模和适度农牧活动，同时通过林下经济、生态补偿等多种途径提高村民收入，确保人民生活水平稳步提高。

2）保护区缓冲区——就地移民模式和异地移民混合模式。缓冲区是在核心区外围划定一定面积形成的区域，其划定目的是为核心区建立一层隔离带。这一区域相对核心区，生态敏感性下降，适度人口规模和适度的农牧业活动对保护区的保护构成的威胁下降。因此，在这一区域可以采取就地移民和异地移民两种模式。对于居住在生态脆弱区、确实不适宜人类居住的区域或就地扶贫难度很大的区域的人口采取异地移民，其他的人口就实行就地移民。就地移民的人口保持过去的生产生活方式，但需要加强对他们的环保引导，特别是吸纳这部分人转为保护区管理人员，从被动式保护转为主动式保护。异地移民确保移民后的生活、生产保障，至少要比现在的生活状态优越。

3）保护区试验区——以就地移民模式为主。自然保护区缓冲区外围范围全部划为试验区。这一区域远离保护区核心区，居住的人口的生产生活对区内重要的生态系统的影响更小，只要是在保护区环境可承载范围内都适宜选择就地移民的模式。针对这一区域的村民，需要因地制宜地制定科学的产业发展规划，按照环境资源禀赋调整迁入地的产业结构，帮助移民者制定科学的产业规划，通过政策引导移民者种植特色产业，增收产业，帮助他们改变贫困状态。

8.2.5　完善自然保护区保护公众参与机制

自然保护区部分保护政策的制定、实施在很大程度上脱离地方实际，很少考虑到当地村民的需求和意愿。虽然条例明确任何单位和个人有保护的义务，但这些义务缺少相应的参与机制，没有相关政策提供单位或个人参与自然保护区建设或管理的渠道，并说明所能从事活动的内容，相应的责任和权利等。当地村民是森林资源保护的主体，需要进一步完善自然保护区公众参与机制，加强对森林资源民主管理，从法律上保证当地村民的管理主体地位，赋予相应的责、权、利。

1）保证民主管理合法地位，赋予村民参与权。在自然保护区保护政策中应明确提出"在上级管理部门领导下的民主管理"，要求建立森林资源管理委员会及相应职能，由村民民主推荐的村民代表委员不能少于一定比例，使自然保护区和森林资源管理者在"民主、公平、公开"的原则下，通过合规合法程序，以人为本，协调各利益主体关系。此外，在森林资源管理和利用上，应优先考虑当地村民，通过录用为正式职工、雇佣护林员、参与资源开发等多种形式的共同管理方式，唤醒村民的管理主体意识，发挥人的主体能力。

2）建立事项公开制度，赋予村民知情权。严格按照相关法律规定，公开各项事项，如将新能源政策落实、退耕还林还草、生态补偿款物兑现、森林资源利用所得收益、补助标准、财务收支状况、受益人及补偿情况等各项事物予以公开，让群众了解、监督自然保护区及资源开发合作单位的财务收支情况。可以通过广播、村民大会、"明白纸"、村务公开栏等有效形式公开，使信息渠道畅通[131]。

3）规范民主决策程序，赋予村民决策权。建立自然保护区与周边村寨联席会议制度，聘请政府人员、村委会、村民代表共同参与决策。凡是与村民切身利益密切相关的事项，如集体林地征收和征用、自然保护区村寨合作项目建设方案等，都要实行民主决策，不能由个人或少数人决定。在决策过程中还要重点考虑利益受到影响的少数人，不能因群体利益而忽略侵占了少数人的利益，要避免这部分弱势群体受到不公平待遇。

4）设立村民监督小组，完善村民参与激励约束制度。在村寨居民中成立监督小组，负责监督自然保护区及村寨森林资源管理和职任的落实情况。村民监督小组及其成员应当热爱生态保护事业，了解自然保护区相关法律法规和日常管理工作；认真审查自然保护区管理机构的各项公开内容是否全面、真实、及时。完善村民参与机制，鼓励和表彰积极参与村寨共管的管理者和当地村民，切实维护和保障他们的合法权益。

5）扩大公众监督渠道，提高公众监督效率。在当前自然保护区保护政策上级部门监管效率不高、公众监督途径比较单一的情况下，自然保护区及主管部门不仅需要进一步完善信访举报制度、听证会制度、舆论监督制度、代表联系群众制度、民主评议会、网络举报与评议等，还应该建立定期定点保护区管理者与村民代表、村民直接对话机制，保证公众监督表达渠道的通畅[132]。同时，加大自然保护区以及政策实施部门管理工作内容的公开透明，并采取一定措施，方便群众能够及时准确地查询一些涉及自身利益的内容，并对一些重要数据进行详细说明，避免模糊不清引起村民误解，从而有利于提高公众参与监督的效率。

8.2.6　制定自然保护区村民生态补偿制度

自然保护区及周边森林土地往往承担着重要的生态功能，在气候调节、水分调节、控制水土流失、物质循环、污染净化等生态效益方面发挥着重要作用，这些生态效益具有明显的正外部性，应该是享受生态补偿的重点领域之一，而在一些补偿政策中却没有体现出来，因此，应该给予相应的生态补偿。保护区周边民族村寨及村民作为复合生态系统中的一部分，并且又为保护当地的生态环境牺牲了发展的机会成本，理所当然也应当受益于生态补偿。政府可以用经济激励的方式鼓励当地居民积极投入保护区事业，把生态补偿资金的一小部分通过财政转移支付的方式摊到保护区周边居民的手中。对当地和个人的生态补偿应包括：一是通过经济手段将生态环境的外部效益内部化；二是通过经济手段将生态环境外部成本内部化；三是对生态环境的投入成本进行经济补偿；四是对因保护生态环境放弃或失去发展机会的成本进行经济补偿。因此，生态补偿政策也包括以下几方面。

1）确定生态补偿原则。坚持"谁受益、谁补偿，谁保护、谁受益"的原则，即对自然保护区生态保护者和牺牲者给予补偿，对享受和使用到自然保护区的生态服务功能的主体要求支付费用。只要参与到自然保护区生态环境的保护，都应该获得相应补偿；只要享受到自然保护区的生态效益的主体，都应该为此付出成本。同时，坚持"谁破坏、谁补偿，谁投资、谁受益"原则，"谁破坏、谁补偿"原则的目的是使"外部成本内部化"，要求补偿和破坏主体相一致，这种补偿对村民而言，不能随便破坏当地的生态环境，需要付出相应的修复代价。"谁投资、谁受益"原则的目的是使"外部效益内部化"，有利于吸引当地村民和社会力量参与到自然保护区的生态保护和建设中。对村民的植树造林、退耕退草还林等生态建设活动应给予支持，并鼓励他们大力发展林业经济，向规模化、专业化和产业化方向转变，不断提高林地经营水平和林业经济附加值。

2）在法律上确定周边民族村寨作为受偿主体。受偿主体是指因为受到损失而获得相应的补偿的主体。自然保护区的受偿主体是指在自然保护区生态功能服务价值实现过程中的利益受损者[133]，自然保护区周边民族村寨是非常重要的利益受损者之一，主要体现在为了自然保护区重要的生态功能价值，而被动地失去了发展的权利。目前，法律上对自然保护区的生态补偿问题没有专门的法律法规，仅在《森林法》《野生动物保护法》中有所体现，当然，就更没有对其受偿主体的界定。应尽快落实专门针对自然保护区的生态补偿的法律法规，并在其中明确周边社区是受偿主体。只有这样，才能真正落实补偿的稳定性和持续性，提高受偿者投入生态环境的积极性。

3）制定生态价值核算标准，提高生态补偿水平。生态补偿是一项复杂的系统工程，生态价值核算是实现对生态建设者和保护者按贡献大小进行相应生态补偿的标准。核算标准可以使自然保护区及周边区域的生态价值和经济性得到显现。在确定生态补偿水平时应全面考虑当地居民对生态环境保护和建设的成效和直接成本，当地保护和建设生态环境的机会成本（主要是所放弃的本来能够得到的发展权利，可以对比当地与其他经济区的社会经济发展情况），适当提高补助标准，确保社区的各项发展权利得到保障。

4）补偿资金来源渠道应多元化。生态补偿资金来源模式应该是以政府为主导，社会各方参与环境保护和生态建设的市场化模式，具体有以下几种：①财政转移支付。生态补偿资金主要还是由政府提供，只有这样才能保护资金来源的稳定性，因此，要进一步规范中央和省级财政纵向转移支付。②生物多样性交易资金补偿。自然保护区拥有多样化的生物物种和复杂的生态系统，是生物多样性的黄金宝库，具有很高的商业价值，可以从国际上寻找买家，实现对生物多样性的补偿。③碳汇交易资金补偿。自然保护区特别是林业类自然保护区具有强大的固碳功能，我国应该将如此大的碳截留量推向市场进行交易，从而拓宽生态补偿资金的来源渠道。④生态彩票。目前，在我国主要发行的彩票有福利彩票和体育彩票，可以参照体彩和福彩，发行生态彩票，募集的资金用于生态环境建设、生态环境治理和生态补偿。⑤社会捐助。自然保护区周边社区是物种多样性的富集区，可以理解为这一地区在替全人类维护环境、保护生物多样性，接受国际捐助理所当然。

5）建立合理有效的补偿模式。对自然保护区周边民族村寨，应加大政策扶持力度，改善当地发展环境，转变经济增长方式，调整优化经济结构，发展替代产业和特色产业，发展循环经济和生态环保型产业。对失去发展机会的当地村民，除资金补偿外，还应采取"以能代赈""技能培训""无息贷款"等方式，支持当地村民采取"新能源替代""庭院经济""特色林农业""安排就业"等多种措施，发展变"输血"为"造血"的补偿模式，以解决他们的经济发展问题。

6）加强生态补偿监督。任何一项制度和政策的有效实施和落实，都离不开公开和严格的监督。对自然保护区周边社区发展权力缺失的生态补偿，也需要相应的监督机制：首先是对生态补偿资金落实的监督；其次是对补偿标准的认定的监督；再次是对发放到户的监督；最后是对生态补偿资金使用的监督。

8.2.7　将民族村寨及文化的保护纳入保护体系

自然保护区与民族村寨是一个复合生态系统，自然保护区及其民族传统文化的产生依赖于其生存环境，是彼此长期相互作用和影响的结果。自然保护区保护政策不应只考虑对生态系统、自然景观和珍稀特有物种的保护，还应考虑对传统民族村寨的保护。当前保护政策在一定程度上将民族村寨及其生存的自然环境隔离管理，尤其是盲目地组织移民和劳务输出，只会进一步加剧民族村寨以及传统文化的消失。因此，需要结合各民族村寨的地域特征、民族特点、传统习俗、历史背景和发展水平，研究探索少数民族特色村寨保护与发展的不同模式；对保护区周边的少数民族的传统作物、传统农业技术、民族医药、畜禽品种资源、传统文化和习俗进行全面系统调查和编目，建立少数民族传统知识数据库；大力支持对乡土文化能人、民间文化传承人的培养，特别是国家和省级非物质文化遗产代表性传承人[134]；将习俗和乡规民约中有利于生态环境保护的精华内容吸收到政策范围。这样不仅有利于生态环境的保护，增强村民对政策的认同感，也有利于这些传统习俗的保护与发展。

8.2.8　加强当地村民生物多样性保护教育

从调查情况看，村民对生物多样性保护政策有所了解，但对相关知识认识不深。许多村民都知道野生动物保护法、森林法、退耕还林、护林防火等相关政策，但对一些专业性较强的知识了解较少，如对一些珍稀植物的认识、对农用化肥影响生物多样性的了解等。应综合运用广播、手机、报纸、期刊、网络等媒体，以及科普画廊、宣传墙、宣传栏、标志牌等宣传工具，广泛开展生物多样性保护宣传，传播生态环境保护知识，树立人与自然和谐相处的生态价值观。要注重青少年生物多样性保护意识的培养，以中小学为宣传教育对象，采用"小手拉大手"

的教育方式，在当地学校广泛开展生物多样性保护宣传教育活动，通过学生影响家长，通过学校影响家庭和社会，从而建立起区域性的自然保护网络。要积极发挥典型带头作用。在教育宣传中，积极发现、培养、树立在生物多样性保护中的典型人物，扩大典型事件的宣传，发挥典型带头作用。对生物多样性保护作出重要贡献的群体，应给予一定的精神和物质奖励，使当地村民能够自觉参与到生物多样性保护中，变被动保护为主动保护，形成生物多样性保护与当地发展互促互进的局面。

8.3 健全民族村寨发展政策

8.3.1 多种渠道筹措资金，实现物质资本积累

在西方经济学中，资本积累往往指的是物质资本积累，主要包括机器、工具设备、厂房、建筑物、交通工具与设施等长期耐用的生产资料。物质资本主要通过投资过程的结果形成，它来源于储蓄，并通过投资和生产，转化为耐用资本。本部分的资本主要是指资金、厂房、设备、材料等物质资源。自然保护区周边民族村寨贫困的主要原因之一就是自身积累能力有限，长期以来资本积累不足，尤其是长期过低的储蓄率难以形成经济增长必需的资本供给。自然保护区周边地区摆脱贫困，实现保护与经济协调发展，首先要完成资本积累，走出"低水平均衡陷阱"。

1. 推行绿色小额信贷

对绿色小额信贷的研究主要是美国的一些学者在开展，并且也是近几年才兴起。绿色小额信贷因有"绿色"标志，相对于小额信贷具有以下几个明显的特征：①政策性，即以扶贫、环境保护为目的，具有很强的政策性。②公益性，即通过发展绿化经济、循环经济项目，改善生态环境，促进人与自然和谐，因此贷款具有公益性质[135]。③服务对象的定向性，即主要支持从开展林业保护与建设项目及扶助因环境变化而遭受损失的农民[136]。

（1）推行绿色小额信贷的适宜性

自然保护区具有特殊的地理位置、资源禀赋、生态功能。我国许多自然保护区从建立开始，贫困特性就一直伴随着它们，这些保护区是我国扶贫的重点区域。而自然保护区是为了保护有代表性的自然生态系统、珍稀濒危野生动植物物种而被划出来的一块特殊区域，在功能区划中，环境保护是其主要功能。保护区周边

村寨作为保护区复合生态系统的一部分，无论其经济活动、社会活动、精神活动，都被烙上了环境保护的印记，并在活动中受到明显的影响和限制。因此，不管是自然保护区，还是保护区周边村寨活动，都带有强烈的环保属性。

自然保护区周边村寨经济可持续增长兼顾了环保与扶贫的双重特性，与绿色小额信贷的政策性完全吻合。因此，在自然保护区辖区内开展绿色小额信贷是非常适合且必要的。

（2）绿色小额信贷的主体

1）放贷主体。绿色小额信贷应具有倾向非营利性目的的公益性质，一般的商业银行、金融机构都不适合作为放贷主体。国外绿色小额信贷的供给主体是小额信贷机构，但因我国的小额信贷机构主要目标是扶贫，并且在发展过程中正在经历贷款资金有限、回收困难等多种问题，如果现在又增加"绿色"指标，无疑会加重小额信贷的负担，更不利于其发展。政策性金融是国家保障弱势群体的金融发展权和平等权的特殊制度安排。唯有政策性金融机构可以成为放贷主体。但同时，建议政策性金融机构与政府、环保组织、企业、扶贫基金结合，一方面，在保证资金的同时，可以在选择受贷人和支持方向上给予指导；另一方面，在具体资金筹集过程中，建议由"政府筹资作为主导，环保经费分摊一部分、地方大企业参股一部分、扶贫基金入股一部分"，形成共同参与的运作模式。

2）受贷主体。绿色小额贷款的目标是环境和扶贫的可持续发展，因此，它的受贷主体应该是既在发展中体现环保，又在经济上处于弱势，需要扶持的那类群体，具体包括保护区管护项目人和周边农户。自然保护区的正常运行，离不开资金的保证，我国自然保护区成立以来，经费投入主要依靠中央和地方政府，但这些经费远远不能够支持，一些保护区的日常巡护费还在依靠国际组织的援助。根据学界研究结果，中国自然保护区每平方公里的保护投入在 337～718 元人民币，而发展中国家的平均水平为 997 元人民币，发达国家则高达 13068 元人民币[137]。周边村寨理所当然也是受贷主体，他们的生产生活方式都要在保护区的约束下进行。

（3）法律明确，细化操作

以法律的形式将绿色小额信贷机构的目标确定下来，对绿色小额信贷结构的运行通过立法手段来监督和指导，对借款的贫困农户和环保活动主体的经济活动用相应的政策法规进行约束，确保他们的经济活动体现环保目标。制定详细的绿色小额贷款指南。绿色小额贷款在我国还处于探索和实践阶段，没有形成规范的操作流程，不利于绿色小额贷款的推进，应结合我国具体实际，根据保护区周边村寨的特点，制定一套详细、具体、操作性强的绿色小额贷款指南。

2. 建立专项扶贫资金

改革开放以来，我国扶贫工作取得了显著的成效，其中，投入的扶贫资金发挥了重要作用。从我国开展扶贫工作以来，国家投入的扶贫资金就在逐年增加，仅 2016 年，全国财政专项扶贫资金投入就超过 1000 亿元。中央扶贫资金主要包括以工代赈、财政贴息贷款和财政扶贫发展资金三个部分。除了中央扶贫资金外，社会扶贫资金也在源源不断地进入扶贫资金范围，社会扶贫资金主要依靠政府非专职扶贫机构（如定点帮扶的各级部门和单位）及社会力量、社会资源和国际资源（如希望工程、以世界银行为代表的国际发展援助机构等）。

目前，我国主要扶贫对象包括国家划定的国家级贫困县、集中连片特殊困难地区以及深度贫困地区。在云南，这些划定的扶贫区有很大一部分在自然保护区域内，如境内拥有高黎贡山国家级自然保护区的怒江州，拥有乌蒙山国家级自然保护区的乌蒙山集中连片特殊困难区。自然保护区的反贫困意义重大，对云南自然保护区的保护和国家扶贫战略都有积极作用。

8.3.2 增加人力资本投资，实现人力资本积累

要摆脱贫困陷阱，就需要对人力资本进行投资，实现人力资本积累。根据舒尔茨对人力资本的定义，人力资本是由带有投资性质的活动慢慢发展而成，这些活动包括教育投资（正式教育、成人学习）、医疗保健投资及职业培训投资[77]。因此，自然保护区及周边民族村寨的人力资本积累就可以通过投资这些活动来完成。

1. 教育投资

英国著名经济学家马歇尔认为，教育投资会使原来默默无闻而死的人获得发挥其潜在能力所需要的开端[82]。习近平总书记在中央经济工作会议上的讲话中提出："要加大投资于人的力度，全面加强教育事业，深化教育综合改革，提升教育质量，加快推进中西部教育发展，高度重视对农民工、职业农民、退役军人等的培训，及时对下岗失业人员进行技能再培训，使劳动者更好适应变化了的市场环境。"劳动者受教育程度越高，拥有的人力资本的能力也就越强大。当前，教育在农村和城市的资源分配不公，导致农村尤其是偏远落后的保护区周边村寨教育资源稀缺，人均受教育的年限低，受教育的人力资本的能力弱。在受调查村寨中，

村民大专及以上学历 259 人，占总人口的 1.09%，有 44 个村寨基本上没有大学毕业的村民；中学学历 6155 人，占总人口的 25.96%；小学学历 11941 人，占总人口的 50.37%；未上学 6969 人，占总人口的 29.40%。村寨居民受教育程度小学以下学历人口数达到总人口的 80%。因此，应增加农村教育经费的投入，加大对农村教育基础设施的配置，让教育资源向农村倾斜，逐步减少城市与农村教育资源的差距，全面提高农村特别是贫困地区人口的受教育平均年限，整体提高当地人力资本水平，为脱贫致富储备能力。

2. 医疗保健投资

阿马蒂亚·森主张以自由看待发展，他认为自由是发展的主要手段，而每个人都拥有健康权利的自由[73]。良好的健康水平是提高人力资本水平的保障，能够改善个人获得收入的能力，因此，有必要通过健康投资来提高健康水平。所谓健康投资，是指通过对医疗、卫生、保健、营养等项目进行投资来维持或提高健康水平，从概念上看，健康投资也可以称为医疗保健投资。医疗保健作为公共物品，主要的投资要依靠政府提供。

1）政府应进一步增加对医疗保健的投资，提高医疗保健投资占 GDP 的比重，解决看病难、看病贵的问题。保护区周边居民有很多因病返贫，或因没钱不能看病，影响健康，由此带来劳动力的缺乏，影响经济收入。应通过增加医疗保健的投资，切实减轻贫困人群的负担，提高贫困人群的健康水平，增强他们的人力资本能力。

2）改善保护区周边村寨的医疗条件。随着国家对医疗卫生投入的增加，保护区周边村寨的医疗条件有了一定的改进，村级诊所、卫生所更加普及。但总体上医疗技术还很低、设备也相当落后，对大病、重病、急病无法诊断和救治。因此，进一步加强对保护区周边村寨这类贫困区域的医疗条件的投入，明显改善保护区周边村寨的医疗条件，对增强社区农户的人力资本能力很有帮助。

3）全面普及新型农村合作医疗。新型农村合作医疗是由政府组织、引导、支持，农民自愿参加，个人、集体和政府多方筹资，以大病统筹为主的农民医疗互助共济制度，是中国政府为改善农村地区医疗条件而推出的一项制度，是一项惠及民生的政策。农民生病后，可以向合作医疗基金报销一定比例的医药费。这在一定程度上解决了农民看病难、看病贵的问题。从推行新型农村合作医疗以来，农民参加的比例逐年增加，但也有少部分村民受传统观念的影响，还是不能接受，持有"自己身体好，每年交钱是白交"的思想，真正病来时又倾家荡产，陷入贫困。因此，要进一步在保护区周边村寨对新型农村合作医疗开展全面、广泛的宣传，实现全面普及，尽量减少因病返贫的现象。

3. 职业培训投资

保护区周边村寨农民普遍自身素质和生产技能不高，生产力和劳动效率很低，自身人力资本存量不足。增加保护区周边村寨的人力资本存量，关键是要从内部抓好职业培训，培训一批技能与实用相结合的新型人才，通过技术提高生产率，改变生产方式，提高他们的生计能力，特别是寻找替代生计的能力，最终实现保护区保护与周边社区经济可持续发展。

1）实用技术培训投资。积极整合各级部门技能人才培养力量，充分发挥职业培训机构、非政府组织机构、农村广播学校和组织部的农村远程教育、农林函授大学、农林科研院所的技术力量，结合保护区周边村寨的区域特色、产业特色，开展"科技下乡行动"计划，培养一批农村产业带头人，带领当地老百姓脱贫致富。培训内容结合当地主要树种的栽培和经营管理、猪、牛、羊、马等大牲畜的饲养繁殖、防病防疫，玉米、土豆、水稻等农作物的良种栽培和田间管理，参与保护区利用的相关技能，就地培训到每一个家庭，至少达到每一户有一个能够熟练掌握各种生产技能的科技能手。

2）农业技术推广投资。根据我国《农业技术推广法》中的定义，农业技术推广是指科研院所、推广机构与合作社、基层科技人员、农业劳动者相结合，通过试验、示范、培训、指导以及咨询服务等，把应用于种植业、林业、畜牧业、渔业的科技成果和实用技术普及应用于农业生产的活动。经过这几年国家对推广的大力投入，全国已基本建立起一套完整的推广体系，推广了一批实用的农业技术，建立了一批成效明显的实用基地，大大增强了农户增收致富的能力。云南大部分保护区周边村寨具有林业资源禀赋，林业科技推广对当地的经济发展、环境保护都有积极的作用。因此，要进一步加大对当地的林业科技推广经费的投入，在安排中央财政和省级财政的林业科技推广项目中，鼓励项目承担人在保护区周边村寨选择项目地点，开展科技推广。通过技术推广示范及培训，辐射带动当地老百姓发展相应的林业产业，增加收入。

3）就业迁移培训投资。加大职业培训的投入，做好职业培训，提高当地老百姓的生存技能水平，也有利于他们的就业迁移，从而实现劳动力转移。保护区周边村寨就业迁移有利于缓解当地居民的生产活动对保护区保护造成的威胁，实现区域内协调发展。要完成就业迁移，实现劳动力转移，还需要开展一些具有针对性的培训，这些培训可以利用现有的教育培训资源，充分发挥本区域内学校、技工学校、培训机构、农村成人学校等各类职业学校各自的办学优势。当地政府通过出台相关扶持政策，一方面，要激励相关学校积极参与到农民培训这项工作中去，促使各校完成上级下达的具体培训指标，同时，对培训的对象要实行跟踪服务，以保证就业；另一方面，为弥补政府财力的不足，要制定优惠的政策，吸纳外来企业到本地开展定向就业培训，或吸引社会资金从事农村职业教育的开发。通过实行"政府补一点儿，个人拿一点儿"，办学单位保本经营，引入社会资金投入等办法，做好职业教育和农民技能培训工作。

8.3.3　传统农业替代升级，实现产业结构调整

自然保护区周边民族村寨产业结构呈现单一且低下的特征。地区发展主要依靠以农林牧为主的第一产业，且受地理、气候条件的影响，产业对资源依赖性强，农业生产水平低下，第一产业的配置不尽合理，优势资源没有凸显，林副产品落后；第二、三产业发展滞后，农产品的深加工和再利用的程度低，在很大程度上仅停留在初步利用上。总体来说，自然保护区周边民族村寨产业发展呈现封闭、粗放的特征，经济发展水平低，且对生态环境的负面影响大，不利于自然保护区保护。产业结构调整是对现有不合理、不科学的产业结构进行调整，从而建立合适的产业结构。

自然保护区周边民族村寨产业结构调整也是通过改变系统内部各组成部分原有的分布状况和结构，建立起与当地人口、资源和环境相适应的产业结构。自然保护区及周边区域以实现自然保护和周边民族村寨经济发展双赢为主要目标，在保护的基础上发展经济，应遵循几个原则：①生态保护优先原则。以保护生态环境为首要任务，正确处理保护与发展的关系，在调整产业结构中坚持生态保护的原则。②坚持主体功能优先的原则。国家划定自然保护区的主体功能是生态功能，属于禁止开发区，应该严格按照国家主体功能区划的规定，把发挥主体功能放在产业结构调整的首位。③发挥比较优势的原则。根据自然保护区周边民族村寨绿色资源丰富的优势，以市场为导向，大力发展适宜的生态产业、特色产业。当然，选择的优势产业对环境和资源的影响应较小，对环境的改变应保持在环境可承受的范围内，不影响主体功能定位。因此，这一区域产业结构的调整方向应是大力发展可持续发展的绿色、生态型产业，走绿色、生态经济的道路。

8.3.4 发展农民合作组织，增强市场竞争力

在调查中发现，自然保护区周边民族村寨的基层组织存在力量不足、难以形成团体力量、自力性不强的缺点，因此在贯彻保护政策时产生了一系列问题：一是村民个体在发展经济产业中专业技能不足、生产成本高、市场抗风险能力弱；二是在由政府和企业主导的征租农地过程中，村民个人利益在林改或土地流转中难以得到有效保证；三是在进行保护与发展项目时，难以形成长效机制，缺少专门领导和资金支持，项目结束后也就停止下来。农民专业合作社是把独立分散的经营个体组织起来走向市场，是保护广大农民这一弱势群体的有效组织形式。因此，村寨的发展必须构建与现代农业相适应的农业体系建设，尤其是加快现代农业合作社制度。

1）加大合作社宣传培训力度。积极宣传有关农民专业合作组织发展的政策法规和优惠措施，加大合作社先进典型事迹宣传，弘扬合作精神，使更多的群众干部了解合作组织，增强合作意识，积极参加合作组织，共同开展农业合作组织活动。

2）加强农业合作知识及理念培训。对村寨干部、村寨精英、农业能手、返村人员和村民等进行分期分批培训，加深对农业合作社的认识，提高其合作专业知识和合作技巧，培养一批组织能力强、专业素质高的合作社管理团队和辅导队伍。

3）结合当地农林业优势特色产品，组建以产品为纽带的农民专业合作社，通过"合作社+农户+基地"模式、"公司+合作社+农户+基地"模式推动优势产品朝规模化、品牌化方向发展，提高市场竞争力。

4）实施农民专业合作组织项目示范。各级涉农林部门及自然保护区管理部门应加大对农民专业合作组织的扶持力度，支持自然保护区及周边农民合作组织充分利用当地的农业资源，开展农林业综合开发项目示范，并给予相应的资金和技术指导。

云南自然保护区不可能是纯粹意义上的以保护为唯一目标的自然区域，周边民族村寨发展权利保障是一个需要严肃对待的问题，不应一味地只考虑生态保护而对村民权利漠然视之。政策制定者应充分考虑地方社区的利益，在保护好环境公益的前提下，认真分析保护区村寨居民权利保护中现存问题的制度性原因，采取各种手段，尤其是政策手段，切实加强对保护区居民权利的保障。保护区及地方政府工作人员应提高政策法律宣传、与村民搞好关系的能力，并让当地居民有机会参与到政策法规制定的每个环节中。对于村寨居民而言，通过合理合法的途

径反映自己声音的能力、积极和保护区有关人员有效沟通的能力，以及谈判协商能力等也都需要尽快加强。

第9章　自然保护区民族村寨的生态文化构建

中共中央政治局审议通过的《关于加快推进生态文明建设的意见》(2015 年)明确指出,生态文明建设要"把培育生态文化作为重要支撑"。这是党中央积极推进生态文明建设而提出的重要指导思想,具有重要的理论和实践意义。长期以来,自然保护区周边民族村民在进行生产劳动实践过程中,形成了丰富的森林文化与少数民族传统生态文化,对当地的生态保护和社会经济发展产生了重要影响。但同时也要看到,这些传统文化受历史条件和认知限制,还存在一定的局限性和科学理性。生态文化作为一种基础性的价值导向,规定并影响着生态文明的走势,引领着建设和发展的方向。因此,开展生态文化建设,不仅有利于提高周边居民对森林文化的感悟力,增强民众保护森林的自觉性,形成人与森林和谐共处的规范与行为,更有利于充分发挥少数民族文化资源优势,激发少数民族文化创作的积极性、主动性和创造性,实现民族传统文化的保护与传承。后者不仅是自然保护区建设的内在要求,更是构建和谐民族关系的重要因素。

9.1　自然保护区民族村寨传统生态文化

9.1.1　森林文化

1. 森林文化概念

森林文化是人和森林形成的一种互动关系,也是人类在经营森林的过程中体现出的一种社会现象。郑小贤在《森林文化、森林美学与森林经营管理》中认为,森林文化是"以森林为背景,以人类和森林和谐为指导思想和研究对象的文化体系","是指人对森林(自然)的敬畏、崇拜、认识与创造,是建立在对森林各种恩惠表示感谢的朴素感情基础上的,反映在人与森林关系中的文化现象"。但新球在《森林文化的社会、经济及系统特征》中认为,"森林文化是指人类在社会实践中,对森林及其环境的需求和认识及其关系的总和"。

森林文化是生态文化的有机组成部分,是在长期社会实践中形成的人与森林及其生态系统相互依存、相互作用、协同发展的关系,以及由此创造的一切物质产品和精神文化产品的总和。森林文化包括森林产品、森林美学、森林哲学、森林制度、森林休闲等多个层面，甚至涵盖生态保护、水土保持等多项功能。它不仅影响着人们的衣、食、住、行，而且涉及政治、经济、文化等各领域。从广义上讲，森林文化就是人类在社会实践中所创造的与森林有关的物质财富和精神财富的总和。从狭义上讲，森林文化指的是与森林有关的社会意识形态，以及与之相适应的制度和组织机构、风俗习惯和行为模式。

科学的森林文化以尊重森林和自然规律为前提，既强调人类发展和人类创造，也尊重森林和其他生物的生存权利，将人作为生态系统中的一个环节看待，致力于人类与生态系统的可持续发展。科学的森林文化能够正确指导人们处理好个人与森林间的关系，协调好人类社会与生态环境系统之间的整体平衡关系。

2. 森林文化内容

森林是人们贴近自然、增长知识、修身养性、净化心灵的理想场所。森林本身就是一部内容丰富、包罗万象的教科书，是一座取之不尽、用之不竭的知识宝库。在森林里，可以从领略大自然的点点滴滴中，接触到文、史、哲、数、理、化、天、地、生以及景观学、造园学、生态学、仿生学等各个方面的知识，也能得到美学、艺术、伦理、道德等方面的熏陶和享受，在启迪中感悟真谛。森林文化源远流长，博大精深。它不仅影响着远古的农耕文明与现代文明，而且涉及自然科学与社会科学的许多领域。由森林文化而引申出来的山水文化、树木文化、竹文化、花卉文化、茶文化、园林文化、森林美学、森林旅游文化等若干分支，构成了森林文化完整的架构体系[138]。

1) 山水文化。山水文化是蕴涵在山水中的文化积淀，山水文化对中国传统文化的影响主要体现在绘画、音乐、文学、哲学、诗歌等方面。山水作为自然的代称，具有自然的总体特征，代表着天地万物的根本品性。魏晋南北朝时期，游览自然风景已成为士大夫、文人们的新风尚，自然山水开始成为人们独立的审美对象。士人、诗人、画家、宦官、僧人和道士们常常结于名山大川之间，欣赏山水，吟诗作画，参禅悟道，创建寺庙，开发风景而结成朋友。云南自然保护区蕴含着丰富的山水文化。如玉龙雪山自然保护区一共 13 座山峰连绵起伏，似银龙飞舞，因此得名；又因其岩性主要为石灰岩与玄武岩，黑白分明，被称为"黑白雪山"。玉龙雪山在唐代就被称作"神外龙雪山"，被南诏国王异牟寻封为"北岳"。明代大旅行家徐霞客称玉龙雪山"领挈诸胜"。代任云南乌蒙宣慰使的李京曾写诗赞美说："丽江雪山天下绝，堆琼积玉几千叠。足盘厚地背擎天，衡华真成两丘垤。"

玉龙雪山是纳西人民心中的神山,是纳西族的保护神"三朵神"的化身,每年农历二月初八,丽江人民和旅居外地的纳西族同胞都要举行盛大活动,欢度"三朵节",表达对玉龙雪山和三朵大神的敬仰。

2)树木文化。树木文化源于先民对树木的崇拜。树木的观赏价值、生活习性、功能效用、生长历史等知识都蕴含了丰富的森林文化,并成为一种重要的文化载体,与丰富多彩的精神生活相结合,渗透到文学、音乐、绘画等诸多艺术领域。不少树种形成了独树一帜的特有文化,如松柏象征挺拔独立、四季常青,榕树象征憨厚慈祥、从容大度。此外,胡杨的宁死不屈,凤凰木的热烈奔放,玉兰的素洁飘逸,柳树的婀娜多姿,桑梓的厚实稳定,木棉的新奇瑰丽等,集中体现了森林的独立、坚韧、包容、固守、协作等精神内涵。

3)竹文化。竹子是物质文明建设的重要资源,并渗透和凝聚于精神文化之中,构成了中国文化的独特色彩,从而形成了别具一格的中国竹文明,积淀成为源远流长的中国竹文化。"宁可食无肉,不可居无竹",宋代著名文学家苏东坡的一句名言,揭示了中华文明史中一个特殊的现象:竹作为一种特殊的质体,已渗透到中华民族物质和精神生活的方方面面。竹工艺、竹食品、竹建筑、竹服饰、竹器物、竹文房、竹工具、竹乐器、竹园林、竹盆景等作为重要的竹文化载体,凝聚和荟萃了丰富多彩的文化艺术精品。而以竹子为主题的诗歌、绘画作品更是数不胜数,体现在竹文化中的竹子,沉淀着中华民族情感、观念、思维和理想等深厚的文化底蕴[139]。

4)花卉文化。中国的花卉文化亦源远流长,可上溯至新石器时代。浙江河姆渡遗址出土的陶片已有万年青和兰花的图案,由此可见,当时的人们已从花卉中获得美感。进入文明社会,人们不仅将花卉作为观赏、馈赠之物,并且也重视其实用价值,如将其用于饮食、纺织、染色、医药、调味、香料、驱虫等。在花卉文化的发展过程中,不仅花卉庭园栽培技术历史悠久,而且盆栽、盆景、插花等艺术也大为流行,经久不衰。同时,花卉也是文学艺术的创作题材,形成了多种花卉文化,如菊文化、兰文化、牡丹文化等。各种花卉专谱、绘画、诗文等不胜枚举。

5)园林文化。中国园林文化是一种综合性文化,是中国传统文化中的一颗明珠。它是文明社会的产物,是世界三大园林系统的发源地(中国、西亚和希腊)之一。其发展和兴衰与中国的历史、文化息息相关,并具有民族特色。按其所有制可划分为皇家园林、私有园林、寺庙园林等。园林文化延续了几千年,为中国传统文化增添了异彩。其"虽由人作,宛自天开"的人工与自然相结合的园林艺术风格，在世界园林艺术中独树一帜，并曾对欧洲的园林艺术有很大的影响。这些历史上遗留下来的园林至今仍为人民文化生活的重要场所。

6）森林游憩文化。森林游憩文化诞生于人类在森林中进行的实践，早期的山民在追逐猎物的同时也发展游憩文化，如相互歌唱、跳舞、追逐、骑射、寻觅等。发展至魏晋，一些文人墨客厌倦了城市的喧嚣，向往林栖山居，并逐渐形成了独特的对山林景观的审美追求。他们种植花木、采菊东篱下，或辟谷导引、修身养性，或登岭长啸、抚琴高歌，或耽爱山水、歌咏自然，或于山间耕作自给、安贫乐道，或著书立说、传诸后代。随着现代人们生活方式的转变、城市生活压力的增大、工作节奏的加快，人们对森林体验、森林养身等各类森林游憩活动的需求也越发增长。这是人类本身生存与发展的要求，同时也是森林文化的发展与延续。

9.1.2　少数民族生态文化

1. 少数民族生态文化内涵

"少数民族生态文化"一词是随着生态人类学的发展而逐步发展起来的，它是中国少数民族社会所特有的尊重自然与保护环境的物质技术手段、制度措施、思想观念、价值体系及生产生活方式的总和。传统生态文化体现在少数民族生产生活、风俗习惯、宗教信仰、文化艺术、伦理道德等多个领域，所涵盖的内容十分丰富。袁国友认为，中国少数民族生态文化"既包括各民族对人与自然关系的形而上思考和认识，也包括各民族对人与自然关系的实践的经验性感知，当然更包括居住在特定自然生态条件下的各民族在谋取物质生活资料时由客观的自然生态环境和主观的社会经济活动的交互作用而形成的生态文化类型和模式"。廖国强、关磊在比较"少数民族生态文化"与"生态文化"的区别与联系中，指出了少数民族生态文化的具体内涵，认为少数民族生态文化是一种"已然"的文化，"建立在本土生态观的基础上"，"是文化的一个有机组成部分"[140]。

文化是民族的重要特征，是民族生命力、凝聚力和创造力的重要源泉。少数民族生态文化是中华文化的重要组成部分，也是中华民族的共有精神财富。在少数民族生态文化的影响和制约下，少数民族居民对生态资源有节制的使用，形成了民间尊重自然、顺应自然、保护自然的生态文明实践理念，有效保证了生态环境系统的稳定性和持久性。

2. 少数民族生态文化表现形式

少数民族在漫长的历史发展过程中，为适应多样性的自然环境，创造了各具特色的民族文化。出于对自然力的敬畏，他们大都把自然界作为文化诉求的对象和表达的内容，把自然尊为神，形成特有的"人与自然"相和谐的少数民族生态文化。学术界普遍按照文化学的分类标准将少数民族生态文化划归为三类：生态物质文化、生态制度文化和生态观念文化。

1）物质生态文化。意指适应自然、与自然和谐相处的各种生产生活用具、物质生产手段和消费方式等。历史上，云南许多少数民族由于交通不便、生产力水平低下、生产方式落后等因素，形成封闭型自给性经济结构。为满足吃、住、用、葬等方面对木材的巨大需求，他们在房前屋后、村寨周围、田边地头、山上河边植树种竹。在哈尼族、傣族的生活中，建寨、植树、种竹是全寨人共同完成的大事，在房前屋后、田边地头种树植竹子几乎是每个农家都要从事的重要农事。藏族的轮牧制和基诺族、布朗族、拉祜族、佤族、独龙族和怒族等山地少数民族刀耕火种的生产方式，大都通过严格的烧荒及防火措施、农作物间作套种办法、土地有序的垦休循环制和用养结合，以及森林水源的分类管理等具体行动，在维系生态整体稳定性的前提下保护性地适度开发、利用、改造自然，正确地处理了人与自然的关系，有效地保护了生物多样性，维护了生态系统的动态平衡。

2）制度生态文化。意指维护生态平衡、保护自然环境的社会机制、社会规约和社会制度，主要包括蕴藏着生态思想的少数民族习惯法、族规家法、古代法等。为维持自身的生存与发展，各少数民族像爱护生命一样爱护自然，并逐步形成了一系列保护生态环境的习惯法和村规民约，通过宗法制度的权威规范人们的行为，并提出保护自然的道德要求。云南许多少数民族对山林管理的习惯习俗内容丰富，其先民创制了一系列带有生态道德价值取向的乡规、民约、碑刻和法典，来保护公有林、神树（林）、水源林、风水林等，如彝文典籍《西南彝志》《彝汉教育经典》，西双版纳傣文典籍《土司对百姓的训条》，白族的《护松碑》《保护公山碑记》《六禁碑》等。

3）生态观念文化。意指尊重自然、爱护自然的各种思想情感和价值体系，包括少数民族传统生态知识、生态观及民族传统文化，如宗教信仰、神话传说、民间艺术、谚语格言中的生态意识等。如云南迪庆藏族先民在适应高寒缺氧的严酷生存环境的过程中，形成了以神山圣湖崇拜为核心的生态文化观。迪庆州中甸和德钦两个县约80%的山脉成了藏族人民家家户户、村村寨寨崇拜的神山。神山上的一草一木、一鸟一兽，均不能砍伐或猎取。圣湖中的水要保持洁净，湖中的水生动物无人愿意捕食[141]。傣族同胞则把佛祖看成是善良、慈爱和智慧的化身，一贯反对残暴，主张爱护生物、保护环境。白族人将燕子看作自己的家庭成员，不慎伤害燕子就认为是伤害了自己的骨肉。傈僳族、独龙族、怒族、布朗族、阿昌族等民族都有一定的狩猎规则和禁忌，他们忌打怀崽、产崽、孵卵动物，对正在哺乳的动物"手下留情"，忌春天狩猎，因为许多动物在春天下崽。

9.1.3　森林文化与少数民族生态文化的关系

森林文化作为一种概念是在近年被提出来的，目的在于期望人们能够自觉地恢复过去那种人与自然的和谐关系。纵观人类文明的历史，不同时期人们对森林的认识和态度，反映了不同的文化特征。在现代，以森林为主题的"自然保护区""国家公园""森林公园"等人类生态文化现象的出现，反映了人类对森林的认识有了新的飞跃。工业与城镇的发展导致绿地与森林的减少；环境与科学技术发展对人类心理产生的文化效应，导致人们对森林与绿地的向往和渴望。人们开始认识到森林对人类生存必不可少的价值所在。而随着人们对森林生态意识的增强，少数民族生态文化开始引起越来越多学者的关注。少数民族生态物质文化、生态制度文化和生态观念文化，在主观上表达出人们对自然惩罚的敬畏以及善待自然的愿望，但客观上对当地森林的保护起到潜移默化的作用，对今天的生态环境保护和森林文化产业发展也具有重要意义。森林文化和少数民族生态文化均强调其文化的"生态"性，是反映人与自然、社会与自然、人与社会之间和睦相处、和谐发展的一种社会文化。

少数民族生态文化与森林文化互为表现形式。少数民族生态文化和森林文化均具有民族性和地域性的特点，体现在不同民族在不同环境中认识和利用森林过程表现出的不同森林背景和不同文化品位。诸多的少数民族，处于不同的历史背景和不同类型的森林环境，其宗教、风俗、习惯、情趣，以及生活方式和生产方式在表达上显示出个别性和差异性，正是这种个别性和差异性，造成了少数民族生态文化和森林文化的多样性和丰富性。

9.2　民族传统生态文化的局限性与发展困境

9.2.1　民族传统生态文化的局限性

传统的生态文化是各少数民族对环境的社会生态适应，是一种充满生态智慧的生存机制，其中包含着许多科学的、辩证的自然观思想成分。但严格说来，它毕竟是一种直观的、朴素的、经验性的前科学时代的自然观，不可能对人与自然之间复杂的关系作出全面、准确的科学解释和说明，存在一定的局限性[142]。

1. 生产方式缺少以科学为理论基础的技术形态

少数民族群众所需要的基本生存资料几乎都是在适应多样化的自然环境中生产出来的。这种生产方式属于经验理性的实用工艺范围，且只能满足人们非常简单的日常物质生活需求。在农耕时代，一些局部的甚至是非常严重的自然灾害也能够通过自然界本身的调节而得以恢复。然而，在工业文明时代，任何一个民族都很难单纯依赖传统农业文明的生产方式去解决自己日益增多的人口的生存问题。生存问题的严重使得人们难以顾及生态环境，从而导致毁林开荒、过度放牧等破坏自然环境的行为。例如，由于生产技术水平落后，不得不在对外贸易中出售大量原料、能源和初级加工产品，从而遭受不等价交换造成的经济损失和生态环境严重退化的损失。在人口数量急剧增加、人类改造自然的能力进一步提高、经济规模在广度和深度上都大大拓展的情况下，如果人们的物质生产活动没有科学的现代生态观的指导，不能在这种生态观指导下建立起高效的生产体系和经济体系，少数民族生态文化传统必将走向崩溃。

2. 对自然的认识和利用缺少科学理性

虽然在现实生活中少数民族传统生态文化能够有效地保护生态环境，但却很难说明其理由具有科学合理性。例如，原始宗教信仰中的万物有灵思想，把自然拟人化，使得人们对山水、动植物有了各种各样的祭祀、习俗、禁忌，形成敬畏自然、尊重生命的伦理情怀，对砍树、杀生等行为抱有愧疚心理，这有效地防止了人们竞相猎杀或采集同一种物种，避免了某种资源的迅速灭绝，对约束人们的行为、保护生态环境起到了促进作用，但它非常缺乏科学上的生态学依据。佛教徒不杀生的戒律、因果报应的观念和素食行为，鼓励人们保护了许多动物，但也同样缺乏科学上保护动物的生物学依据。如果对复杂多变而又有内在规律的自然的认识和利用仅停留在传统的经验科学的水平上，就不能深刻地认识和把握人与自然复杂的相互作用的生态规律，也不能在全球生态环境严重恶化的今天恢复自然的生态稳定，重建人与自然的和谐共生关系。

3. 理论和实践上都不可能解决当前的生态危机

从理论内容看，少数民族的生态观以及维护生态平衡的具体做法大多是自发的，还没有上升到自觉的阶段。他们的生态文化传统有的是出于对本民族传统文化的传承，有的是出于对神灵、对自然的原始崇拜和敬畏等。随着科学技术的进步和社会的发展,这种传统注定不可能一成不变地永远保持下去。从实践方式看,即使在农业生产领域,其作用也是非常有限的。它不具有水利化、机械化手段,没有深度利用生物资源的现代生物技术,不能把传统农业发展为既能满足人们需要,又能保证资源增殖并维护生态环境的现代农业。在农业以外的工业、第三产业等所有生产领域,它更不具备现实条件将经济发展与环境保护结合起来,发展出生态生产的新形态,以满足人们对资源的永续利用和对环境质量恢复、提高的要求。在人对待自然的道德实践上,人们出于对自然力的敬畏和对社会压力的无奈,把人与自然的关系拟人化、神秘化,依靠"神"的力量、个人道德和村规民约等形式来实现生态环境的保护,容易导致宗教活动乃至迷信学说和民间迷信活动泛滥,影响和制约经济社会的可持续发展。

9.2.2　民族传统生态文化发展所面临的困境

1. 民族文化内涵遭受异化

在"经济搭台,文化唱戏"的文化产业、现代化发展形势下,许多优秀的民族传统文化内涵逐渐发生本质性的变化。在市场经济的驱使下,少数民族文化变成了文化开发机构或者开发所有者获取经济效益的工具,同时为了迎合市场消费的需求,传统的民族文化被大幅度篡改,使其失去了传统文化本质性的价值。除此之外,民族村寨和村民作为民族文化的传承和发展的主体,却并不能够真正参与到文化产业发展的过程中,未能享受文化产业发展带来的经济成果,拉大了文化所有者和开发者之间的贫富差距,打击了民族传统文化传承的积极性,导致传统文化在发展过程中随波逐流,失去了本身承载的灵魂。

2. 村民对传统文化缺乏自觉和自信

外来文化对少数民族文化产生了极大的冲击,这种现象与我国近代历史上的"崇洋媚外"思想极为相近。大多数少数民族地区的人们对自身拥有的优秀传统文化表现出了"不屑"的态度,他们往往更青睐于外来文化带来的优越感。由于长期生活在自己民族的文化圈内,他们对本民族优秀文化深知而不自觉,一旦接触了新奇的外来文化,便对本民族文化产生了高度的不自信,从而更多地主观放弃了自己的文化和生活方式,向往并追求新鲜的生活。最典型的例子就是元阳梯田。哈尼族人在约 2500 年前开垦出这块红土地,它展示了哈尼人的辛勤和智慧,也是人类文化史上的优秀代表作。但随着社会的发展,生活方式的改变,哈尼人的新一代不愿再固守这种传统的生活方式,元阳水田的耕作方式面临后继无人的状况。

3. 传统的文化传承方式发生改变

在经济全球化与现代化的冲击下，我国少数民族文化原有的文化传承模式被逐渐打破，传统的家庭教育传承、社会传承的"随境式"传承方式已经难以为继。许多的民族地区将民族文化"引进校园"，借助有组织、有计划的学校教育传承途径来传承与保护民族传统文化。而民族文化作为某一个民族"整体生活的总和"，其文化的整体性、群众性、宗教性等亦决定了其必须是依赖于一定的社会场域与传承模式。脱离了"生活化"的文化传承必然面临着一定的困境。

4. 民族文化盲目寻求改变

农民增收的需要与城市人感受异质文化和氛围的追求，为促进民族经济发展和民族文化重新繁荣提供了动力。但是，在这样的交往过程中，许多民族不重视本民族的优秀习俗，而对外来文化盲目模仿。于是人们开始放弃本民族传统文化特色的房屋建筑，放弃穿着本民族传统服饰，放弃本民族时代传承的节庆、仪式和优秀的传统思想。比较严重的问题在于部分年轻人放弃了本民族语言的学习和传承，尤其是只有语言没有文字的民族。原始文化中确实有落后不足的方面，但单纯的否定必然给优秀的传统文化传承和发展造成打击。

9.3 自然保护区与民族村寨生态文化建设

9.3.1 生态文化

1. 生态文化内涵

生态文化是以人与自然和谐发展为核心价值观的文化，是一种基于生态意识和生态思维的文化体系，是解决人与自然关系问题的理论思考和实践总结。生态文化作为人性与自然交融最本质、最灵动、最具生命力的文化形态，是人与自然和谐共生、协同发展的文化，具有独特的伦理性、和谐性、包容性、传承性、创造性和开放性。广义的生态文化是指人类历史实践过程中所创造的与自然相关的物质财富和精神财富的总和，狭义的生态文化是指人与自然和谐发展、共存共荣的意识形态、价值取向和行为方式等。生态文化能正确指导人们处理好个人与自然之间的关系，协调好人类社会与生态环境系统之间的整体平衡关系，因此，生态文化是一种生态价值观，是反映自然—人—社会复合生态系统之间和谐发展的一种社会文化，是社会生产力发展、生存方式进步、生活方式变革的产物，是社会文化进步的产物，是生态文明的重要组成部分[143]。

2. 生态文化基本特征

1）生态文化的传承性。中华民族有着五千多年的古老文明史，而朴素的生态意识和生态文化传统是古老文明中不可或缺的重要组成部分，其核心思想就是"和"，主要内容是敬畏天地、道法自然、善待万物，讲求人与自然的和谐相处，进而达到"天人合一"的最高境界。由此可见，当今倡导的以人与自然为核心价值观的生态文化无疑继承并汲取了中华传统文化的优秀思想和精髓。两者之间，体现了本质上的相关性和一致性。所以，必须以历史唯物主义的眼光来看待生态文化的演进与发展，认识传统文化在当今生态文化中的地位、作用和影响。

2）生态文化的开放性。在当今世界多极化、经济全球化的大背景下，各国经济发展互联互通、合作共赢的态势日趋强劲。生态文化是全人类共同拥有的精神财富，不同的国家和民族之间相互学习借鉴，融通交流，没有地域、国界、肤色、种族之分。在相互交融的过程中，各国在充分吸取传统工业文明的生态教训和本民族生态智慧的基础上，催生了共同但又各具本民族特色的生态文化。具有中国特色的生态文化在充分体现中华传统文化基因的同时，也鲜明地展现出了开放的姿态和全球色彩。

3）生态文化的时代性。生态文化是从人类统治自然的文化过渡到人与自然和谐的文化，这种过渡是随着时代的变迁而发生的改变。生态文化既是世界各国共同推进生态文明建设潮流的必然产物，也是当今全人类最新环保理念和生态智慧的集中反映，更是新的历史条件下指导生态文明实践世界观和方法论的具体体现。

4）生态文化的实践性。生态文化是知与行的统一体，注重实践的本质特征，要求生态文化最终应当转化为社会和公众的一种自觉自律的生产、生活方式。于社会而言，生态文化追求经济与环境之间的良性互动，坚持经济运行生态化，改变高投入、高污染的生产方式，以生态技术改造、替代传统落后的生产手段，使绿色产业和环境友好型产业在产业结构中居主导地位，成为经济增长的重要源泉。于公民而言，要倡导每一个社会成员改变传统的、不文明的生活方式，积极践行绿色低碳、节约环保的消费模式，克制对物质财富过度追求的欲望，选择既满足自身需要又不损害自然环境的生活方式。

9.3.2 自然保护区与民族村寨生态文化建设目的

自然保护区民族村寨的生态文化构建，就是以自然保护区所蕴含的森林文化元素为载体，在保护和传承民族生态文化传统的基础上，利用生态文化新观念、新知识改变传统的思维模式和生产方式，从根本上转变人们的价值取向，树立"绿水青山就是金山银山"的资源、资本的价值观和"保护生态环境就是保护生产力，改善生态环境就是发展生产力"的理念。

1. 树立人与自然和谐的生态观

树立人与自然和谐的生态观就是追求人与自然之间的和谐性、互利性以及复合生态系统的可持续性；建立把人类生存和发展的价值置于生态系统整体价值的维持和进化中的价值观，并用这种价值观引导人们谨慎、合理地开发和利用科学技术手段，保障科学技术朝着促进人与自然协同进化的方向发展。倡导建立正确的资源观和消费观，建立一种低耗资源的节约型意识，以促进资源的节约；追求有利于消费者健康和资源可持续利用的消费方式。鼓励村民尊重和保护自然，不能急功近利或以牺牲自然生态为代价取得经济的暂时发展；要在认识和掌握自然规律的基础上，在爱护自然环境和保持生态平衡的前提下，能动地改造自然，使自然更好地为人类服务。

2. 完善生态文化的制度化建设

随着人们科学文化素质的提高，仅精神上的自我完善并不能使人们自觉保护生态环境。在保护和利用或民族之间存在突出的利益差别的现实情况下，如果没有强有力的法律保障，人们几乎不可能自愿长期维护生态系统。因此，必须在继承传统生态文化有关制度和习俗合理内容的基础上，实现对传统制度文化内容和形式的超越与发展。在加大生态保护立法力度的同时，重视少数民族社区制度层面的生态文化传统，在其已有的朴素的生态观念基础上，对当地居民进行生态文化传统的再教育和政策诱导，让扎根于老百姓中的生态文化传统发扬光大，依据法律法规，实现文化、习俗、宗教和法律等多重保护自然资源意识的契合，如此才能使环境保护由自发行为变成一种文化自觉，从而有效地、持久地进行下去[142]。

3. 提高当地居民的生态素养

当前民族村寨居民的生态意识还比较淡薄，生态理念还比较落后，正确的生态价值观还没有真正形成，无约束、无节制地破坏森林资源的现象还时有发生，有的地方甚至相当严重。公众生态素养是生态文化的基石，要从培育和增强村民的生态文化自觉抓起。生态文化自觉，就是人们对生态文化意识的理性认识和科学把握，以此为基础形成主体的生态文化信念和准则，并自觉、主动地付诸实践。

每一个社会成员的生存态度、生活方式都会深刻地影响其赖以生存的环境，而生态文化可以引导人们科学认识和正确运用自然规律，自觉地遵守自然规律，达到人类社会系统和自然系统的动态平衡与协调发展，从而促使人类迈入生态文明社会。因此，要通过各种宣传教育的形式，使村民具备建设生态文明所必备的生态文化素养，使生态意识成为大众文化意识，生态伦理道德成为社会公德。生态文化的教养培育不能毕其功于一役，必须经过几代人甚至更长时期的努力，只有持之以恒，方能久久为功。

4. 突出生态文化经济价值

森林文化和民族生态文化应成为经济社会发展的融合剂，它应该被充分应用到民族村寨经济社会生活各个方面，只有这样,生态文化的作用才能更好地发挥,生态文化的价值才能更好地体现。应突出生态文化经济价值，把生态文化与旅游业发展紧密串接，在旅游项目的开发上，除了充分利用自然保护区及周边森林资源开展森林旅游外，还可以开展文化游，把浓郁的民风、民俗、民族土风文化推向市场，吸引民营资本进入文化文物的保护及开发利用中，把少数民族民间艺术变成财富，并逐步发展成为文化经济的支撑点。

5. 实现少数民族生态文化保护与传承

少数民族文化是人类文化的重要组成部分,其内容丰富多彩,形式别具一格。各少数民族祖先立足于世居的村寨，经过与周边自然保护区的相互作用，创造了独特的生活方式和文化观念，经世代传承，形成了人类历史上优秀文化的精髓，对民族发展、人类进步产生了积极的作用。但随着社会发展，生活方式改变以及外来文化冲击等对少数民族传统文化造成了极大的破坏。文化本质异化、文化传承后继无人等都阻碍了民族文化的进一步发展。因此，自然保护区与民族村寨生态文化建设要注意采用多种方式，鼓励村民参与，对传统的少数民族文化进行保护，促进民族文化有序传承和良好发展。

9.3.3　自然保护区与民族村寨生态文化建设措施

民族生态文化及习俗是各少数民族适应周边自然环境的智慧结晶。现行自然保护区缺乏对周边民族村寨生态文化的保护，不利于协调保护区与当地村寨发展的关系。面对这种现实，如果停留在依靠法律法规的强制作用和宣传教育的舆论作用层面上，要求公众参与自然保护，必将事倍功半，甚至还容易引起保护与发展的冲突。因此，特别需要一种与当地社会经济和文化特征相互适应的、当地社区愿意积极主动参与的可持续保护和发展策略[144]。

1）开展生态理念及知识的普及活动。加强对当地居民的森林教育，开展多形式、多层次的以普及森林知识和增强环境保护意识为目标的森林教育。尤其要从娃娃抓起，把森林意识教育作为学生素质教育的一项重要内容。依托自然保护区，组织当地青少年开展以认识和保护生物多样性为主要内容的森林夏令营、冬令营等活动，推行多种形式的森林教育，提高学生的森林意识，努力培养具有森林保护知识和意识的一代新人。广泛开展森林科普活动，结合植树节、竹文化节、世界地球日等活动，通过图书、报刊、网络、广播、电影和电视等媒体，积极开展群众性森林科普教育活动，建立森林建设的公众参与机制，培育公众的森林意识和保护森林的行为规范。

2）进行生态文化的载体工程建设。生态文化的建设除了需要提高全民族的生态道德、科学和文化水平，即主体人的生态文化素质，还需要加强客体载体方面的建设。而载体不仅包括图书文献信息资料，也包括生态文化示范教育基地和生态旅游区等，如自然生态历史博物馆、林业历史博物馆、森林博览城、林业成就展览馆、森林公园、森林文化旅游区、民族风情园、古树名木、护林碑刻、纪念林等。生态文化的载体工程建设，需要挖掘民族传统的历史文化内涵，提升文化品位，还可将生态示范区建设与生态科普基地建设结合起来，建设集生态教育和生态科普、生态旅游、民族旅游、生态保护、生态恢复示范等功能于一体的生态景区。

3）实行自然保护区环境解说教育。环境解说是运用各种媒体（如解说牌、标识牌、自然博物馆、游览手册）和活动（如导游讲解、专家讲座、夏令营活动等），将有关自然保护区的特定信息（如保护对象及其保护价值、自然保护区内的物种、自然保护区生态旅游资源的美学价值、保护区所在社区的传统文化、环境保护意识等）传递给自然保护区访问者的一系列交流手段的统称。自然保护区环境教育是一个教育过程，目的是要使访问者了解自然保护区的环境，以及组成环境的生物、物理和社会文化要素间的相互关系、相互作用，得到有关环境生态方面的知识、技能和价值观，并思考个体和社会如何应对环境问题[145]。

4）制定生态文化发展优惠政策。随着我国推动文化产业大发展、大繁荣相关政策的制定，生态文化的发展也具备了更加优良的外部环境。应当抓住这一历史机遇，从多层面制定有利于生态文化发展的优惠政策，充分发挥市场对生态文化发展的推动作用，实行产业化经营，合理配置资源，提升生态文化产业自我发展能力；通过税收、补贴等财政政策，降低生态文化产业发展的负担，扶持幼小企业发展，鼓励非营利性机构参与生态文化的建设和发展，引导社会资本支持生态文化产业发展。

5）提供丰富的生态文化产品。生态文化产品是一个宽泛的概念，它包括精神产品和物质产品两种形式。精神产品是非物质性的，直接体现在人们的精神生活之中。在生态文化建设过程中要注意挖掘民族文化内涵，开发丰富的精神生态文化产品，如民族典型的传说故事、民族歌谣、节日庆典、优秀的信仰文化等。物质产品则具有一定的物质形态，是以某种物质材料为载体，来承载民族文化内涵的生态文化产品，例如介绍民族文化的书籍、民族手工艺品、民族舞蹈、民族服饰、民族广播影视剧、民族建筑体验等。

6）引导全民共建共享生态文化。推动生态文化建设，光依靠政府的力量还远远不够，必须引导全社会力量共建共享。要积极推动宣传教育，运用广播、电视、报刊、网络等新闻媒体，广泛宣传生态文化的内涵与价值；推动森林文化教育，普及森林科普知识、生态文明观念，倡导绿色生活。要努力开发精品项目，如生态旅游、森林体验、森林疗养、森林食品等，使森林真正服务于和谐社会建设和人民群众的基本需求，使当地少数民族村民及社会民众感受到森林文化的弥足珍贵，从而自愿投入森林文化的建设和推广中。

7）加大民族文化遗产的挖掘和保护。开展少数民族文化遗产调查登记工作，对濒危少数民族重要文化遗产进行抢救性保护。加大现代科技手段运用力度，加快少数民族文化资源数字化建设进程。进一步加强人口较少民族文化遗产保护。扶持少数民族古籍抢救、搜集、保管、整理、翻译、出版和研究工作，逐步实现少数民族古籍的科学管理和有效保护。加强少数民族非物质文化遗产发掘和保护工作，对少数民族和民族地区非物质文化遗产保护予以重点倾斜，推进少数民族非物质文化遗产申报联合国教科文组织人类非物质文化遗产代表作名录和国家级非物质文化遗产名录，加大对列入名录的非物质文化遗产项目的保护力度。积极开展少数民族文化生态保护工作，对具有浓郁传统文化特色的少数民族建筑、村寨有计划地进行整体性动态保护。

8）加强本土生态文化人才培养。自然保护区与民族村寨生态文化建设，离不开专业化的人才队伍做支撑。应该注重围绕自然保护区保护和少数民族村寨生态文化建设，建立人才扶持计划政策，通过鼓励本土民族高校毕业生回乡就业、鼓励民族传统技艺人才发展特长、鼓励民族传统文化更新创新等方式，在保护区周边重点培养一批有知识技术专长并专注于自然保护区生态环境保护和生态文化建设的高素质人才队伍；在民族村寨中挑选培养民族文化遗产、民族工艺、民族歌舞乐器等项目方面的传承人或拔尖人才；培育一批在生态文化保护、抢救、传承和创新工作中有知识、有技术、有专长的本土生态文化人才队伍。鼓励并带动本土村民积极参与到传统文化的恢复、保护和传承行动中，保护传统的习俗、仪式和独特的生活方式等。

第 10 章　自然保护区民族村寨的社会风貌建设

"万物有所生，而独知守其根。"乡村是中华传统文化的根基，寄托着乡愁，凝聚着记忆。从现实情况看，自然保护区周边部分村寨还存在着环境恶化、资源流失、活力不足、基本公共服务短缺、人口老化和空心化、乡土特色受到冲击和破坏等严峻挑战。村民的思想观念发生了深刻的变化，旧的观念、规范失去了控制力，新的价值体系尚未建立，农村的精神文明体系处于失效状态，陈规陋习根深蒂固，偷盗、赌博、封建迷信等不容忽视的社会问题时有发生。因此，在乡村社会风貌建设过程中，一是要改善村寨人居环境，注重保护、留住乡愁。统筹兼顾农村田园风貌保护和环境整治，注重乡土味道，强化地域文化元素符号，综合提升"山水林田湖路村"风貌，慎砍树、禁挖山、不填湖、少拆房，保护乡情美景，促进人与自然和谐共生、村庄形态与自然环境相得益彰[146]。二是要进行村寨乡风文明建设。通过家庭美德建设、农村社区文化道德建设和基层民主建设，提升村民思想道德水平，将先进文化植根农村大地，净化乡风民风；要结合农村实际，坚持正面引导，深入开展宣传教育，用社会主义核心价值观引导农村社会思潮，使其成为农村文化的主流；合理制定村规民约，改变农村传统落后的宗族宗派观念，自觉抵制、消除封建迷信等各种不良思想，努力使乡风民风美起来。

10.1　改善村寨人居环境

改善农村人居环境，建设美丽宜居乡村，是实施乡村振兴战略的一项重要任务，事关全面建成小康社会、广大村民根本福祉与农村社会文明和谐。调查结果表明，长期以来，云南自然保护区周边民族村寨的人居环境普遍较差，村寨基本生活条件还没有完全得到保障，脏乱差问题在一些村寨还比较突出，这与全面建成小康社会要求和村民群众期盼还有较大差距，制约了当地社会经济的发展。

10.1.1　村寨乡村风貌塑造

民族村寨景观风貌的保护与再塑造，是美丽乡村建设的重要内容，不仅是为了满足乡村景观美化和环境品质提升的要求，更是为了实现对乡村价值的再认识；

避免以现代城市社会为主导的审美观、价值观对自然保护区及其周边区域的侵蚀，不仅有利于防止村寨风貌的"城市化"和"脸谱化"，保留并创新性地传承民族村寨传统特色，也有利于保护自然保护区及周边特殊的地理景观、珍稀动植物、原始自然风光。

1）打造顺应自然的乡村景观，凸显人与自然的和谐共生。景观打造要注重对乡村原有生态的保护，绝不能以牺牲环境为代价，在景观环境等物质空间打造上要顺应乡村的自然条件和客观特征，绿化配置兼顾生态生产，凸显人与自然的和谐共生，这也是在乡村规划建设中体现人文环境关怀的一个具体表现。同时，对于建筑材料的选取也要考虑本土实际，坚持经济节约的原则，尽量利用本地的绿色资源，比如围绕保留的古树、植物进行景观设置，这样既能保护植物，还能形成具有特色的建筑空间；建筑的空间组织可以更加通透，让人们的视线能够透过建筑看到远处的群山，把村外的自然风光引入村中，借村外景色，美化村内环境，使村寨中人们的活动空间与自然环境有机结合[147]。

2）整体考量乡村肌理，追求村庄建设与自然相融合。乡村形成于自然的聚落形态，扎根于历史，有着自身特有的成长肌理，乡村的空间肌理作为体现乡村传统风貌的重要表现形式和承载实体，对它的保护相当重要。在进行乡村规划时，需要摆脱"整齐划一"的模式化的思维，在充分调研乡村空间形态的前提下，总结村庄空间特征，运用创新理念解决村庄规划建设模式与村庄空间肌理的冲突，重点保护和发展村庄特色，延续空间肌理。对于乡村聚落的空间形态肌理要从更大的区域范围整体考量，利用山、水、河流、地形等自然条件，因地制宜，自由灵活布置，力求村庄建设与自然相融合，这也是"合自然之理"的基本要求。

3）乡村空间布局合理，促进乡村空间和谐发展。一般情况下，乡村空间以农业生产经营为核心，体现出相对集中与绝对分散的特征，布局形态自由。乡村规划应坚持科学的发展观念，挖掘乡村空间特色魅力，树立农村空间的认同感。保护区民族村寨乡村的聚落空间往往与周边山林田野相融，边界模糊，整体空间形态的控制引导应充分尊重自然山水、生态基底和原有村落格局，实行动态的分类土地资源管控，强调"建"与"非建"并重，在总体格局、空间序列、整体建筑风貌、公共空间等方面进行形态化的综合设计，科学引导乡村空间合理分配和功能布局，彰显农村空间发展特色，适应新时期农村生产生活方式，促进乡村空间和谐发展。

4）注重传统建筑保护，彰显村寨民族特色。少数民族村寨的特色建筑形式多样、风格各异，集中反映了一个民族的生存状态、审美情趣和文化特色，如以"三坊一照壁""四合五天井"为特征的白族民居。保护好特色建筑是保护民族文化的重要措施。根据建筑的不同类型，应采取保护、改建等不同方式，保持民族村寨的建筑风格以及与自然相协调的乡村风貌。对于具有重要历史文化价值的古老民居和建筑，可借鉴文物保护的方法，有选择地采取修缮加固、消除火灾隐患等措施加以保护；对这类民居，在维修、保护时要尽可能地保持其历史面貌。在重点旅游景区，对那些没有民族特色的建筑，可采取"穿衣戴帽"等方式进行改造，使之与周围环境相协调。对于损害严重必须维修、改建的民居，要以"新建如旧"的原则，进行维修、改建，要力求体现民族传统风格，与旧民居、建筑原貌风格基本一致。

5）弘扬传统农耕文化，留住乡村记忆。农耕文化是记载历史、传承文明的重要载体。云南各民族在其繁衍生息过程中，依据不同的环境资源特点，因地制宜创造了自己的生产技艺、耕作制度、习俗、礼仪、节庆、服饰、语言、歌舞、建筑等方面的农耕文化。因此，可在农耕文化资源丰富、特点突出、条件成熟的村寨，建立民族传统文化生态保护区，加强农耕文化传承基地、传习所（传承点）、示范点的基础设施建设，改造建立农耕文化保护利用设施，改善农耕文化保护传承、宣传展示条件。因地制宜建设民俗生态博物馆、乡村（社区）博物馆、村史馆，记录乡村的历史沿革和发展变化，对现有乡村建筑进行改造后布展，留住乡村记忆。

10.1.2　村寨环境污染治理

当前民族村寨环境污染治理能力不足，对生活垃圾的处理基本上是"污水靠蒸发，灰尘靠风刮，垃圾靠河刷"，从而造成村庄垃圾泛滥，居民房屋旁、池塘岸、河堤底下等一些闲置地成了垃圾的集中场所，不仅影响到村容村貌，也对当地土壤、水体造成污染，既不利于村寨居民身心健康，也对自然保护区及周边的生物多样性造成不利影响。因此，还需要通过健全垃圾处理体系、治理生活污水、清理陈年垃圾和推进农业生产废弃物资源化利用等途径解决村寨环境污染问题[148]。

1）健全垃圾处理体系，制定村庄保洁制度。统筹考虑村庄分布、经济条件等因素，建立符合农村实际的收集、转运和处理模式。距离生活垃圾处理厂较远的村庄，可采用"户分类、村收集（集中分类）、乡镇转运处理"模式；偏远分散村庄的生活垃圾尽量就地减量处理，不具备处理条件的要妥善贮存，定期外运处理。村寨要建设垃圾集中收集点或配备密闭式收集箱，逐步改造或停用垃圾池等敞开式收集场所和设施，合理配置垃圾桶（箱）和清扫运输工具，鼓励村民自备垃圾收集容器。建立村庄保洁制度,明确保洁员和设施设备管理人员工作职责、范围、标准等要求;或通过政府购买服务等方式,建立村庄长效保洁机制;设立卫生监督管理员,明确在垃圾收集、村庄保洁、资源回收、宣传监督等方面的职责;通过修订完善村规民约、与村民签订门前三包责任书等方式,明确村民的保洁义务。

2)清理陈年垃圾,推进垃圾源头减量。集中开展清理陈年垃圾活动,重点清理宅院房前屋后、田间地头、坑塘沟渠、河边桥头、道路两侧等地方堆弃的垃圾及杂物,达到"三无一规范一眼净"(村庄无垃圾堆放、无污水横流、无杂物挡道,日常生产生活物品堆放规范,道路两侧环境干净)标准,推进垃圾源头减量。按照减量化、资源化和无害化原则,全面推进农村生活垃圾分类就地减量,降低收运处理的整体运行成本;在推进农村垃圾源头减量过程中,引导和鼓励农户首先进行简单分类,村庄集中后进行再次分类,将分类出的可降解垃圾就近堆肥返田,或利用农村沼气设施处理;灰渣、建筑垃圾等惰性垃圾要铺路填坑或就近掩埋。

3)推进农业生产废弃物资源化利用。推广适合不同区域特点、经济高效、可持续运行的畜禽养殖废弃物综合利用模式,推动建设一批畜禽粪污原地收储、转运、固体粪便集中堆肥等设施和有机肥加工厂;推进秸秆综合利用规模化、产业化,建立健全秸秆收储运体系,推进秸秆机械还田、饲料化和基料化利用,实施秸秆能源化集中供气、供电和秸秆固化成型燃料供热等项目;推广使用加厚地膜,扶持地膜回收网点和废旧地膜加工能力建设;建立农资包装废弃物贮运机制,回收处置农药、化肥、农膜等农资包装物。

4)梯次推进农村生活污水治理。根据农村不同区位条件、村庄人口聚集程度、污水产生规模,因地制宜采用污染治理与资源利用相结合、工程措施与生态措施相结合、集中与分散相结合的建设模式和处理工艺。推动城镇污水管网向周边村庄延伸覆盖。积极推广低成本、低能耗、易维护、高效率的污水处理技术,鼓励采用生态处理工艺。加强生活污水源头减量和尾水回收利用。以房前、屋后、河塘沟渠为重点实施清淤疏浚,采取综合措施恢复水生态,逐步消除农村黑臭水体,将农村水环境治理纳入河长制、湖长制管理。

5)合理选择改厕模式,推进厕所革命。根据地形地貌、生态环境要求,因地制宜确定改厕模式。重点饮用水源地保护区内的自然村逐步全面采用水冲式厕所,并集中收集处置、达标排放;其他自然村推广使用技术稳定的装配式三格化粪池等卫生厕所。按照群众接受、经济适用、维护方便、不污染公共水体的要求,普及不同水平的卫生厕所。引导农村新建住房配套建设无害化卫生厕所,人口规模较大村庄配套建设公共厕所。加强改厕与农村生活污水治理的有效衔接。鼓励各地结合实际，将厕所粪污、畜禽养殖废弃物一并处理并资源化利用。

10.1.3　生产生活条件改善

近年来，在新农村建设中，国家投入了大量资金用来发展农村基础设施和社会事业，特别是用在乡村公路、饮水、学校、医院、新型农村社区等方面，有效改善了农村生产生活条件。但是必须看到，在一些偏远的民族地区，还存在生产生活基础设施差，教学、医疗卫生条件不足等问题，严重制约了当地社会事业发展。因此，加强民族村寨基础设施建设，改善村民的生产生活条件，对扩大农村市场需求、推进农村现代化、缩小城乡差距都具有非常重要的意义。

1）加强农业生产性基础设施。自然保护区周边民族村寨多位于山区、半山区，村民所拥有的田地均以旱地、坡地为主，质量较差，土地出产率较低。此外，由于农地缺少必要的水利基础设施，农业种植基本上靠天吃饭，碰到大旱等极端天气，则无法保证收成。因此，对于有条件的田地，推广适合云南山区农地的微区域集水工程，开展整地平地，修建排水沟渠，建立蓄水池、小水窖等项目，使农地基础设施得到改善。

2）改善农业生活性基础设施。按照城乡一体化要求，加快构建城乡快速公路交通网，积极组织村民集体开展铺路修路建设，改变进村道路破烂现状，尽早实现各乡村进村道路路面硬化；改善村民饮用水基础设施，优先解决村民饮用水不足、水体污染、人畜共饮等安全问题；加强村民能源设施建设，鼓励并出资村民建设沼气池及安装太阳能设备，提高山区村民对生物能源、清洁能源的使用率；对传统的老虎灶进行改建，普及节能灶的使用，减少对薪柴的使用量；加大农村电网建设力度，力争使所有村庄居民早日通电。

3）发展农村社会发展基础设施。整合涉农信息资源，加大农村信息化建设力度；开展农村中小学危楼改造以及学生宿舍、食堂、健身场馆等建设和农村中小学现代远程教育工程；抓好农村广播电视"村村通"工程建设；加强农村卫生医疗服务基础设施和服务网络建设，提高农村基本医疗服务能力；修建图书室、文化广场和老年活动中心，使村民在工作之余有更多的文化娱乐生活，改变陋习，形成良好的社会风气与氛围。

4）开展村寨田园绿化建设。农村绿化是建设社会主义新农村的客观要求，在农村的绿化规划中，必须注重生态效益、社会效益和经济效益的统一。充分利用"四旁"及宜林荒地植树造林，发展农田林网，以山川披绿、道路建绿、村寨环绿、庭院缀绿为目标，建设安全的生态体系；村内绿化尽量少植管护成本高的草皮，鼓励村民在房前屋后种植诸如葫芦、丝瓜、豆角等藤蔓植物和葱、韭菜、大蒜等蔬菜；村外以栽植经济绿化树为主，统一规划，形成规模，发展林业产业经济，促进村民增收。让村民切身感受到绿化在改善生态、改善村庄面貌、提高生产生活条件、致富奔小康等方面的益处，让村民成为绿化的主导力量，保证乡村绿化健康、可持续发展。

10.2　建设村寨乡风文明

《管子·版法》有言："万民乡风，旦暮利之。"乡风是维系中华民族文化基因的重要纽带，是传承中华优秀传统文化的重要载体，更是彰显中华民族文明、实现中华民族伟大复兴的重要标志。改革开放40多年来，我国的经济实力和综合国力显著增强，农村面貌也发生了翻天覆地的变化，村民生活得到改善，崇尚科学、发展经济等现代文明的观念有所增强，但村民的幸福感和满足感却没有相应提高，"仓廪实而知礼节，衣食足则知荣辱"的古训也未得到体现，农村富裕的同时，一些不良风气在农村蔓延，原有淳朴的乡风不仅没有得到维护和发展，反而出现了一些不良苗头，致使农村乡风文明建设面临挑战。

进入新时期，我国农村的发展与整个社会的发展的差距日趋加大，社会发展不均衡加重。为了乡村全面振兴，构建和谐社会，党的十九大报告提出了"产业兴旺、生态宜居、乡风文明、治理有效、生活富裕"的乡村发展总体要求。在这二十字的指导方针中，乡风文明关系到整个农村发展的精神面貌，关系到农村未来发展的方向与后劲，也是最为艰难且容易忽视的地方。"乡风文明"有别于以往农村传统文化，是一种新型的乡村文化。它表现为村民在思想观念、道德规范、知识水平、素质修养、行为操守以及人与人、人与社会、人与自然的关系等方面继承和发扬民族文化的优良传统，摒弃传统文化中消极落后的因素，适应经济社会发展，不断有所创新，并积极吸收城市文化乃至其他民族文化中的积极因素，以形成积极、健康、向上的社会风气和精神风貌。

10.2.1　乡风文明建设的价值领域

乡风文明建设是一个庞大的系统工程，思想道德、观念意识、文化知识、制度规范、宗教习俗、社会组织等诸多因素交互作用，直接影响村民的思维方式和行为方式。根据中央文件中对乡风文明建设提出的一系列具体要求，乡风文明主要包含意识形态领域、道德生活领域和政治生活领域三个层次的内容[149]。

1.　意识形态领域

意识形态一般是指在一定的社会经济基础上形成的系统的思想观念，代表了某一阶级或社会集团的利益，又反过来指导这一阶级或社会集团的行动。可以说意识形态就是一种思想观念，但不是一般的思想观念，它有三个特征：①群体性，即不是个别人的思想观念，而是已经被某个群体（阶级或社会集团）所接受的思想观念，代表这个群体的利益并指导其行动；②系统性，即不是支离破碎的想法和观念，而是形成了体系；③历史性，即是在一定的社会经济基础上形成的。在社会主义新农村乡风文明有机生态建设的视野下，意识形态主要表现在理想信念、价值观和宗教信仰三个方面。

1）理想信念。理想信念是人们对美好前景的向往和对事业的执着追求，是人生的"总开关"，支配着人的一切行为活动，信念决定追求，追求体现信念。虽然社会主义理想信念在乡村仍占主导地位，但在偏远的民族村寨，落后的封建思想对当地的影响仍然较深，许多村民不关心国家大事，只把个人利益放在首位，精神空虚，热衷于组织、参加封建迷信活动。

2）价值观。价值观是决定人们的期望、态度和行为的心理基础，在同样的客观条件下，具有不同价值观的人会产生不同的理想、需要、动机和行为。绝大多数村民仍然保持着艰苦奋斗、勤劳致富、任劳任怨、重义轻利的传统价值观念。但是，也不乏部分村民在市场经济大潮冲击之下，表现出如物质至上、拜金主义、享乐主义等思潮。

3）宗教信仰。宗教信仰与大多数民族的心理、文化、风俗习惯融为一体，各民族宗教信仰总会对其心理、文化、风俗习惯产生一定影响，特别是在少数民族村寨中，这种影响更为强烈，更为持久。云南几乎每个民族都有一些与乡风文明建设理念有关的宗教信仰与习俗，如敬畏自然、崇尚和谐、与人为善、律己修身等。但由于宗教问题往往和民族问题、封建迷信和风俗习惯相混淆，部分村民不信仰科学，被封建迷信化所诱导，使得宗教与民族问题及社会各领域之间的关系更加复杂。

意识形态领域三个要素之间的关系错综复杂，相互影响。一方面，村民对学习社会主义理想信念产生正确认知，有利于村民的正确价值观的树立；同时，在充分实现宗教信仰自由的基础上，也有利于农村地区的宗教信仰向合法、合理的状态转变。另一方面，村民的价值观与宗教信仰的状态反映了社会主义理想信念教育在农村地区的实现程度；同时，正确的价值观的树立，使村民对宗教信仰有更加深刻的认识，有利于人们选择其文化生活与物质文化的创造方式，并树立正确的宗教观。

2. 道德生活领域

作为村民精神生活的重要组成部分，乡风文明建设的道德生活主要指村民的善恶观、道德理想和道德教育观。在民族村寨乡风文明建设中，不仅要加强传统美德的建设，继承和发扬优秀的道德品质、民族精神、民族气节、民族情感以及良好的民族习惯，还要加强社会主义思想道德建设，积极崇尚科学，破除迷信，移风易俗，破除陋习，树立良好的道德风尚。具体表现在以下几个方面。

1）爱国主义、集体主义和社会主义的思想道德观。村民是否树立爱国主义、集体主义和社会主义的思想道德观关系到他们的行为方式，进而影响生产方式，尤其是农村整体风气的好坏。牢固树立爱国主义、集体主义和社会主义的思想道德观，有助于形成互帮互助、团结友爱、有凝聚力、和谐有序的乡村环境。相反，由于部分村民这种观念淡化，缺乏集体思想和大局意识，对集体事务漠不关心，部分村民受拜金主义的影响，金钱至上，认钱不认人，不关心国家，不关心集体，"没事不理你，有事就找你，解决不了就骂你"的现象时有存在。

2）社会公德、职业道德和家庭美德。良好的社会公德、职业道德和家庭美德的形成，有利于构建和谐的农村绿色生产环境和农村社会环境。但是，由于受到社会不良风气的影响，在一些农村出现了小偷小摸、盲目攀比、赌博等不良风气，尊老爱幼、赡养老人、邻里和睦等传统美德在有些村民身上开始淡化，社会公德和家庭美德丢失，亲情、友情、孝道、和睦等传统美德逐渐远离人们的心灵。

3）文化知识的传承与习得。包括以民族精神、民族气节、民族情感、民族语言、文字、服饰、技艺等民族传统风俗为主体的传统文化传承，以及以文化基础、科学技术、经营管理、民主法制和卫生健康知识为内容的现代科学文化知识的学习。这些知识的传播，有助于提高村民的文化水平，有助于农村生活的科学化和民族传统文化的保护和传承。但是，在部分村寨还存在现代科学文化知识传播能力不足，传统民族文化和民族特色逐渐消失的困境。

不同民族所形成的道德生活是各民族长期以来处理人际关系、人与社会关系和人与自然关系的实践的结晶。在新的经济、政治、文化变革推动下，当今社会的道德结构发生了重大变化，出现了一些新领域、新趋势。对民族村寨进行道德建设，应不断加强以上道德生活领域三个方面内容的建设，使村民们在继承和弘扬民族道德文化的优秀传统基础上，不断学习社会主义道德建设的优秀成果，建立起与社会主义市场经济发展要求相适应的新道德、新观念。

3. 政治生活领域

社会主义新时期乡风文明视野下的农村政治生活领域主要包括村民的政治观、民主观和法制观三个方面内容。

1）政治观。政治观是村民政治关系和政治行为的基本准则，表现在村民的政治成熟度、对政治方向的把握及对政治体制、政治制度的认识。

2）民主观。发展基层民主，直接选举当家人，能够最大程度集中群众的意见，代表群众的意志，维护群众的权益，同时基层组织也接受群众监督，从根本上解决可能出现的腐败现象。基层群众自治制度已经在大部分农村地区得到普及和健全，提高了村民的民主意识。但是，受传统政治观念与不良选举方式的影响，部分村寨还存在家族、头人和宗教势力对选举活动的干扰问题，小姓村民的权益则被忽视甚至侵害，并存在"拉票"甚至"贿选"等现象；加之农村地区村民普遍存在文化知识水平低、民主观念缺乏的问题，民族村寨很难实现真正的民主。

3）法制观。包括当地村民对法律制度和乡规民约等内容的认识与运用。树立现代法律观有利于乡村基层管理的科学化、民主化、规范化；而村规民约、道德规范的建设，也有利于保护生态环境，树立良好的农村社会风尚。但当前部分村寨缺乏必要的法律教育，村民缺乏法律知识，法律意识薄弱，有些村民不知法、不学法、不懂法甚至不信法，农村执法队伍不健全，执法水平低下，农村执法受政策干扰明显，执法中地方保护主义盛行等，都严重影响了村民维护合法权利和树立正确的法律观。

乡风文明中的意识形态、道德生活、政治生活三个领域之间相互促进、相互制约，共同构成社会主义核心价值观。首先，社会主义意识形态领域统领农村道德生活和政治领域建设，农村道德生活与政治生活领域建设都要接受社会主义核心价值体系的指导。其次，农村道德生活与政治生活领域的建设成果反映了社会主义意识形态的效力，成为社会主义意识形态建设的内容体现，没有农村道德生活与政治生活的建设，社会主义意识形态将无法实现。再次，道德生活建设与政治领域建设相互促进、相互制约，村民科学文化知识的提高，有利于村民树立正确的政治观，提升村民的民主观念和法制观念；民主法制观念的进步，有利于促进村寨社会公德、职业道德、家庭美德的形成。因此，在乡风文明建设过程中，应加强村民意识形态、道德生活、政治生活领域的培养建设，培养有理想、有文化、有道德、有纪律、懂技术的新型村民，提高村民群众的思想、文化和道德水平，形成崇尚文明、崇尚科学、健康向上的社会风气，创造和谐的公共空间，促进农村社会的和谐稳定。

10.2.2 乡风文明建设实体层面

1. 农村家庭实体

家庭是社会最基本的细胞。家庭既是社会人启蒙教育的基点，也是绝大多数老年人养老的居所。农村家庭环境对教育、伦理、美德和成员信仰都起到至关重要的作用，是乡风文明建设最重要、最核心的社会组织。家庭德育的好坏不仅关系到家庭成员的好坏，也关系到整个乡村良好社会风尚的形成。古语云："家风正，则后代正，则源头正，则国正。"可见家庭道德教育在古人心中的地位和作用。

完整和谐家庭的建立，是家庭美德的重要体现。在彝族同胞看来："父母老了要服侍，入睡起床要看好，早晨洗脸水一盆，晚上洗脚水一壶，很好置于父母前。有酒有肉父前搁，有饭有菜母前放；莫冷莫饿过余生，人间儿女要记牢。"当前农村社会保障体系还不健全，在农村的覆盖率很低，对于一些孤、老、弱、病、残、贫等广大贫困弱势群体的保障，在短期内还得依赖家庭来维持。党的十八大以来，各地各部门坚持注重家庭、注重家教、注重家风，大力加强家庭文明建设，广泛开展文明家庭创建活动，着力培育和践行社会主义核心价值观，涌现出一大批尊老爱幼、男女平等、夫妻和睦、勤俭持家、邻里团结的文明家庭[150]。但也应该看到，一段时间以来，人们对家庭物质生活水平的提升关注得要多些，对家庭精神层面的关注则明显减少。随着社会流动的加剧，家庭离散率上升、凝聚力下降，人们对如何建设好家风，传承家庭美德，营造温馨和谐的家庭氛围重视不够、认识不够。很多家长对于科学家教还不是很了解，缺乏相应的家庭教育知识，片面重视孩子的学习成绩，忽视孩子的道德品德培养和独立人格培养。由此造成了一些家庭矛盾，成为影响社会稳定的因素。

2. 农村社会群体

农村社会群体组织是农村社区中为了实现特定的社会目标，按照一定形式建立的共同活动的群体，执行一定的社会职能。它只是人类的组织形式中的一部分，是人们为了特定目的而组建的稳定的合作形式。在云南少数民族社会，人们一向推崇村寨之间的协调发展，和睦相处，这已成为少数民族传统文化中的一种显著特征。比如，彝文古籍《道理篇》中的《村寨和睦篇》有云："一片树林种类多，一个寨子姓氏多，左左右右是邻居，前前后后是乡亲。大寨小村的百姓，和和气气过日子，友爱道理是良言，人世间呃要记牢。"[151]在过去的 30 多年间，农村社会组织有了相应的法律依据和支持，获得了很好的发展机会。从目前的情况来看，我国农村存在着经济型社会组织、民非企业组织、自治型社会组织和传统型社会组织这样 4 类社会群体组织[152]。

1）经济型社会组织。是指与农村经济活动有关或直接为农村经济提供服务和支持的团体，如各种合作组织，尤其是农业专业合作社。近年来发布的中央一号文件不断强调支持农业专业合作社建设和发展。在这样的利好政策支持下，我国农业专业合作组织获得了前所未有的发展。对农村和农业发展来说，农业专业合作组织可以帮助村民提高抗市场风险能力，更好地解决农业生产过程中碰到的技术、金融和储存等一家一户难以解决的问题。

2）民非企业组织。包括民办学校、幼儿园、敬老院和医院等。在我国农村，这些组织主要分布在教育、养老、慈善以及娱乐领域，如农村的幼儿园、敬老院、村民文艺演出队等。民非企业组织在改善村民生活、提升村民文化和技能水平、降低生活风险等情境中，扮演着越来越重要的角色。

3）自治型社会组织。是我国农村的一类特色组织，是我国农村实行"自我管理、自我教育、自我服务"的基层群众性自治组织，事实上也履行着许多行政职能。同时，承担着发展农村经济的经济功能。在村委会统领下，还有纠纷调解组织、老人协会等各种群众组织。

4）传统型社会组织。包括家族、邻里组织、互助组织以及娱乐组织等。与其他三类组织相比，这类社会组织具有悠久性、内生性和生活性等特点，具有很重要的秩序维持、互助、经济发展以及文化传递等功能。传统型社会组织是农村自身发展内在需要的产物，与广大村民的日常生活息息相关。这类组织对村民外出务工也有相当大的帮助作用，比如帮助他们找到工作、维护权益、化解外出时的心理孤独问题等。

尽管农村社会组织发展和建设取得了明显的进展，但还不能满足农村现代化的需求，面临着法律不健全、规模小、质量差、规范程度低、资源缺乏等问题。经济型社会组织发展虽然比较快，但不仅数量和种类偏少，而且存在着规模较小、专业化不够等问题，在开拓市场、技术传播和规范、资金筹措、农业风险防范等方面，都缺乏相应的能力，因此，对促进农业现代化、村民增收等的作用还比较有限。民非企业组织在农村起步较晚，由于经费筹集困难、政策法规缺乏、村民消费能力不足等原因，其发展缺乏坚实的基础。比如，目前农村的一些民办幼儿园由于设施简陋、师资不足等原因，只能简单地满足农村学前孩子的托管需要。此外，自治型社会组织数量减少，其社会组织属性有所减少；而相关的社会组织发展政策没有将传统型社会组织纳入管理、服务、规范范围，使得农村的传统型社会组织不能获得更多的资源，缺乏法律依据，制约了其良性发展以及对"三农"的服务和支持。

3. 农村政府组织

社会主义乡风文明视野下的民族村寨的政府组织主要有三类：村民委员会、农村基层党组织和乡村文化站，对社会主义乡风文明建设起管理与指导作用。

1）村民委员会。村民委员会作为农村的基层自治组织，在调解民间纠纷、促进村民团结和家庭和睦方面起到重要作用，成为沟通政府与村民的桥梁，更是新农村建设的重要宣传者与实施者。

2）农村基层党组织。农村基层党组织建立在村民群众生产生活的现场，居于村民群众之中，处于社会主义新农村建设的第一线，同村民群众保持着广泛而又密切的联系，因而成为党的领导机关密切联系村民群众的基本纽带。由于历史和自然条件等因素，少数民族居住点散杂偏僻，文化教育相对落后。利益关系、风俗习惯、宗教信仰等因素，使得村基层党组织处理民族问题的难度加大，农村文化建设很难顺利开展；有些地方基层党组织缺少服务的实力和手段，使村民转而依靠宗族势力，给新农村乡风文明建设带来了负面的影响。

3）乡村文化站。乡村文化站向广大人民群众进行宣传教育，研究文化活动规律，创作文艺作品，组织、辅导群众开展文体活动，普及科学文化知识，并提供活动场所，是公益性的文化传播与管理的文化事业机构。文化站建设是公共文化服务体系重要工程之一，是精神文明建设的重要窗口[153]。但由于当地部分领导对乡风文明建设的长期性、重要性及丰富的内涵认识不足，对乡村文化站建设投入不足，"空壳"文化站、"样子"文化站普遍存在，文化站功能及其影响力也微乎其微。

农村家庭、社会群体组织和政府组织的有机组合，共同构成了社会主义乡风文明的有机实体。政府组织对家庭与社会群体组织起着宣传指导作用，使社会群体组织发展具有方向性；家庭和社群组织中存在的问题也是农村政府组织工作的出发点和落脚点，更是制定工作方法的根据。村民委员会的调解纠纷功能作用于和谐的家庭关系、和睦的邻里关系的建立，以及社群组织成员间友好关系的形成与维护；乡村文化站对村民文化生活的支持，在一定程度上丰富了家庭和社会群体的内容。重视家庭、家教和家风的建设，则关系到农村社会群体组织的管理水平和村民参与的积极性；而社群活动也可以在一定程度上充实家庭生活，丰富家庭生活的内容，促进和谐家庭关系、和谐邻里关系的形成与发展，最终有利于良好乡村文明的形成。

10.2.3　乡风文明体系建设

1. 农村家庭美德建设

家庭生活与社会生活有着密切的联系，正确对待和处理家庭问题，共同培养和发展夫妻爱情、长幼亲情、邻里友情，不仅关系到每个家庭的美满幸福，也有利于社会的安定和谐。家庭美德建设需要"注重家庭、注重家教、注重家风"，大力倡导以尊老爱幼、男女平等、夫妻和睦、勤俭持家、邻里团结为主要内容的家庭美德[154]。推进家庭美德建设要以党的十九大精神和践行社会主义核心价值观为指导，依托各村、各社区，搭建家庭美德践行平台，引导广大家庭成员认真表达家庭责任，传承弘扬家庭美德。

1）开展家风家训环境建设。从家谱、故居、祠堂、牌坊、历史名人以及宗教文化等历史遗存中挖掘民间蕴藏的丰富家风家训资源，探寻家风背后的故事，唤醒人们的家风情结，让好家风好家训从家庭走向社会。开展家风家训"挂厅堂、进礼堂、记心堂"活动，引导人们通过撰写、悬挂、诵读家训，制作家风家训传家宝，了解家风家训的重要作用，让好家风好家训成为千家万户的自觉追求。充分利用文化礼堂、乡风家园馆、墙门楼道、长廊立柱、宣传橱窗等场所，宣传、展示好家风好家训，让更多的人感悟家风家训的独特魅力，以良好家风涵育社风民风。

2）创建家庭美德学习平台。农村家庭美德建设是一项庞大的工程，涉及千家万户，所以要处理好家庭成员之间的关系及家庭间的关系。结合时代要求与家庭需求，广泛深入农村家庭美德学习平台创建活动，丰富创建内涵，广泛开展"五好家庭""最美家庭""书香家庭""平安家庭""学习型家庭""星级文明农户"，以及"好公婆、好媳妇、好子女"等评选活动，把竞争机制引入家庭美德建设，培养互相学习、互相模仿的良好社会风气，不断促进家庭和睦、亲人相亲相爱，实现"使老有所终，壮有所用，幼有所长，鳏寡孤独废疾者，皆有所养"。

3）重视家庭道德示范教育。家庭作为人类的初级社会群体，是个体与社会的中介，是引导个体走上社会的桥梁。它在人的社会化过程中有着决定性的意义。家庭是家庭成员的生活共同体，家庭成员在长期共同生活中密切接触，对家庭成员有着相互影响和潜移默化的作用；子女是父母生命的延伸，父母在对子女进行教育的过程中具有高度的责任心和深厚的情感；子女从小生活在家庭之中，心理上对父母有着强烈的依赖感和高度的信任感，易于接受父母的教育与培养[155]。因此，父母的示范作用对孩子的影响是巨大的，较说理教育更富有感染力和接受性。父母的身教和示范，常常具有润物无声的巨大作用，子女会从起初的简单模仿到内心的情感的认同，最终形成良好品德。

2. 村寨社区文化道德建设

村寨社区的文化建设主要有传统文化的传承与科学文化知识的传播两方面。在乡风文明建设的独特性、多样性与科学性方面发挥着重要的作用。

1）村寨社区文化基础设施建设。文化设施是文化建设的基础性载体，是村寨文化构成的主要因素，村民群众要进行文艺活动、休闲健身、读书学习、培训交流等，就必须有一定的场地、房舍、设备器械，否则工作就成了纸上谈兵。为此，必须加强对文化基础设施的建设力度，要让村民能安安稳稳地看上电影、读上书，并能参加各种艺术培训、教育活动。坚持以政府为主导、以乡镇为依托、以村为重点、以农户为对象，发展乡村文化设施和文化活动场所；加大对集体经济薄弱村的扶持力度，通过配备文化活动器材、安排基本文化活动经费等方式，保障群众的基本文化权益，满足农村群众开展文化活动的设施要求。

2）民族村寨传统文化的传承与创新。民族文化是一个民族区别于其他民族的独特标识。社会主义乡风文明中的农村社区文化建设必须以民族传统文化为平台，这是民族村寨文化建设的基础。离开传统文化谈村寨文化建设，无异于舍本逐末。村寨社区文化应立足于民族传统文化的挖掘和创新，加强传统文化与现代文化的融合，对先人传承下来的道德规范，要坚持古为今用、推陈出新，有鉴别地加以对待，有扬弃地予以继承。充分发扬民族文化的优良传统，发挥农村建立在传统的血缘、亲缘、地缘等基础上的相对牢固的社区纽带，将村寨建设成所有村民向往的精神家园。

3）发展多样化的村民教育体系。农村教育资源的丰富不仅体现在义务教育资源的丰富上，而且体现在村民教育方面。应充分利用农村教育资源，发展多样化的村民教育体系，以满足村民各个方面各个层次的需求。村民教育要把正式教育和非正式教育结合起来，把学校教育、家庭教育、社会教育结合起来，不断创造村民学习的各种机会，使得村民可以结合自己的实际情况，获得更多的教育资源，提升自身的文化水平、培养良好的欣赏习惯和兴趣爱好，并在此基础上，有目的、有计划地提升村民的文化品位、欣赏水平和科学技术水平。

3. 村寨基层民主建设

农村社区的基层民主建设有利于抑制人际交往中可能出现的不规范行为，弥补规则的不完善性，是乡村民风建设的重要保障。

1）发挥基层党员干部的引领示范作用。"风成于上、俗形于下"，农村基层党员干部对乡风文明起着"标杆"示范作用。党员干部是农村地区的先进分子，他们掌握着人民赋予的权力，具有更多的资源，因此要求他们在乡风文明建设上必须走在群众的前面。基层党员不仅要做好表率作用，带头反对"五风"，积极倡导婚事新办、喜事省办、丧事简办、小事不办、神事杜绝办等新风；还要不断提高自身理论修养，对村民进行理论教育，以实际行动去了解群众、帮助群众解决困难，树立党员和党的良好形象，推动形成党员带头、上行下效的良好局面。

2）实行农村基层民主自治。进一步健全农村选举制度、村务公开制度，保障村民群众的选举权、知情权、参与权、决策权和监督权，加强文化知识的教育，使村民有民主权利意识，正确行使自己的民主权利。建立村规民约监督执行机制，推举公道正派、信誉好、威望高的村民代表组成村规民约监督队，对村规民约的执行情况进行监督，克服村规民约"软法偏软"现象。发挥奖罚激励作用，定期向村民公布监督执行情况，表彰模范执行典型，公布违规违约行为处置结果，逐步形成"遵规光荣、违规可耻"的良好风尚。

3）坚持法制宣传教育。基层组织应加强法制宣传教育，增强村民的守法观念和保护自身合法权益的意识，把包括自然保护区法律法规在内的法律基础知识的教育渗透到村民教育中去。在村庄主要出入口、文化广场、宣传栏、活动中心等醒目位置公布相关法律知识或村规民约，形成法律知识无处不在、无时不在的浓厚氛围。加强典型案例的宣传，利用道德讲堂、文体活动、文艺表演等多种途径宣传、推广，对村民、农村青少年进行法制教育。坚决杜绝吸毒、赌博等违法行为，尤其是村干部和执法人员要带头学法用法，提高依法办事的自觉性，加强农村社会的立法，使村民有法可依。

4）引导民族宗教信仰为社会新风尚服务。宗教信仰与大多数民族的心理、文化、风俗习惯融为一体，各民族宗教信仰总会对其心理、文化、风俗习惯产生一定影响，特别是在全民信教的少数民族中，这种影响更强烈也更持久。积极发挥村"两委"的宣传教育作用，加强对封建迷信思想与宗教信仰、民族传统习俗区分进行科学的宣传与教育，对国家的宗教政策进行解读与宣传，保证宗教信仰的正规化、合理化、合法化；在尊重和保护少数民族宗教信仰自由，正确引导和教育信教群众依法从事正常的宗教活动的同时，充分挖掘宗教信仰、风俗习惯中的积极有利因素，借以推动民族村寨社会主义新风尚的形成。

党的十九大明确提出要"建设美丽中国，为人民创造良好生活环境"。自然保护区周边民族村寨地理环境特殊，拥有丰富的自然资源和浓郁的民族文化氛围，在该区域开展"美丽乡村"活动，重点推进"社会风貌"建设，具有非常重要的意义。在村寨社会风貌建设过程中，应围绕"注意乡土味道，保留乡村风貌，留得住青山绿水，记得住乡愁"，遵循乡村自身发展规律，走符合农村实际的道路。通过改善人居环境，彰显村寨民族特色，强化地域文化元素，加强乡风文明建设，提升村民思想道德水平，改变农村传统落后思想，将民族村寨建设成为"环境优美、设施配套、安居乐业、生活舒适、邻里和睦、管理民主"的美丽乡村。

参 考 文 献

［1］ 司马迁. 史记[M]. 北京：中华书局，1991.

［2］ 姬昌. 易经[M]. 北京：北京燕山出版社，2009.

［3］ 戴德. 大戴礼记[M]. 高明，注译. 台北：台湾商务出版社，1976.

［4］ 孔子弟子及再传弟子. 论语[M]. 北京：中华书局，1960.

［5］ 孟轲. 孟子全书[M]. 北京：中国长安出版社，2009.

［6］ 老子（李耳）. 道德经[M]. 北京：金盾出版社，2009.

［7］ 庄子. 庄子[M]. 方勇，注译. 北京：中华书局，2010.

［8］ 管仲. 管子[M]. 李山，注译. 北京：中华书局，2009.

［9］ 荀卿. 荀子[M]. 安小兰，注译. 北京：中华书局，2007.

［10］ 庄周. 庄子[M]. 孙通海，注译. 北京：中华书局，2007.

［11］ 周公旦. 周礼[M]. 吕友仁，李正辉，注译. 河南：中州古籍出版社，2010.

［12］ 李根蟠. 先秦保护和合理利用自然资源的理论及其基础——兼论传统农学在现代化中的价值[A]. 中国传统经济与现代[C]. 广州：广东人民出版社，2001.

［13］ 程海林，胡必平，程贤立. 我国最早的森林法规及其生态思想[N]. 中国绿色时报，2011-11-18（A4）.

［14］ 管仲. 管子[M]. 李山，注译. 北京：中华书局，2009.

［15］ 孙铭. 简牍秦律分类辑析[M]. 西安：西北大学出版社，2014.

［16］ 中国文物研究所，甘肃省文物考古研究所. 敦煌悬泉月令诏条[M]. 北京：中华书局，2001.

［17］ 戴圣. 礼记[M]. 胡平生，张萌，注译. 北京：中华书局，2017.

［18］ 长孙无忌. 唐律疏议[M]. 北京：中华书局，1983.

［19］ 脱脱，阿鲁图，等. 宋史[M]. 北京：中华书局，1977.

［20］ 冰梅. 我国古代蒙古族的环境保护习俗及反法律规定[J]. 法制与社会，2009，（15）：236-236.

［21］ 陈高华，张帆，刘晓，等. 元典章[M]. 天津：天津古籍出版社，2011.

［22］ 李东阳，等. 大明会典[M]. 扬州：扬州广陵书社，2007.

［23］ 清朝史官. 清实录[M]. 北京：中华书局，1985.

［24］ 方明星. 中国古代环境立法略论[D]. 苏州大学，2012.

［25］ 贵州省彝学研究会. 西南彝志（1-26卷全）[M]. 贵阳：贵州民族出版社，2015.

［26］ 汪倩倩. 少数民族地区生态伦理思想研究[J]. 贵州民族研究，2015，36（10）：222-225.

［27］《民族问题五种丛书》云南省编辑委员会. 傣族社会历史调查——西双版纳之三[M]. 昆明：云南民族出版社，1984.

［28］《民族问题五种丛书》云南省编辑委员会. 西双版纳傣族社会综合调查（二）[M]. 昆明：云南民族出版社，1984.

［29］ 杨知秋. 古代大理人的环保意识[N]. 云南日报网，2004-07-07.

［30］ 陈金全，杨玲. 中国少数民族法律文化价值探析[J]. 贵州社会科学，2007，（12）：128-133.

［31］ 仇保燕. 藏族的山崇拜和信仰中的山神体系[J]. 中国西藏，2000，（1）：41-43.

［32］ 单辉. 从禁忌看少数民族的生态理念[J]. 湖南民族职业学院学报，2008，（1）：16-18.

[33] 杨士杰. 论云南少数民族的生产方式与生态保护[J]. 云南民族大学学报（哲学社会科学版），2006，23（5）：119-122.

[34] 白兴发. 少数民族传统习惯法规范与生态保护[J]. 青海民族大学学报（社会科学版），2005，31（1）：93-96.

[35] 李本书，王海锋. 现代生存论语境下民族禁忌的生态伦理价值[J]. 伦理学研究，2005，（6）：72-75.

[36] 白兴发. 彝族传统禁忌文化研究[M]. 昆明：云南大学出版社，2006.

[37] 《中国林业产业》杂志编辑部. 中国林业产业：1949.9—2007.7[J]. 中国林业产业，2007，（6）：106-127.

[38] 颜士鹏. 中国自然保护区立法的现状评价与完善[D]. 东北林业大学，2001.

[39] 林业部关于天然森林禁伐区（自然保护区）划定草案[Z]. 1956-10.

[40] 中华人民共和国林业部狩猎管理办法（草案）[Z]. 1956-10.

[41] 中华人民共和国水土保持暂行纲要[Z]. 1957-5-24.

[42] 中华人民共和国森林法（试行）[Z]. 1979-2-23.

[43] 中华人民共和国宪法[Z]. 1982-12-4.

[44] 中华人民共和国森林法[Z]. 1984-9-20.

[45] 中华人民共和国野生动物保护法[Z]. 1989-3-1.

[46] 生物多样性公约[Z]. 1993-12-29.

[47] GB/T 14529—1993，自然保护区类型与级别划分原则[S].

[48] 中华人民共和国自然保护区条例[Z]. 1994-10-9.

[49] 中共中央 国务院关于全面推进集体林权制度改革的意见[Z]. 2008-6-8.

[50] 刘书楷，曲福田. 土地经济学[M]. 北京：中国农业出版社，2011.

[51] 中华人民共和国畜牧法[Z]. 2015-4-24.

[52] 中国生物多样性保护战略与行动计划（2011—2030年）[Z]. 2010-09-17.

[53] 余慧娟，江文书. 论集体林地所有权的完善[J]. 大众商务，2010，109（2）：284-287.

[54] 中华人民共和国土地管理法[Z]. 1986-6-25.

[55] 杨辉. 国际狩猎枪声难在中国响起[N]. 羊城晚报，2011-9-4（A3）.

[56] 孙立，李俊清. 论自然保护区无形资产的作用[J]. 国土资源科技管理，2005，22（6）：82-87.

[57] 中央财政森林生态效益补偿基金管理办法 [Z]. 2014-4-30.

[58] 李剑泉，谢和生，李智勇，等. 我国自然保护区林权改革问题与对策探讨[J]. 林业资源管理，2009，（6）：1-8.

[59] 李念锋，罗辉，黄晓园，等. 自然保护区民族村寨保护政策中的精英主义倾向[J]. 贵州社会科学，2009，（11）：13-15.

[60] 刀志灵，龙春林，刘怡涛. 云南高黎贡山怒族对植物传统利用的初步研究[J]. 生物多样性，2003，11（3）：231-239.

[61] 杨跃萍. 云南省将加大民族医药业的扶持力度[N]. 经济参考报，2008-01-14.

[62] 邹波，刘学敏，王沁. 关注绿色贫困：贫困问题研究新视角[J]. 中国发展，2012，12（4）：7-11.

[63] 马丽娟. 多型论：民族经济在云南[M]. 北京：民族出版社，2002.

[64] 陶思凤，陈伟. 丽江纳西族传统文化中生态资源的开发与利用研究[J]. 原生态民族文化学刊，2015，7（4）：153-156.

[65] 李璐. 德宏州傣族原始生态伦理观探析[J]. 现代交际，2014，（2）：100-100.

[66] 李祥福，杨迎潮. 论哈尼族生态观的特色及嬗变[J]. 昆明理工大学学报（社会科学版），2007，（6）：79-81.

[67] 李红梅, 尹红泽. 临沧佤族传统文化中的生态智慧[J]. 普洱学院学报, 2016, 32 (4): 1-4.

[68] 寸瑞红. 高黎贡山傈僳族传统森林资源管理初步研究[J]. 北京林业大学学报 (社会科学版), 2002, 1 (Z1): 43-47.

[69] 李智环. 试析傈僳族传统生态文化及其现代价值[J]. 教育文化论坛, 2010, 2 (5): 48-52.

[70] 肖青. 少数民族村寨聚落的社区特征浅析[J]. 楚雄师范学院学报, 2008, 23 (4): 57-63.

[71] Rowntree B S. Poverty: a study of town life[M]. Macmillan, 1902.

[72] Galbraith J. The affluent society[M]. Boston: Houghton Mifflin, 1958.

[73] 阿马蒂亚·森. 以自由看待发展[M]. 任颐, 于真, 译. 北京: 中国人民大学出版社, 2002.

[74] 阿马蒂亚·森. 贫困与饥荒[M]. 王宇, 王文玉, 译. 北京: 商务印书馆, 2004.

[75] 乌德亚·瓦格尔, 刘亚秋. 贫困再思考: 定义和衡量[J]. 国际社会科学杂志 (中文版), 2003, (1): 151-160.

[76] 邹波, 刘学敏, 王沁. 关注绿色贫困: 贫困问题研究新视角[J]. 中国发展, 2012, 12 (4): 7-11.

[77] 西奥多·W·舒尔茨. 论人力资本投资[M]. 吴珠华, 等译. 北京: 经济学院出版社. 1990.

[78] 卡尔·马克思. 资本论[M]. 北京: 人民出版社, 2004.

[79] 穆罕默德·尤努斯. 穷人的银行家[M]. 吴士宏, 译. 北京: 生活·读书·新知三联书店, 2006.

[80] 迈克尔·P·托达罗. 经济发展与第三世界[M]. 北京: 中国经济出版社, 1992.

[81] 边沁. 道德与立法原则导论[M]. 时殷弘, 译. 北京: 商务印书馆, 2011.

[82] 马歇尔. 经济学原理 (上) [M]. 北京: 民族出版社, 2002.

[83] Nelson R R, 李德娟. 欠发达经济中的低水平均衡陷阱理论[J]. 中国劳动经济学, 2006, (3): 12-16.

[84] 亚当·斯密. 国富论[M]. 北京: 中华书局, 2012.

[85] Lucas R E, Jr.. On the mechanics of economic development[J]. Journal of Monetary Economics, 1988, 22 (1): 3-42.

[86] 西奥多·舒尔茨. 改造传统农业[M]. 北京: 商务印书馆, 1999.

[87] 黄晓园, 罗辉. 自然保护区民族村寨政策认知和意愿研究[J]. 云南行政学院学报, 2012, (3): 139-142.

[88] 代勋, 王磊, 杨顺强, 等. 云南大关三江口自然保护区森林资源现状及特点调查[J]. 安徽农业科学, 2011, 39 (5): 2769-2771, 2869.

[89] 余锦明. 试析自然保护区社区公众参与制度[J]. 四川林勘设计, 2009 (4): 43-46, 57.

[90] 毛寿龙. 公众参与政策制定的有效路径[J]. 人民论坛, 2011, (2): 6-7.

[91] 马世骏, 王如松. 社会—经济—自然复合生态系统[J]. 生态学报, 1984, 4 (1): 3-11.

[92] 王如松, 欧阳志云. 社会—经济—自然复合生态系统与可持续发展[J]. 中国科学院院刊, 2012, 1 (3): 337-345.

[93] 王亚力. 基于复合生态系统理论的生态型城市化研究[D]. 长沙: 湖南教育出版社, 1988.

[94] 张广帅, 刘金福, 马瑞丰. 自然保护区社会生态复合系统信息传递过程理论研究[J]. 大众商务, 2010, 109 (2): 284-287.

[95] 温亚利. 中国生物多样性保护政策的经济分析[D]. 北京林业大学, 2003.

[96] 段小霞. 自然保护区农业可持续发展研究[J]. 四川林勘设计, 2005, (2): 21-24.

[97] 李阳, 黄家飞. 自然保护区周边社区脆弱性分析——以甘肃白水江国家级自然保护区为例[J]. 干旱区资源与环境, 2008, 22 (10): 102-105.

[98] Kuznets S. 1955. Economic Growth and Income Inequality. American Economic Review 45 (March): 1-28.

[99] Grossman G M, Krueger A B. Environmental Impacts of a North American Free Trade Agreement[J]. Social Science Electronic Publishing, 1992, 8(2): 223-250.

[100] Panayotou T. Empirical Tests and Policy Analysis of Environmental Degradation at Different Stages of Economic Development[J]. Ilo Working Papers, 1993, 4.

[101] 张玉媚. 广东省工业化进程中经济增长与环境变化之间关系的实证研究[D]. 暨南大学, 2006.

[102] 高吉喜. 可持续发展理论探索—生态承载力理论、方法与应用[M]. 北京：中国环境科学出版社, 2001.

[103] 邓彦, 王亚萍, 张霞. 神木县生态可持续发展评价研究[J]. 农业与技术, 2014, (2)：236-237.

[104] 宋晓燕, 谢中明, 漆旺生. 基于层次分析法的企业安全文化评价指标体系研究[J]. 中国安全科学学报, 2008, 18（7）：144-148.

[105] 仇国芳, 崔亚枫, 张小歧. 基于 SWOT 分析的企业战略制定方法[J]. 科技管理研究, 2015, 35（18）：193-196.

[106] 李娅, 唐文军, 陈波. 云南省林下经济发展战略研究——基于 AHP-SWOT 分析[J]. 林业经济, 2014, (7)：42-47.

[107] 肖青, 李宇峰. 民族村寨文化的理论架构[J]. 云南师范大学学报（哲学社会科学版）, 2008, 40（1）：65-69.

[108] 黄君. 照着绿水青山就是金山银山这条路走下去坚定不移抓好生态文明建设奋力开创科学发展新局面[N]. 湖州日报, 2015-02-15（A01）.

[109] 杨世基, 唐华东, 彭涛. 中国农村人力资源状况、问题与建议[J]. 休闲农业与美丽乡村, 2011, (3)：87-91.

[110] 蒋玉超. 论农林复合经营[J]. 林业勘查设计. 2004, (2)：24-28.

[111] 魏丽霞. 山东省循环农业发展研究[D]. 青岛农业大学, 2007.

[112] 云南省人民政府关于加快林下经济发展的意见[Z]. 2014-7-30.

[113] 丁国龙, 谭著明, 申爱荣. 林下经济的主要模式及优劣分析[J]. 湖南林业科技, 2013, 40（2）：52-55.

[114] David W. 生态旅游[M]. 杨桂华, 王跃华, 肖朝霞, 译. 天津：南开大学出版社, 2004.

[115] 云南省森林生态旅游规划[Z]. 云南省林业厅, 2012-4-13.

[116] 崔向慧, 褚建民, 李少宁, 等. 我国自然保护区生态旅游现状及开发与管理对策[J]. 世界林业研究, 2006, 19（4）：57-60.

[117] 殷群. 云南楚雄咪依噜彝族村寨旅游深度开发对策[J]. 楚雄师范学院学报, 2012, 27（1）：104-108.

[118] 毛勇. 乡村旅游产品体系与开发[J]. 中南民族大学学报（人文社会科学版）, 2009, 29（2）：142-145.

[119] 阎质杰, 陈珂. 大力发展农村服务业和工业 促进农民持续增收[J]. 沈阳干部学刊, 2008, (3)：13-14.

[120] 傅晓莉. 中国西部自然保护区社区经济发展研究[J]. 未来与发展, 2005, 26（5）：51-53.

[121] 徐青. 南非保护区管理体系研究[D]. 同济大学, 2008.

[122] 任瑛. 南非、肯尼亚自然保护区管理考察及启示[J]. 当代农村财经, 2008, (2)：47-48.

[123] 柏成寿. 巴西自然保护区立法和管理[J]. 环境保护, 2006, (11a)：69-72.

[124] Budhathoki P. A Category V Protected Landscape Approach to Buffer Zone Management in Nepal [J]. Parks, Category v, 2003, l3(2): 22-30.

[125] Tanner E V J. Managing Protected Areas in the Tropics. (1987). by Mackinnon J; Mackinnon K; Child G; Thorsell J [J]. Journal of Applied Ecology, 1986, 25(1): 369.

[126] 王应临, 杨锐, 埃卡特·兰格. 英国国家公园管理体系评述[J]. 中国园林, 2013, 29（9）：11-19.

[127] 于佳. 中英自然保护区法律制度比较研究[D]. 东北林业大学, 2013 .

[128] 罗辉. 自然保护区周边社区经济可持续发展路径研究[D]. 云南大学, 2015.

[129] 邓国胜. 中国环保 NGO 的两种发展模式[J]. 学会, 2005, (3)：4-9.

[130] 中共中央 国务院关于全面推进集体林权制度改革的意见[Z]. 2008-6-8.

[131] 中共中央办公厅 国务院办公厅关于健全和完善村务公开和民主管理制度的意见[Z]. 2004-6-22.

[132] 金英君，张旭路. 完善公众监督机制推进社会公平正义[J]. 前线，2014，（5）：28-29.

[133] 申璐. 自然保护区生态补偿法律制度研究[D]. 山西财经大学，2010.

[134] 为什么要重视发现和培养社会文化人才[N]. 新华网，2012-1-29.

[135] 张惠光，冯晶，马朝阳. 政策性金融机构提供绿色小额信贷的可行性分析[J]. 时代金融，2013，（15）：225-226.

[136] 张燕，陈胜，侯娟. 绿色小额信贷助推我国农民环境权实现的探析[J]. 华中农业大学学报（社会科学版），2013，105（3）：118-123.

[137] 章轲. 中国自然保护区资金窘境[N]. 第一财经日报，2012-07-11.

[138] 彭锦云. 繁荣生态文化 建设美丽中国[J]. 绿色中国，2015，（15）：68-71.

[139] 李世东，颜容. 中国竹文化若干基本问题研究[J]. 北京林业大学学报（社会科学版）. 2007，6（1）：6-10.

[140] 姜爱. 近10年中国少数民族传统生态文化研究述评[J]. 北方民族大学学报（哲学社会科学版）. 2012，（4）：109-114.

[141] 郭家骥. 生态环境与云南藏族的文化适应[J]. 民族研究，2003，（1）：48-57.

[142] 李立琼. 云南少数民族传统生态文化及其现代转换[J]. 边疆经济与文化，2012，（1）：34-36.

[143] 王争亚. 培育生态文化支撑生态文明[N]. 中国环境报，2015-05-01（002）.

[144] 国务院关于进一步繁荣发展少数民族文化事业的若干意见[Z]. 2009-7-5.

[145] 乌恩，成甲. 中国自然公园环境解说与环境教育现状刍议[J]. 中国园林，2011，27（2）：17-20.

[146] 农村人居环境整治三年行动方案[Z]. 2018-02-06.

[147] 桂明鑫，陈晓华，李久林. 欠发达山区乡村风貌传承规划策略研究——以金寨县为例[J]. 安徽建筑大学学报，2017，25（2）：84-92.

[148] 河南省人民政府办公厅关于全面推进农村垃圾治理的实施意见[Z]. 2016-12-13.

[149] 檀江林，顾文婷. 社会主义新农村建设中乡风文明的有机生态系统构建[J]. 华中农业大学学报（社会科学版），2011，（5）：59-66.

[150] 黄小希. 注重家庭·注重家教·注重家风[N]. 人民日报，2016-12-12（06）.

[151] 王明东. 论民族文化多样性与构建和谐社会的互动关系——以云南为例[J]. 云南民族大学学报（哲学社会科学版），2007，24（1）：76-80.

[152] 王春光. 加快社会组织建设 增强农村发展活力[N]. 经济日报，2013-3-26（015）.

[153] 李彩霞. 公共文化服务体系视阈下的基层文化站建设探究[J]. 大众文艺，2018（6）：12-13.

[154] 暴水平. 关于山区农民家庭伦理研究[D]. 山西财经大学，2010.

[155] 彭素云. 当代家庭伦理建设探析[D]. 山东师范大学，2005.

后　记

　　2017 年 12 月 28 日至 29 日召开的中央农村工作会议指出，2018 年及今后一段时期，乡村振兴就要走城乡融合发展之路、共同富裕之路、质量兴农之路、乡村绿色发展之路、乡村文化兴盛之路、乡村善治之路、中国特色减贫之路。在新时代"乡村振兴"战略下，自然保护区保护与民族村寨发展成为社会各界关注的大问题，亦成为我国实施生态文明建设、实现人与自然和谐共生的重要目标。针对自然保护区民族村寨发展落后的状况，本书以"云南自然保护区保护政策与民族村寨发展"立题进行研究，就是希望能够通过这一研究做些弥补，在理论与实践两方面贡献我们的一些粗浅心得，进而为云南乃至全国自然保护区及周边民族村寨发展实践提供些许有益的理论总结、经验借鉴和范例指导。

　　本书是笔者承担的国家社会科学基金西部项目"自然保护区保护政策与民族村寨研究"（11XMZ084）最终成果的体现。该课题于 2011 年 12 月正式启动实施，曾先后对云南自然保护区周边多个民族村寨进行实地调研，取得了大量的第一手资料，并支持了罗辉博士的毕业论文《自然保护区周边社区经济可持续发展路径研究——以云南省为例》的顺利完成。课题在 2015 年 12 月顺利通过国家哲学社会科学规划办验收后，于 2016 年 4 月开始进入撰稿阶段，因各种原因，进展较慢，历经 2 年才得以完稿。由于客观条件限制和我们的学识局限，本书定然存在一些不足甚至错误，权当抛砖引玉，旨在为完善和丰富自然保护区民族村寨保护与发展研究尽绵薄之力。

　　需要特别说明的是，随着新时代脱贫攻坚目标任务的如期完成，书中涉及的"绿色贫困"等问题已基本得到解决。2021 年，习近平总书记在庆祝中国共产党成立 100 周年大会上的讲话中指出："经过全党全国各族人民持续奋斗，我们实现了第一个百年奋斗目标，在中华大地上全面建成了小康社会，历史性地解决了绝对贫困问题。"云南省如期完成了新时代脱贫攻坚目标任务，全省现行标准下农村贫困人口全部脱贫、88 个贫困县全部摘帽、8502 个贫困村全部出列，11 个"直过民族"和"人口较少民族"实现整体脱贫，困扰云南千百年的绝对贫困问题得到历史性解决。但是，进一步巩固拓展脱贫攻坚成果，接续推动脱贫地区发展和乡村全面振兴，任务依然艰巨。因此，本书尽管成书时间较早，仍可为自然保护区民族村寨发展提供一定的借鉴。笔者期望云南省圆满实现巩固拓展脱贫攻坚成果同乡村振兴有效衔接，团结全省各族人民创造更加美好的生活。

最后，非常感谢科学出版社、五洲传播出版社的相关编辑及工作人员，她们为本书的出版做了大量繁杂的工作。

笔　者

2024 年 3 月